Inhaltsverzeichnis

1. Kapitel
Woher kommt es, daß die Rose so schön ist?
7

2. Kapitel
Es ist schön, Geschichten von der Rose zu erzählen
22

3. Kapitel
Die Rose und ihre Lust, sich zu verändern
42

4. Kapitel
Bücher über Bücher, nur von Rosen
57

5. Kapitel
Rosen und die Wahrheit unserer Liebe zu ihnen
62

6. Kapitel
Ich muß wissen, wie sie wächst, die Rose
72

7. Kapitel
Wie die eine Rose mit der anderen Rose zusammenwächst
84

8. Kapitel
Wandert sie mit den Wurzeln?
98

9. Kapitel
Licht und das Wunder einer Rose, die Niphétos heißt
111

10. Kapitel
Rosenerde, Margaret Merril und der Mist
117

11. Kapitel
Neue Gedanken zum alten Sternrußtau
132

12. Kapitel
Immergrün oder immer grün
142

13. Kapitel
Rosen-Skizzenbuch aus Wörtern
151

14. Kapitel
Multifunktionale Rosen – kein schönes Wort, aber es stimmt
175

15. Kapitel
Leben mit Rosen und ihren Freunden
184

16. Kapitel
Rosenfreunde auf Reisen
207

17. Kapitel
Rosen und Menschen - Reden und Erinnerungen
212

Register
219

1. Kapitel

Woher kommt es, dass die Rose so schön ist?

In meinem Garten steht ein Rosenstrauch, der breit gewachsen und über zwei Meter hoch ist. Jedes Jahr, ehe es Sommer wird, ist der Strauch voller Rosen, die süß duften. Die Blüten haben nicht nur fünf Blätter, sondern ich habe schon über zwanzig gezählt, und es gibt Spielarten von dieser Rose, deren Blüten vollgefüllt mit duftenden Blättern sind. Der Name dieser Rose verrät, daß sie weiß blüht, er lautet *Rosa alba*. Von dieser weißen Schönheit schreibt Wilhelm Kordes, berühmter Rosenzüchter in Deutschland, daß es nur gefülltblühende Formen von ihr gibt. Es heißt, daß die weiße Rose, von der man noch heute in Kasanlik Öl gewinnt, vor Tausenden von Jahren im Schwarzen Meer auf der Krim entstanden sein könnte; ganz genau weiß man gar nichts. Die Vermutungen gehen bis an die Südhänge des Kaukasus, wo noch heute gefüllte Rosen wild wachsen, und bis nach Kurdistan. Auf jeden Fall hat die *Rosa alba* bereits in den Gärten der Römer, vor allem in Paestum nahe Neapel, geblüht. Und nach Rom ist die weiße, gefüllte Schönheit, von der es keine einfachblühenden Rosen gibt, aus dem alten Griechenland gekommen.

Die Griechen vor drei Jahrtausenden fanden sich selber schön. Sonst hätten sie ihren Göttern, voran dem allmächtigen Zeus und der klugen Athene, nicht Menschengestalt gegeben. Zu einem kleinen Teil machten das auch die Menschen anderer Länder, indem sie den Engel erfanden. Damit er fliegen konnte, statteten sie den Engel mit Flügeln aus; mit Flügeln aus Federn, wie die Vögel sie haben. Doch die Griechen machten das besser. Sie gaben ihrem Gott Hermes, den die Römer später in Merkur umtauften, ein Paar geflügelter Schuhe mit. Und wenn er nach Dienstschluß die geflügelten Schuhe auszog, der Gott des Nachrichtenwesens, dann konnte er sich wie ein Mensch auf den Rücken legen, um zu schlafen, und die Flügelschuhe standen neben der Weckeruhr. Die Griechen machten aber auch aus Eigenschaften göttliche Wesen in Menschengestalt. So ist für alles Schöne und Liebe die Aphrodite zuständig gewesen; auch sie haben die Römer später umgetauft, nämlich in Venus.

Wie diese Aphrodite unter die griechischen Götter geraten ist, das weiß man nicht genau. Einmal heißt es, das schäumende Meer habe sie geboren, und zwar an der Küste von Paphos, einer Tempelstadt auf der Insel Cypern im Mittelmeer. Wahrscheinlicher ist, daß es die Göttin längst vorher gegeben hat, und zwar in der Stadt Ur im fruchtbaren Zweistromland. Es gibt Ausgrabungen, die darauf hindeuten, daß sich die Gestalt der Göttin im Lauf der langen Zeit und der weiten Reise zum Mittelmeer verändert hat; das letzte Stück bis zur Insel Cypern soll sie übrigens in einer großen Muschelschale zurückgelegt haben. Damals in Ur, im heutigen Mesopotamien gelegen, gab es bereits Kriege. König Saigan I. brachte von einem Eroberungszug über den Taurus zwei Arten Feigen, Weinreben, den Birnbaum, Pistazien und gefüllte Rosen mit, die sogar dufteten. Für den Krieg brauchten die Könige viele Krieger. Die Jagd und der Kampf gegen die Wölfe waren nur möglich, wenn es genug Jäger gab. In Glück und Wohlstand leben konnten die Menschen nur, wenn sie viele Kinder hatten. Es galt als hohe Tugend, fruchtbar zu sein. Und dafür ist, vorerst noch unter einem anderen Namen, Aphrodite zuständig gewesen. Damals in Ur hatte die Göttin der Fruchtbarkeit, als sie nach Westen hin aufbrach, noch sechs große Brüste. Doch als sie vor Paphos ankam, hatte sie nur noch zwei. Dies läßt sich damit begründen, daß sie auf der langen Reise über eine lange Zeit zu singen, zu dichten und zu tanzen angefangen hatte. Ihre ganze Gestalt ist dadurch wohlgefälliger, schöner geworden. Und als das Meer vor Cypern mit den schäumenden Wogen die ersten weißen Rosen auf den Strand gespült hatte, soll sie vor Freude gesungen und getanzt haben; gesungen und getanzt, ohne daß ihr jemand zugesehen hat, ganz ohne Zweck. Es scheint, als ob die weiße Rose diese bewegende Kraft behalten habe.

Es ist eine weiße Rose auf meinen Namen getauft worden. Von ihr hat Fee gesagt: »Sie ist sehr schön, und sie duftet angenehm, aber sie paßt überhaupt nicht zu dir.« Stimmt das eigentlich?

Es war am 14. November des vergangenen Jahres, als ich die letzte unserer weißen Duftrosen abgeschnitten habe. Ich stellte die Rose in ein einfaches kleines Wasserglas auf meinen Tisch. Draußen war sie eine Knospe, die zu frösteln schien und sich in die Blütenblätter hineinwickelte, um Nebel, Regen und Kälte zu überstehen. Doch auf meinem Tisch kam Leichtigkeit in die aufwachende weiße Rose. Wie ein Vogel, wenn er naß geworden ist, die Federn hochstellt, daß der Wind sie trocknen kann, so gingen die Blätter der Blüte auf. Die Rose machte den Eindruck, als ob sie sich in Sicherheit fühle, geborgen in der Wärme, bestrahlt vom Licht meiner Lampe. Auch die Spitze der Knospe, in welche die Blumenblätter eingedreht waren, damit das Innere der Blüte einen Schutz, ein Dach, hatte, öffnete sich leicht und schnell, und so ist in meiner Stube bald ein reicher Rosenduft gewesen. Doch nun sind die meisten Blütenblätter abgefallen, sie liegen einzeln, manche auch zu mehreren übereinander vor dem Glas. Wie Schalen von weißen Muscheln liegen sie da. Ein paar Blütenblätter, vielleicht sieben bis neun, hängen noch unter dem Wuschelkopf der goldenen Staubfäden, als möchten sie noch ein Weilchen die Lust der Wärme erleben.

Ich hoffe, daß in meiner Schilderung, obwohl ein trauriger Vorgang dargestellt wird, Fröhlichkeit mitschwingt: Die Freude darüber, die Schönheit in diesem Verblühen erkannt zu haben – und das Abfallen der Blütenblätter gehört dazu. Weiß ist immer hell. Und Helligkeit ist immer erforderlich, wenn ich etwas erkennen will. Weißes Papier beflügelt die Fantasie. Ähnlich anregend sind weiße Rosen. Hinzu kommt, daß weiße Blüten oftmals andere Farben widerspiegeln. In Lauffen im Markgräflerland sah ich einen hohen Strauch der Sorte 'Schneewittchen' zusammen mit blühenden Sonnenblumen, und da hatten die weißen Rosen einen Hauch von Lila. Wenn weiße Rosen viel Grün um sich haben, Grün vom eigenen Laub und von einem Buchsbaum oder einem Kirschlorbeer dahinter, dann schimmern sie rosa.

Meine unglücklichste Liebe der letzten Jahre, ihr Name ist 'Margaret Merril', hat einen Hauch von Rosa, es schimmert in der fest zusammengedrehten Mitte ihrer weißen, weithin duftenden Blüten. Ich werde die traurige Geschichte von dieser 'Margaret Merril' später erzählen.

Nach dem Krieg, von 1946 an einige Jahre, arbeitete ich in der Gärtnerei einer Zigarrenfabrik bei Heidelberg, und da hatten wir auf dem Rosenfeld auch zwei lange Reihen mit weißen Sorten stehen, nämlich 'Madame Jules Bouché' und 'Kaiserin Auguste Viktoria'. Wer mit dem Leben davongekommen war, der heiratete bald, und Brautsträuße aus weißen Edelrosen, allen anderen voran 'Madame Jules Bouché' in ihrer edlen Zartheit, hatten einen guten Markt. Wer etwas Rosa im Brautstrauß haben wollte, konnte dazu noch Rosen von den Sorten 'Dame Edith Helen' und 'Freiburg II' bekommen, die zogen wir ebenfalls heran. Weil wir damals mit Zigarren alles hätten kaufen können, wäre es uns möglich gewesen, Kühe und Pferde zu halten, aber wir brauchten nur deren Mist, den wir auch reichlich bekamen. So standen die Rosen in einer dicken, festgetretenen Matratze aus Pferdemist und Rindermist, während sich ihre Wurzeln in einem lehmigen Sand befanden, und da wuchsen sie gut. Damals lernte ich meine Frau kennen. Sie war gerade zweiundzwanzig geworden, ihr Name ist Ruth Amalie, ich nenne sie Malia. Es war eine schöne Zeit, ich erinnere mich noch genau, wie nachmittags im frühen Sommer, wenn es regnen wollte und die weißen Rosen besonders stark dufteten, die Nachtigallen sangen.

Noch zu Kaisers Zeiten war mein Vater in Potsdam Trompeter bei der Garde, und zwar beim Dritten Ulanenregiment, den Gelben, wie man sie nannte. Es muß für ihn, da er als guter Klavierspieler auf den Abendgesellschaften des Offizierscorps sehr gefragt war, eine schöne

Zeit gewesen sein. Später erinnerte ihn alles Gelbe an diese sorglosen Jahre. Und als er schließlich im eigenen Garten wohnte, gab er keine Ruhe, bis eine Rose auf dem Blumenbeet stand, von der ihm zu Ohren gekommen war, daß ihre Blüte gefüllt, von großer Schönheit und gelb sei, es war 'Geheimrat Duisberg'. Diese Sorte gehört zu den Vorfahren von 'Westerland', einem mannshohen, damit höheren und ebenso breiten Rosenstrauch, der dreimal im Jahr viele Blüten trägt, jede von ihnen so groß wie ein Weinglas. Die Blüten sind leicht gefüllt, duften weithin, und angesichts ihrer Farbe, die sich zwischen gelb und rot befindet, könnte man an helles Orange denken.

Darf ich sagen, daß weiße Rosen, bei wechselndem Licht und zwischen anderen Blumen betrachtet, farbiger sind als gelbe?

Ich habe nichts gegen Gelb bei Rosen, die 'Gelbe Holstein' mochte ich viele Jahre hindurch sehr gern, und 'Helmut Schmidt' stelle ich mir in einem Strauß mit lila Lavendelblüten oder mit zwei Rispen der *Buddleia davidii* sehr schön vor. Neben meinem Mistbeet blüht den ganzen Sommer hindurch eine gelbe Rose, die sich wie ein Stehaufmännchen immer wieder aufgerichtet hat, auch wenn sie – wie vor wenigen Jahren – zwei harte Winter nacheinander über sich ergehen lassen mußte. Diese unermüdliche, schön gefüllte gelbe Rose, die leider duftlos ist, dies aber mit Fleiß und Fülle wettzumachen versucht, heißt 'Gartengold'. Ein herzlicheres Verhältnis habe ich nur zu einer einzigen gelben Rose bekommen, nämlich zu 'Maréchal Niel'; der Name wird meistens falsch und so ausgesprochen, wie man den berühmten Strom in Ägypten nennt, korrekt müßte zwischen den ersten beiden und den letzten beiden Buchstaben ein Bindestrich zu hören sein.

Diese edle Rose, ein kletternder Strauch mit herabhängenden hellgelben, duftenden Blüten, hatte ich zuerst im Blumentopf, der über den Winter ins Gewächshaus kam. Später wurde die Rose ins Freie gepflanzt, was sie durchaus ertrug, jahrelang sogar. Von dem ersten polaren Winter 84/85 schien die Rose sich nur gekränkt zu fühlen, doch den darauffolgenden Winter überlebte sie nicht.

Kurzum, ich finde gelbe Rosen weniger schön als weiße, als rote und als rosa Rosen. Und warum ist das so? Vielleicht wäre es anders, wenn Malia, als ich sie kennenlernte, in ihrem dunklen langen, zusammengebundenen Haar jeden Tag eine gelbe Rose getragen hätte. Oder wenn an der Außenwand unserer kleinen Wohnung, in der wir auf dem Peterhof die ersten Jahre zu zweit verlebt haben, die gelbe *Rosa banksiae* geklettert wäre; das Klima ist dort ziemlich mild.

Aphrodite, die Göttin der Schönheit und der weißen Rose, hatte einen Geliebten, der hieß Adonis. Weil beide am Abend ein festliches Essen im Feigenwäldchen zu sich nehmen wollten, ging Adonis auf die Jagd. Es ist gleich, ob es ein richtiges Wildschwein gewesen ist oder ob es Zeus war, der sich vorübergehend, mit den Gedanken immer bei der schönen Aphrodite weilend, in einen Eber verwandelt hatte. Auf jeden Fall ist, der Sage nach, Adonis von einem Eber, der sich besonders wild gebärdete, angefallen und mit den Stoßzähnen getötet worden. Als Aphrodite ihren Geliebten endlich fand, fing sie zu weinen an. Aus ihren Tränen und aus dem Blut des Adonis entstanden dann die roten, duftenden Rosen.

Ist es nicht so, daß es Erlebnisse, Erinnerungen, Gedanken sind, die das Urteil, ob eine Rose schön ist oder nicht, stark beeinflussen?

Wer in Berlin ist und etwas Zeit hat, der sollte mit der S-Bahn bis Wannsee und von dort mit dem Bus zur Glienicker Brücke fahren. An der Ecke des Alten Parkes, so wurde er während meiner Kinderzeit genannt, steht kurz vor der Brücke ein heiteres Tempelchen, ein halboffener Pavillon aus Stein: Die Neugierde; eine Arbeit von Schinkel. Von dieser »Neugierde« aus sah man früher auf die Wasserlandschaften der Havel und den Jungfernsee mit dem Königswald dahinter; über den Tiefen See hinweg kann man auch heute noch die silberblaue Kuppel der Nikolaikirche in Potsdam sehen. In den Alten Park mit dem Schloß Glienicke und gegenüber in den Park am Jagdschloß Glienicke kann man hineingehen, sie gehören zu Westberlin, und sie sind gut gepflegt.

Doch das dazugehörende Dorf, in dem dereinst die Bediensteten der beiden Schlösser lebten, die Gärtner, Havelfischer, Kutscher, Wäscherinnen und Landgendarmen, hat man mit der politischen Mauer abgetrennt; es sind in Wahrheit zwei Mauern mit Schußfeld dazwischen. Begrenzt von dieser Doppelmauer und auf der anderen Seite vom Griebnitzsee und dem letzten Stück des Teltowkanals liegt das Dorf Klein-Glienicke. Angelehnt an den Böttcherberg, der zu Westberlin gehört, stehen in diesem Klein-Glienicke, also inmitten der Hügel und Wasserlandschaften der Mark Brandenburg, eine Reithalle sowie eingeschossige und zweigeschossige Wohnhäuser in einem Baustil, wie man ihn sonst nur in der Schweiz, vornehmlich im Berner Oberland, findet. In dem von der Mauer aus gesehen ersten zweigeschossigen Schweizerhaus lebten meine Großeltern.

Dies alles gehört geographisch und entwicklungsgeschichtlich zur Stadt Potsdam. Es ist bekannt, weshalb es in dieser Stadt ein Holländisches Viertel, eine Französische Kirche, eine Synagoge, eine Russische Kolonie und im Wildpark ein Bayerisches Häuschen gab. Ich habe jedoch nie herausbekommen, weshalb am Böttcherberg von Klein-Glienicke diese Schweizer Häuser stehen. Es ist etwas Verspieltes, etwas ganz und gar Sinnloses an diesen vornehmlich von verwittertem Holz geprägten Häusern im Havelland. Aber sie waren schön. Auch die bäuerlichen Gärten dahinter, in denen man sommertags viele Hundepflaumen schütteln konnte, waren schön. Ich vermute, daß irgendein Hohenzollernprinz auf den spielerischen Einfall gekommen ist, diese Schweizerhäuser an den grünen Böttcherberg zu bauen.

Das alles hat für mich etwas mit der roten Rose zu tun, wenigstens mit der gefüllten, duftenden Rose einer uralten Kulturgeschichte, mit ihren vielfältigen Formen, ihrem zweckfreien Dasein.

In dem Vorgarten des Schweizerhauses, in dem meine Großeltern lebten, von den Kastanien der Karlstraße ein wenig überschattet, standen Lorbeerbüsche in hölzernen Kübeln, vor allem aber, von scharf geschnittenen Buchsbaumkanten umgeben, viele Rosen, niedrigere Büsche und Kronenbäumchen. Es waren lauter gefüllte rote Rosen, die stark geduftet haben. Besonders stark dufteten sie, wenn ein Gewitter aufzog. In den süßen Duft mischte sich noch ein bitterer Teergeruch, er kam aus dem runden, hölzernen Faß, in dem das vom Schieferdach herabstürzende Regenwasser aufgefangen wurde.

Wie andere Kinder damals habe auch ich gelernt, daß der Esel dumm, der Fuchs schlau, der Hund treu, die Hexe häßlich und der Gendarm Kittendorf gefährlich ist. Manches davon hat sich als unrichtig erwiesen, aber daß eine Rose gefüllt und rot zu sein hat, wenn sie als besonders schön beurteilt werden will, das ist meine Auffassung geblieben.

Auch nach dem Krieg in Heidelberg, kaum konnten wir uns Brot kaufen, mußte ich bald rote Rosen haben. Malia und ich wohnten damals auf dem Peterhof am Rand des Odenwaldes; das ist ein altes Obstgut, zu den Bergen hin von Rotbuchen begrenzt. Aus dem Wald holte ich trockene Stubben der Eßkastanie für den Ofen, im Sommer viele Pilze und Himbeeren und jedes Jahr am Heiligen Abend einen Weihnachtsbaum. Gleich im ersten Frühjahr grub ich daumendicke Stämme von Wildrosen aus, es ist immer die *Rosa canina* gewesen, und jedesmal im nächsten Sommer sind die Knospen der aufveredelten 'Etoile de Hollande' und 'Liebesglut' von den Rehen abgefressen worden. Nur 'Crimson Glory' hat geblüht; man muß sie übrigens immer in Augenhöhe veredeln, weil man sonst die Blüten, die etwas herabhängen, nicht so gut betrachten kann.

Hier am Leisberg in Baden-Baden, wo wir seit 1954 leben und unser Haus im Garten haben, durften schon viele rote Rosen ihr Gastspiel geben. Nur zu Gast waren sie deshalb, weil der Fichtenwald am oberen Gartenrand immer höher und sein Schatten immer länger wurde, so daß sich die Rosen darin nicht wohlfühlen konnten; die zunehmende Dunkelheit hat sie verdrängt.

Unter meinen roten Rosen, von der alten Apothekerrose und der 'Rose de Resht' einmal abgesehen, finde ich 'Senator Burda' besonders schön. Ich kannte den Namenspatron, den 1986 verstorbenen

Verleger Franz Burda, recht gut, und ich war bei der Rosentaufe in Cap d'Antibes in der berühmten Rosenzüchterei Meilland dabei. Am Tage zuvor hatte ein schweres Unwetter gewütet. In Le Luc en Provence, wo die Felder der Meillands liegen, hatte der Hagel alle Blätter von den Rosen abgerissen. Nur die neue rote Rose, von der die Blumen schon geschnitten und nach Cap d'Antibes gebracht worden waren, weil am nächsten Vormittag die Taufe stattfinden sollte, hatte ihre grünen und teilweise rötlichen Blätter behalten. Die Rose hat nämlich besonders viele, dicht beieinanderstehende, große und harte Stacheln. Vielleicht sind die Hagelkörner auf die Abwehr dieser Rosenstacheln gefallen und zerplatzt. Klaus Jürgen Strobel, der dabei war, und er versteht ja wirklich etwas von Rosen, ist derselben Meinung. Aber immer wo ich das mit den Stacheln und dem Hagelwetter erzählt habe, hat man es nicht geglaubt, ich wurde beinahe ausgelacht; er ist ein Narr, mögen die Leute gedacht haben.

Es gibt Menschen, die unter Umständen leicht zu beeinflussen sind. Ich gehöre in mancher Hinsicht auch zu ihnen. Ob der alte Herr in Offenburg ebenfalls, gelegentlich wenigstens, das eigene Urteil bezweifelte? Jedenfalls sagte er mir eines Tages, eigentlich sei ihm diese Rose zu »flatschig«.

Doch kann ich diesem Urteil nicht beipflichten. Die Blüte ist zwar riesig, wie ein Unterteller so groß, ein Feuerrad. Aber diese völlig geöffnete Blüte hat im Juli des vergangenen Jahres zwei Tage lang einer starken Hitze standgehalten. Nur ein leicht bläulich verfärbter dünner Rand hatte sich an einigen Blütenblättern eingestellt. Dasselbe war im übrigen auch bei der 'Hidalgo' zu beobachten. Es sind beides Rosen mit einem starken, angenehmen Duft. Und beide haben unten an den rosenroten Blütenblättern ganz kleine weiße Sprenkelchen.

Als ich auf seinem Rosenfeld in Pinneberg war, fragte ich Klaus Jürgen Strobel, wie er die vielen roten, gefüllten, duftenden Rosen voneinander unterscheide, wie er sie erkenne, so daß er ihre Namen nennen könne. Die Antwort kam leise, als wollte er mir zuflüstern, daß ich es nicht weitersagen solle: »Mit völliger Sicherheit kenne ich nur eine Sorte heraus, nämlich 'Senator Burda', und zwar an den Stacheln.« Welch ein Trost für mich!

Die allerschönste rote Rose unter den modernen Sorten heißt für mich 'Papa Meilland'. Die Blüte ist etwas schwärzlich im dunklen Rot, sie will abgeschnitten, ins Wasser und ins rechte Licht gestellt sein. Auch wenn die Fenster offen sind, erfüllt sie doch bald das Haus mit ihrem Wohlgeruch. Etwas wehleidig ist dieser Rosenstrauch allerdings. Für Schatten, viel Luftfeuchtigkeit oder die Bedrängnis durch andere Sträucher, gar durch Immergrün, ist er nicht gemacht. Ich will es in diesem Jahr noch einmal versuchen, doch pflanze ich diesmal ein

Kronenbäumchen, bei dem ja der eigentliche Rosenbusch erst einen Meter oder noch etwas höher über dem Erdboden beginnt. Da steht er freier, luftiger, heller, der Sonne näher und möglichst weit entfernt von der Erde, von ihrem feuchten Dunst, von den Schnecken und von den Sporen des Sternrußtaus. Oder ist es auch bei dieser Rose so, daß sie mir schön vorkommt, weil ich ihren Namenspatron, den alten Antoine Meilland, so gut kannte? Übrigens hat sie ebenfalls die erwähnten dünnen weißen Strichelchen unten an ihren schönen Blütenblättern.

Morgens höre ich manchmal den Pastor im Radio. Heute sprach er darüber, daß Gott gleichermaßen die Liebe und das Leiden schenkt. Den Schluß der kurzen Predigt bildete ein Satz, den Liebende oft zueinander sagen: Ich mag dich leiden. Zum Schönfinden gehört womöglich ein kleines Quantum Schmerz, die Wehmut?

Am Morgen verkauft der Bäcker frische Brötchen, und weil sie bis zum Abend alle aufgegessen sind, kann er das jeden Tag in der Woche, in Frankreich sogar am Sonntag. Die Rosenzüchter bringen nicht jeden Tag neue Rosen heraus, aber jedes Jahr, und zwar viele Dutzend. Da ist es bedauerlich, daß sich die Gärtner, ob groß oder klein, trotz vieler Bemühungen nicht zu Verbrauchern machen lassen. Wenn es im Herbst wieder Dutzende von Neuzüchtungen gibt, dann sind die Neuheiten vom vergangenen Jahr noch da, sie sind nicht nur unverbraucht, sondern im Gegenteil, sie sind gewachsen. Doch war es bei uns im Garten nicht die Mode, von der die vielen roten Rosen verdrängt worden sind, mit denen ich früher zu tun hatte, sondern der Schatten. Ich will nicht sagen, daß die Züchtung von so vielen Neuheiten unsinnig sei, denn manche wirkliche Schönheit der Gegenwart hätten wir sonst vielleicht nicht bekommen. Einige von ihnen, die ich selbst habe oder denen ich woanders begegnet bin, will ich aufschreiben. Es sind 'Burgund 81', 'Henkell Royal', 'Paola', 'Ingrid Bergman', 'Erotica', 'Mildred Scheel', 'Baden-Baden', 'Duftzauber', 'Schwarzwaldmädel' und 'Alec's Red'. Zu jeder von ihnen wäre zu sagen: Ich mag dich leiden. Du gefällst mir.

Muß ich auf Spaziergängen, vor allem im Winter, nicht immer wieder darüber nachdenken, weshalb es in einem bekannten Sprichwort heißt, die Hoffnung ist grün?

Es gibt eine grüne Rose, deren Blüten wirklich grün sind, die *Rosa viridiflora*; man mag sagen, daß sie interessant sei, diese Rose, aber schön ist sie nicht. Manchmal mischt sich zartes Grün in weiße Rosen ein, in die 'Kaiserin Auguste Viktoria' zum Beispiel, auch in andere. Sonst bleibt das Grün der Rosen den Stielen, dem Laub, den Kelchblättern und, sofern sie fruchtbar sind, den jungen Hagebutten vorbehalten.

Es gibt nur zwei Arten von Knospen bei Rosen. Das sind einmal diejenigen, aus denen die Blüten kommen. Und dann gibt es die kleinen Knospen oder Augen in den Blattachseln, aus denen die neuen beblätterten Verzweigungen herauswachsen. Am Ende ihrer inneren Entwicklung ist eine solche Knospe fast so dick wie der Stiel, an dem sie sitzt. Wenn es wärmer wird im Frühling, schlägt die Knospe ihre schützenden Schuppen zurück, sie rollen sich regelrecht nach hinten zusammen. Daraufhin erscheint eine schmale, seitlich bewimperte Zunge. Aus der vorn gespaltenen Zunge wächst der rote Blattstiel heraus, und wirklich, er hat schon Stacheln, der Stiel. An diesem Stiel nun, der nicht viel dicker als ein Zwirnsfaden ist, erscheinen fünf fingernagelkleine Blättchen, die man Fiedern nennt. Alles das zusammen, die Fiederblätter, der Stiel und die Nebenblätter, von mir als gespaltene Zunge beschrieben, ergeben das Rosenblatt. Die Hauptader der Fiederblätter, auch die kleinen und kleinsten Nebenadern und die Rückseiten sind rot. Doch aufwärts, dem hellen Licht zugewandt, sind die Fiederblätter grün, wie frisches Waldmoos so grün. An dem sich auffaltenden Blatt vorbei wächst der neue, rote Trieb, und bald schon, einen Augenblick weiter nur, wächst bereits das zweite Fiederblatt. Und das geschieht an einem einzigen Strauch meiner 'Queen Elizabeth'-Rose, nachdem sie im Frühjahr zurückgeschnitten worden ist, mehr als dreißigmal.

Hatte die Taube nicht das grüne Blatt eines Ölbaums im Schnabel, als sie zurück zu Noah in die Arche kam?

Die Rose 'Queen Elizabeth' mit ihren handtellergroßen, rein rosa und leicht gefüllten, ein wenig duftenden Blüten, die straußfertig aus den Endverzweigungen eines einzigen Stieles herauswachsen, ist ein Wunder. Bei mir fror die 'Elizabeth' in den harten Wintern zwischen 1984 und 1986 zurück, doch trieb sie aus dem Schutz der Erdanhäufelung reichlich wieder aus; das ging jedesmal ganz schnell, und die bereits erwähnten Stiele hatten Längen, die jeweils über einen Meter hinausgingen. Wer diese Rose nach dem ersten Flor zu wenig zurückschneidet, braucht beinahe eine Trittleiter, um im September Blüten vom zweiten Flor abschneiden zu können. Das rötlichgrüne Laub ist typisch für diese Sorte, doch unmittelbar nach dem Austrieb, wenn die sich auffaltenden Blätter noch hautdünn und weich sind, haben die meisten Gartenrosen ein derartig rotes Laub. Vielfach wird gesagt, diese Rotfärbung sei ein Schutz der Blätter vor den scharfen Strahlen der Sonne, unserer Sonnenbrille vergleichbar.

In der Bewegung kaum anders und nicht minder zart ist der Blattaustrieb einer Rosensorte, die in unmittelbarer Nähe meines 'Queen Elizabeth'-Strauches steht. Dieser Strauch, den ich vor sieben Jahren gepflanzt habe, ist über zwei Meter hoch, ausgeglichen in seinem

Wuchs, nicht anfällig für den Sternrußtau, grün bis in den Herbst hinein, bis Weihnachten voll roter Hagebutten; ich habe schon trockenes Holz herausgebrochen, auch herausgesägt, doch andere Dienste hat diese Rose noch nicht von mir beansprucht; leider, möchte ich fast sagen. Es handelt sich um eine uralte Rose, die in Bauerngärten häufig anzutreffen ist, vor allem in Süddeutschland. Professor Alwin Seifert, der noch immer als Heiliger der Humuswirtschaft verehrt wird, hat ihre Winterhärte gepriesen, sie hielt es seinen Beobachtungen zufolge bis minus dreißig Grad aus, und kälter ist es dort, wo er diesen Rosenstrauch beobachtet hat, niemals geworden. Es ist die *Rosa alba* 'Suaveolens', übersetzt »die Duftende«, und sie duftet wirklich: Eine eigenartige Süße zieht durch den Garten, wenn die schwach gefüllten weißen Blüten, deren Blätter sich merkwürdig fest anfühlen, aufgegangen sind. Man kann die Blüten an meinem großen Strauch nicht zählen, aber wenn ich sage, »mehrere hundert«, so ist das nicht übertrieben.

Aber die jungen Austriebe dieser Rose sind grün, obwohl die Blättchen nicht weniger zart sind als diejenigen der 'Queen Elizabeth'. Auch die jungen Blätter der *Rosa rugosa*, auf die ich noch kommen werde, sind grün. Auch unsere heimischen Wildrosen treiben grün, und als wir letzten Sonntag in Freudenstadt waren, sagte mir Josef Raff: »Rosen mit rotem Austrieb haben es schwer, sich mit dem Frost zu verständigen, doch Rosen, die grün austreiben, sind winterhart.«

Die Blätter der Rosen gehören zu ihrer Schönheit. Sie gehören nicht nur zu ihr, sondern sie sind ihre Voraussetzung. Die Züchtergärtnerei W. Kordes Söhne feierte Anfang September 1987 ihr hundertjähriges Bestehen. Rosen gibt es dort auf den Feldern, vor allem zu Beginn des Monats September, übergenug. Entsprechend war die Festhalle geschmückt. Aber nicht eine einzige der vielen Blüten hat eine andere Blüte berührt, es war immer Grün dazwischen. Meine Großmutter in Klein-Glienicke kannte einen Spruch, an den ich heute noch denke. Obgleich er sich merkwürdig anhört, schreibe ich diesen Satz hin: Eine Blume ohne Blatt schenkt man dem, der keine Ehre hat. Ich habe mich bis jetzt an die Lehre dieses Spruches gehalten. Wenn ich jemandem eine Rose, eine Päonienblüte oder zwei Rispen des wohlriechenden *Zygopetalum mackayi* schenke, dann ist immer ein grünes Gras dabei, ein Zweig von grünem Buchsbaum oder ein Farnwedel.

Hat die neue Liebe zu den alten Rosen ihren Grund darin, daß oft gesagt wird, in der alten Zeit sei alles besser gewesen?

Mehr und mehr wird nun nach Rosen gefragt, die man als alt bezeichnet. Man nennt sie auch historisch. Es gibt inzwischen in Deutschland eine Baumschule, die sich ausschließlich mit der Anzucht von alten oder historischen Rosen befaßt. Ich bin schon öfter beglückt

Brunnen in dem Park L'Hay-les-Roses bei Paris.
Vorn die Kletterrose 'Princesse Marie'.

Die zartrosa ‘Michéle Meilland’ auf Hochstamm, dahinter
die altbekannte Kletterrose ‘Excelsa’.

heimgekehrt, wenn wir darüber gestritten haben, ob es richtig sei, junge Rosen, deren Edelauge gerade erst angewachsen ist, als alt oder gar historisch zu bezeichnen. Ich höre noch immer den Zorn in Albert Kaysers Stimme, als er in Berlin in den Saal rief: »Historisch, das ist immer vorbei, das ist tot, sogar mausetot. Doch wer alt ist, man braucht sich ja nur umzugucken, der kann ganz schön munter sein.«

An sich finde ich es richtig, daß man die 'Königin von Dänemark' oder die 'Mademoiselle Cécile Brunner' als alte Rosen bezeichnet. Immerhin hat die erwähnte Königin, als Rose, bereits 1819 das Licht der Welt erblickt. Seit jenem Jahr, das sind fast zwei Jahrhunderte, sind von der Rose und ihren Nachkommen immer wieder Gewebeteile in Form von Stecklingen oder Edelaugen genommen worden, um neue 'Königinnen von Dänemark' zu ziehen. Es ist also bis auf den heutigen Tag dieselbe Pflanze, wirklich dieselbe – nicht bloß die gleiche – 'Königin von Dänemark' aus dem Geburtsjahr 1819, immer wieder erneut bewurzelt oder als Edelauge eingewachsen in das Kambium eines jungen Wildlings.

Sind diese alten oder historischen Rosen nun schöner, daß man sie mehr und mehr den modernen Rosen vorzieht? Vielleicht hängt die neue Vorliebe damit zusammen, daß es jedes Jahr viel zu viele Neuheiten gibt. Man hat schon keine Lust mehr, sich deren Namen zu merken. Hat man sich diese Rosen endlich doch gemerkt und weiß man ihren Namen zu nennen, dann verschwinden sie, weil es schon wieder Neuheiten gibt. Alte Rosen dagegen, die nach den Absprachen der Amerikanischen Rosengesellschaft vor 1867 entstanden sein müssen, kann man nicht als Neuzüchtungen verkaufen. Folglich hat es einen Sinn, sich ihren Namen zu merken. Sie lernen sich schwer, diese alten Namen wie 'Deuil de Paul Lafontaine', rotpurpur, oder 'Impératrice Joséphine', locker gefüllt, rosa.

Wenn ich mit Wolfgang Gottwaldt durch den Rosengarten von Zweibrücken ginge, könnte ich ihm zurufen: »Sieh mal dahin, da blüht doch eine 'Madame Legras de St. Germain'«; dann wäre er erstaunt über meine Kenntnisse. Aber ich könnte ihm dies gar nicht zurufen, denn die Sorte fehlt in Zweibrücken!

Von ganz wenigen Ausnahmen abgesehen, blühen die alten Rosen nur einmal im Jahr, aber je nach Witterung gehen die Blüten kurz vor Sommeranfang auf, und dann blühen und duften sie herrlich bis in den Juli hinein, um sich alsdann ganz auf das Heranwachsen und Reifen der Hagebutten und auf das Training für den Winter zu konzentrieren. Einige allerdings, vor allem die Centifolien, bekommen keine Hagebutten mehr, sie sind unfruchtbar geworden. Außerdem werden die meisten dieser alten Rosen groß, um nicht zu sagen riesig; für einen Garten von zweihundert Quadratmetern wären zwanzig Centifolien flächendeckend.

Meine eigene älteste Rose war die 'Maréchal Niel', ich habe noch die Rechnung von W. Kordes Söhne, ausgestellt am 28. März 1956, sie beträgt einschließlich zehn Prozent Überwinterungszuschlag, Verpakkung und Versicherung drei Mark und siebzig Pfennig! In der Mitte der sechziger Jahre, bevor die alten Rosen wieder modern wurden, bekam ich ein ganzes Bündel davon: 'Félicité Parmentier', 'Princesse de Lamballe', 'Cardinal de Richelieu', *Rosa centifolia* 'Muscosa' und wie sie alle heißen, 'Jacques Cartier' habe ich noch immer. Mit allen diesen Rosen hatte ich vorher noch nie zu tun gehabt, schöne und große Rosenbüsche waren für mich damals 'Pink Peace', 'Prima Ballerina', 'Champs Elysées', 'Josephine Bruce' und vor allem 'Gloria Dei'. So geschah es, daß die zunächst kleinen, jungen Pflanzen dieser alten Schönheiten viel zu eng gesetzt wurden. Wo zwanzig dieser Rosen standen, hätte der Platz allenfalls für drei von ihnen ausgereicht. Damals noch nicht, aber bereits ein Jahr später sagte Malia, daß ich verrückt gewesen sein müsse. »Guck nur mal, wie die Pullover von den Kindern aussehen. Die bleiben doch dauernd an diesem Dornengestrüpp hängen.« Kurz und gut, ich habe dem 'Cardinal de Richelieu' und der 'Prinzessin de Lamballe' gekündigt. Peter Müller hatte damals gerade ein Haus gebaut, drüben im Weinrebenland, in Umweg, und da war Platz genug. Außerdem haben sie dort Lehm im Boden, so daß die alten Rosen noch viel größer werden konnten als bei uns.

Wenn ich den Strauch von 'Jacques Cartier' betrachte, so hat er eigentlich nichts Gefälliges an sich. Es fehlt ihm im Wuchs jede Grazie, er steht steif, beinahe widerborstig da, und wenn im Winter die Blätter abgefallen sind, dann möchte man von einem schwarzen Besen sprechen. Doch sobald das grüne Laub ausgetrieben hat und sich die Blüten aufgehäkelt haben, dann übersieht man gern die schwarzen, unten blätterlosen Stämme, und man staunt, wie aus dem staksigen Busch ein solcher Flor kommen kann. Sie sehen wirklich so aus, als wären sie gehäkelt worden, die zuerst pomponartigen, sich dann mehr auseinanderfaltenden, dicht gefüllten, kräftig rosa Blüten. Manchmal allerdings, wenn es viel Feuchtigkeit in warmer Luft gibt, dann gehen die Blüten dieses Rosenstrauches nicht recht auf, und man muß sie abschneiden. Und selbst bei den aufgeblühten Rosen ist es meistens so, daß ich sie nach einigen Tagen abschneiden muß, weil die welkenden Blätter nicht abfallen. Das ist besonders im September und Oktober der Fall, wenn 'Jacques Cartier' ein zweites Mal blüht, zwar nicht so reichlich wie im frühen Sommer, aber immerhin so schön, daß man sich darüber freuen kann. Im letzten Herbst war es noch im November möglich, ein paar Blüten abzuschneiden, um ihnen Gelegenheit zu geben, im Haus ihren Wohlgeruch zu verbreiten, was in der kalten und nebligen Luft draußen im Garten nicht mehr möglich war.

Die Göttin Aphrodite war – und ist es noch heute – mit einem unsichtbaren Gürtel ausgestattet, den sie abnehmen und wieder anlegen konnte. Wenn sie diesen Gürtel einem Weinstock umhängte, dessen Trauben reif waren, dann kamen die Vögel scharenweise angeflogen, aber sie pickten nicht die Weinbeeren aus den Trauben wie bei den anderen Stöcken, sondern sie blieben vor ihnen sitzen, schüttelten die Köpfe, flatterten erfreut mit den Flügeln, zirpten nach ihren Weibchen und flogen davon.

»Unter der roten Rose«, so hieß eine Straße am Hafen von Piräus, und wenn sich Freunde auf dieser dunklen Straße begegneten, dann taten sie, als kennten sie sich nicht. Vorn an der Straße, weil die Männer, wenn sie hineingingen, viel Geld in den Taschen hatten, saß oftmals ein Bettler. Es war ein Mann mit tränenden roten Augen und einer Rotznase über dem weißen Bart, er spielte sehnsuchtsvoll auf der Gitarre. Doch selten ging jemand hin, um ihm einen Groschen in den aufgestellten Hut zu werfen, geschweige denn etwas mehr. Der Mann war viel zu häßlich, als daß jemand in seine Nähe kommen mochte. Dann konnte es geschehen, daß Aphrodite, nicht ganz ohne Zuständigkeit für diese Straße, ihm den geheimnisvollen Gürtel überwarf. Zwar blieb der Bettler genauso häßlich, so triefäugig wie vorher, doch die Männer kamen trotzdem, einer nach dem anderen, nahe an ihn heran. Sie glaubten nicht, was sie sahen, schüttelten die Köpfe, faßten seine Jacke an, seinen grauen Bart; sie legten ihm nicht nur Silbergeld, sondern auch Scheine in den Hut, manchmal auch Schweizer Franken, auch Dollars, denn den Gürtel der Aphrodite gibt es immer noch.

Mit diesem Gürtel verleiht Aphrodite auch den Rosen ihre Anmut. Die Rose ist, nach Kant, allgemein und objektiv betrachtet schön. Schönheit ist aber nicht auch schon Anmut und Liebreiz, Charme. Ein Mensch, gleich welchen Geschlechts und Alters, kann charmant sein, ohne daß man von ihm sagen könnte, er sei schön. Eine Rose aber, da sie immer schön ist, wird begehrenswert durch ihre Anmut. Erklären läßt sich diese Anmut, dieser Liebreiz, nicht. Sonst wäre die Erfindung des geheimnisvollen Gürtels unnötig gewesen.

Es kommt leider auch auf Zufälle an, zum Beispiel auf das Wetter, die eigene Stimmung, die Gesellschaft, in welcher man sich befindet, ob man eine Rose als schön beurteilt oder nicht.

Am Freitag, dem 19. Juni 1987 fuhr ich mit dem Auto von Aachen über Trier nach Zweibrücken. Ich erwähne Trier, weil dort bei Peter Lambert 1920 eine Rosensorte entstanden ist, die mir dann in Zweibrücken auffiel. In mein Notizbuch, genannt Skizzenbuch, schrieb ich damals: »Von weitem sah ich ihn schon, diesen Strauch, zu dem ich aufblicken kann, weil er so groß ist. Die rosa Blüten, leicht gefüllt und etwas geöffnet, finde ich schön; und sie duften sogar trotz des kühlen, regnerischen Wetters. Besonders wundere ich mich darüber, daß die Regengüsse dem Rosenstrauch nichts auszumachen scheinen. Denn in dem auffallend hellen Grün der Laubblätter und in dem Rosa seiner vielen Blüten und Knospen, leicht vom Wind und von der abtropfenden Nässe bewegt, sieht er so aus, als schiene die Sonne, als stünde unter den Tausenden von Rosen dieses Gartens in Zweibrükken nur dieser eine große Blütenstrauch im Licht der Sonne. Dem Etikett zufolge handelt es sich um die Sorte 'Adam Messerich', von Peter Lambert gezüchtet.«

Diese breiten und hohen Rosensträucher, die so groß sind wie ich, mit ihren gefüllten Blüten sind eigentlich die schönsten Rosen. Nicht so schön sind dagegen die immer wieder heruntergeschnittenen oder heruntergefrorenen, steifen Teehybriden, deren Gestalten für die großen Blüten meist zu klein sind.

Es gibt aber auch Rosen, die nicht besonders schön, dafür aber erhaben in ihrer Wirkung sind. Eine solche Rose sah ich im vergangenen Jahr am Mittwoch, dem 8. Juli, im Garten von Freising-Weihenstephan; auf dem Porzellanetikett stand: *Rosa setigera* × *Rosa macrophylla* var. *crasseaculeata*. In meinem Skizzenbuch steht: »Dies ist der gewaltigste Rosenstrauch, den ich je gesehen habe, eigentlich ein Rosenbaum; er hat eine Höhe von mehr als vier Metern, und noch nie sah ich bei einer Rose eine gewaltigere Krone. Die Blütenblätter sind hellrosa, sie umschließen einen dunkelbraunen Kranz von Staubfäden, aber am auffallendsten sind die dicken Stämme. Dieser Stamm hier hat einen Durchmesser von etwa fünfzehn Zentimetern, weitere Stämme wachsen von unten her nach. Sie sind zuerst dunkelgelb, doch wenn sie älter werden, wechseln sie ins Graubraune über. Die Stacheln stehen dicht, sie sind bedrohlich und voller Gefahr, vor allem am jüngeren Holz, etwas weniger am alten Holz der dicken Stämme; diese wirken weniger gefährlich als die im Vergleich zur Stammstärke gewaltigen Waffen am jungen Holz.«

Über die letzte weiße Rose des vergangenen Jahres habe ich schon berichtet. Am 14. November hatte ich sie abgeschnitten und hereingeholt. Die Notiz von der letzten roten Rose stammt vom 23. November:

»Es scheint Frost zu geben. In den Gärten an der Leisberghöhe sind die gelbgrünen Blätter der Hortensien bereits angeschwärzt; Muttertags- und Kommunions-Hortensien, die in den Garten gepflanzt worden und gewachsen sind, seit Jahren schon, denn wir haben hier sauren Boden. In Erwartung des Frostes schnitt ich vorhin die letzte, noch hoffnungsvolle rote Rose ab, es ist ein ganzer Blütenstand, ein Strauß aus sieben Knospen, jeder Stiel doppelt so lang wie mein Mittelfinger. Die oberste, mittlere Knospe ist bereits eine angehende Blüte. Der rote Leib aus zusammengewickelten Blütenblättern fühlt sich noch fest an, doch gibt er dem vorsichtigen Druck der Finger etwas nach, die Blume wird also noch aufgehen, denke ich.

Drei Stunden in der warmen Stube, fängt die Rose mit den äußeren Blumenblättern an, sich aufzurollen. Ihr Wohlgeruch, von der Wärme meiner Schreibtischlampe beflügelt, ist überall wahrnehmbar. Die umgebenden Knospen sind rot, blankrot, aber sie lassen sich nicht eindrücken, sie sind noch zu hart. Die Knospen befinden sich jeweils im Schutz von fünf Kelchblättern, die doppelt so hoch sind, steil aufrecht wie Gatter eines Zaunes stehen und die Härte von Waffen zu haben scheinen. Diese Kelchblätter sind wirklich etwas Besonderes, und sie haben, wie die Laubblätter, eine olivgrüne Farbe. Im übrigen hat diese Rose nur drei Fiedern am Blatt.

Die Pointe dieser Blumengeschichte der letzten halben Stunde ist überraschend. Die Sorte trägt keinen der großen Namen, die Rosenfreunde gern aussprechen, weil sie meinen, daß sich Schönheit bereits beim Klang der Worte ausbreitet, man denke nur an 'Madame Caroline Testout' oder an 'Signora Piero Puricelli'. Oder man erinnere sich an Reynolds Hole, Dekan von Rochester und lange Jahre Rosenpräsident von England, der sich für 'Gloire de Dijon' entschied, falls er verbannt würde und das Gericht ihm die Gnade erwiese, eine Rose, aber nur eine einzige Rose, mitnehmen zu dürfen. Bei mir, aus der augenblicklichen Lage heraus, wäre es keineswegs 'Gloire de Dijon', sondern diese rote Rose neben meiner Schreibtischlampe, sie heißt 'Schwarzwaldmädel', gezüchtet von Karl Hetzel in Oberderdingen.«

Die Knospen sind nicht mehr aufgegangen. Drei Tage später ist die volle rote Blüte abgefallen. Aufgeplatzt lag sie auf meinem weißen Tisch. Wie ein rotgefiederter fremder Vogel, der abgestürzt ist, sah sie aus. Vom Blütenstand oben auf dem Stiel waren nur noch die Narben frisch, gelb, reif, sie glänzten. Die Staubfäden, das Männliche der Rose, waren verwelkt, trocken, gelbbraun zusammengeringelt, toter Staub.

Zur Schönheit der Rose gehört das schrittweise Aufblühen, dem gleich das langsame Verblühen folgt, bis die Blütenblätter nacheinander, oder auch alle auf einmal wie bei meinem 'Schwarzwaldmädel', zur Erde fallen. Die Schönheit der gefüllten Rose wird durch die vielen nacheinander und langsam sich öffnenden Blütenblätter gesteigert, bei denen auch das Vergehen, das Verblühen weniger schnell als bei einfachen Rosen vor sich geht.

Wer das nicht glaubt, der gebe, bevor er Rosen in die Vase stellt, ein Frischhaltemittel ins Wasser. Dann welkt die erblühte Rose nicht, sondern sie bleibt zu einer Maske erstarrt und wirkt nicht mehr natürlich. Wir lieben nicht die Rose in sich selber, sondern in ihr die Idee der Natur, die sie verkörpert. Und die Idee der Natur ist das Leben, zu dem das Sterben gehört.

2. Kapitel

Es ist schön, Geschichten von der Rose zu erzählen

Guter Mond, du gehst so stille durch die Abendwolken hin.« So beginnt eines unserer schönen Lieder aus der Kinderzeit. Niemand wird sagen, es sei nicht wahr, daß der Mond still durch die Abendwolken läuft - man kann es sehen. Und der Mond geht wirklich, auch ohne Abendwolken wandert er um unsere Erde herum. Wahr ist auch, daß morgens die Sonne aufgeht. Doch in Wirklichkeit geht die Sonne nicht auf, sondern sie bleibt stehen, und die Erde läuft im Kreis um sie herum. Wahrheit muß nicht immer Wirklichkeit sein. Nicht in Wirklichkeit hat in Persien die Nachtigall eine weiße Rose umarmt und sich dabei an den spitzen Stacheln der weißen Rose verletzt, so daß es blutete, und auch nicht in Wirklichkeit ist aus dem Blut der Nachtigall dann die rote Rose entstanden. Doch solange es Rosen und Menschen gibt, bleibt die Geschichte wahr. Und schön ist sie außerdem.

Das schönste Liebesgedicht, in welchem Rosen vorkommen, steht in der Bibel, im Hohen Lied Salomos. Ich will ein paar Zeilen herausschreiben: »Ich bin eine Blume zu Saron und eine Rose im Tal - Wie eine Rose unter den Dornen, so ist meine Freundin unter den Töchtern - Mein Freund ist mein und ich bin sein, der unter den Rosen weidet.«

Nicht nur bei Salomo, sondern auch an vielen anderen Stellen kommt die Rose in der Bibel vor, und immer überzeugend schön. Es gibt Menschen, die das auf hebräisch lesen können, und diese sagen, daß es so, wie wir es heute in der Bibel lesen, gar nicht gewesen sein kann: Dem Doktor Martin Luther seien manche Fehler unterlaufen. Was er als Rose bezeichnet hat, ist eine Lilienart. Die von mir zitierten Zeilen müßten anders lauten, nämlich: »Ich bin eine Blume zu Saron und eine Feuerlilie im Tal - Wie eine Feuerlilie unter den Dornen, so ist meine Freundin unter den Töchtern - Mein Freund ist mein und ich bin sein, der unter den Feuerlilien weidet.«

Ich glaube nicht, daß Martin Luther es falsch gemacht hat. Seine selbstgestellte Aufgabe war es doch, das Wort Gottes den Deutschen in ihrer eigenen Sprache zu bringen. Luther lebte auf der Wartburg, nachdem auf dem Reichstag in Worms über ihn die Acht und der Bann verhängt worden waren. Von der Wartburg aus, als Junker Jörg verkleidet, ist er oft hinunter auf den Markt von Eisenach gelaufen. Dabei wird er festgestellt haben, daß man in Eisenach noch nie etwas von Feuerlilien gehört hatte, sehr wohl aber Rosen kannte.

Mit der übrigen Botanik in der Bibel ist es ähnlich. Immer wieder taucht die Frage auf, was es für Früchte waren, die am Baum der Erkenntnis heranreiften. Das schönste aller Bilder vom Paradies ist von Raffael. Man sieht, wie Adam der rosenschönen Eva einige Früchte hinhält, die eindeutig als Kernobst zu erkennen sind. Vor ungefähr zwanzig Jahren gab es einen Forscher in England, der sagte, das sei falsch. Einen Paradiesapfel habe es nie gegeben. Er verkündete, daß am Baum der Erkenntnis nur Pfirsiche gewachsen sein könnten. Kurz darauf waren in den Baumschulen von Großbritannien alle Pfirsichbäume verkauft. Man weiß nicht genau, ob das stimmt, aber die Geschichte ist doch hübsch.

In den Geschichtsbüchern unserer Erde gibt es Zeichnungen von einander überlagernden Schichten. Die unteren, dicksten Schichten stellen Milliarden von Jahren der Urzeit, des Altertums und des Mittelalters der Erde dar. Vor sechshundert Millionen Jahren begann die Neuzeit der Erdgeschichte, zu welcher das Tertiär gehört. Aus dieser Zeit soll es schon versteinerte Rosenstacheln geben. Vor fünfzehn Millionen Jahren erschien ein Lebewesen, daß sich später zum Menschen entwickelte. Dann kamen die Eiszeiten, und erst seit ungefähr fünfhunderttausend Jahren soll das Lebewesen Mensch aufrecht gegangen sein. Aber erst was sich seit den letzten fünftausend Jahren abgespielt hat, können wir einigermaßen rekonstruieren. Die Rosen waren anscheinend immer dabei.

Es gibt außer der Rose kaum eine Blume, über die man Bücher schreibt, die mit ihrer Geschichte beginnen. Wenn man die alten Sagen gelesen und erfahren hat, daß schon die Sumerer auf die untere Seite ihrer Münzen stilisierte Rosetten geprägt haben, kommt man sogleich auf die Insel Kreta und den Palast von Knossos. Dieser Palast ist vor viertausend Jahren gebaut worden. Dort muß sich auch das berühmte Labyrinth befunden haben, aus welchem Theseus, nachdem er den Minotaurus getötet hatte, mit Hilfe des Ariadnefadens wieder herausfand. Die Geliebte saß am Eingang des Labyrinthes und wickelte das vorher abgerollte Garnknäuel langsam wieder auf, während zu ihren Füßen ein Schaf blökte. In diesem Palast also hat vor viertausend Jahren ein Künstler gemalt, und zwar auf Mauerverputz, solange er noch feucht war, *a fresco*. Auf frischen Putz muß ziemlich schnell gemalt werden, weil die Farbe sich nur so lange mit dem Putzmörtel verbindet, wie sie dank der Feuchtigkeit etwas eindringen kann. Immerhin schaffte es der Maler vor viertausend Jahren, auf eines der Wandbilder einen blauen Vogel zu malen, der sehr erstaunt zu sein scheint, außerdem zehn mittelmeerländische Schwertlilien in Knospen und zwölf in voller Blüte. Vor allem aber malte er drei blühende Rosen. Viertausend Jahre, das ist nach Menschenmaß eine sehr lange Zeit.

Knossos mit dem berühmten Palast ist ungefähr sieben Kilometer von Heraklion, einer Hafenstadt voller Leben an der Nordküste, entfernt. Wenn ich mich recht erinnere, kann man von Knossos aus das Meer sehen. Das wird damals König Minos, Herr über die Ägäis mit all ihren Inseln, auch gekonnt haben. Und in diesem Palast, richtiger gesagt, in seinen Ruinen, findet man außer roten Säulen mit schwarzen Kapitellen, außer dem Königsthron und mannshohen rundbauchigen Tonkrügen auch das Fresko vom Blauen Vogel, wie es offiziell heißt; das Wandbild mit den drei Rosen. Es handelt sich aber nur um ein Faksimile des kostbaren Stückes. Das Original befindet sich im Schutz des Museums von Heraklion. Leider wurde das Museum gerade umgebaut, als ich auf Kreta war, und war geschlossen. Doch bekam ich später von Gustav Schoser eine Farbfotografie geschickt.

Um 1450 vor Christus gab es ein schweres Erdbeben, das den schönen Palast von Knossos zerstörte. Mühsam wurde er wiederaufgebaut, – da brach ein Feuer aus. Die Flammen und Gluten des Feuers konnten nicht rechtzeitig gelöscht werden, so daß der Königspalast abbrannte. Wenig später ist die Ruine schließlich völlig zerstört worden. Dann wehte Sand drüber hin, Eselsdisteln und Kletten siedelten sich an, danach Dünengräser und endlich Ölbäume, Hornklee und wilde Möhren – wenigstens fanden Ziegen eine satte Weide.

Bis kurz vor der letzten Jahrhundertwende Sir Arthur Evans aus Großbritannien kam und alles ausgrub, wozu er achtunddreißig Jahre benötigte. Und da steht sie nun, die Ruine des Palastes von Knossos mit dem Saal der Fresken, in welchem sich auch das Bild vom Blauen Vogel mit den drei ersten mit Farben gemalten Rosen der Kulturgeschichte befindet.

Ist es nicht möglich, daß manche gemalte Rose aus dem Garten der Phantasie stammt?

Aber diese schöne Geschichte geht noch weiter: Es drängt sich die Frage auf, welche Teile des Bildes von dem Maler stammen, der zur Blütezeit der minoischen Kunst gelebt hat. Denn man kann deutlich erkennen, daß Einzelheiten des Freskos dem Garten einer blühenden Phantasie entstammen: Man sieht es den rauhen, rissigen, erkennbar zusammengefügten rötlichen bis kalkgrauen Steinen an, daß sie als Scherben dreitausend Jahre lang irgendwo im Schutt lagen. Bald wird klar, daß der Vogelkopf mit seinen erstaunten roten Augen später dazugemalt worden ist. Auch die beiden Rosen, die durch ihre geranienroten Blütenfarben auffallen, sind nachträglich in das Bild hineingemalt worden. Sie haben übrigens Blätter, die an das Laub des Leberblümchens erinnern. Nur schwach erkennbar ist im rötlichen Raster der linken Scherbe eine Blüte zu sehen, dazu auch Spuren von gefiederten Blättern, wie sie für fast alle Rosen typisch sind.

Ich finde es seltsam, daß Sir Arthur Evans erlaubt hat, ziemlich groß und auffällig die Blumen einer ganz anderen Pflanze zu malen, als sie auf den alten Gesteinsscherben ursprünglich zu sehen war. Allerdings möchte ich zur Vorsicht ergänzen, daß sie auf dem alten Stein nicht klar zu sehen ist. Diese alte Blume unter dem rosenähnlichen Blatt hat fünf Kronblätter. Zumindest bei Gerd Krüßmann, der als Gelehrter in der Rosenwelt über jeden Zweifel erhaben ist, sind es fünf und nicht sechs. Sechs Blütenblätter haben dagegen die geraniumroten Blumen, die bestimmt nachträglich, also erst in dem Jahrhundert, in dem wir leben, dazugemalt worden sind. Es heißt, bei der im rötlichen Gestein zu ahnenden Blume handele es sich um eine *Rosa gallica*, also um die Urmutter unserer Gartenrose. Wußte Sir Arthur Evans, als er die neuen Rosen in Auftrag gab, daß es zur Eigenart der Essigrose, der *Rosa gallica*, gehört, häufig mehr als die von Linné vorgeschriebenen fünf Blütenblätter zu bekommen? Hat der Archäologe, weil er dies wußte, den Künstler beauftragt, Rosen mit sechs statt mit fünf Blütenblättern zu malen? Möglich ist andererseits auch, daß es Splitter von sechsblättrigen Blüten gab, die man vielleicht nicht mehr zusammensetzen konnte.

Von den Botanikern wird die aufgemalte Rose als *Rosa sancta*, als die Heilige Rose von Äthiopien identifiziert. In den ersten christlichen Jahrhunderten ist sie den Toten mit ins Grab gegeben worden. Es soll sich bei dieser *Rosa sancta*, die nach der gültigen Nomenklatur korrekt *Rosa richardii* heißt, um eine nahe Verwandte der *Rosa gallica* handeln. Folglich kann sie auch etwas von deren spielerischem Sinn mitbekommen haben, sich ab und zu mehr als fünf Blütenblätter wachsen zu lassen.

Ich habe erst kürzlich in Freudenstadt zwei Lichtbildvorträge gesehen. Da wurden wildwachsende *Rosa gallica* auf der Schwäbischen Alb gezeigt, in der Nähe von Urach. Und die Blüten dieser wilden *Rosa gallica*, deren Büsche klein waren, kaum wie Gras so hoch, hatten acht rosa, etwas weiß gestreifte Blätter. Auf dem anderen Bild gefiel es einer *Rosa gallica*, ebenso wild angetroffen, sich gleichfalls mit acht Blütenblättern zu zeigen, die gleichmäßig rot waren. Außerdem sah man im Lichtbild eine Dünenrose, die ihrer vielen Stacheln wegen auch *Rosa spinosissima* heißt, mit viel mehr weißgelben Blütenblättern, als sie eigentlich haben dürfte.

Vielleicht hat der Archäologe aus Großbritannien einen Mitarbeiter gehabt, der in Naturkunde aufgepaßt hat, als er noch zur Schule ging. Später, als er vielleicht Prediger auf dem Land gewesen ist, wo er gern alte, fast vergessene Kirchhöfe aufsuchte, kann er leicht zu einem Freund von alten Rosen geworden sein, dieser spätere Mitarbeiter des Sir Arthur Evans. So wußte er vielleicht von der Lust dieser *Rosa gallica*, auf spielerische Weise etwas zu tun, was gegen die Regeln der

Natur und noch dazu ohne Sinn und Zweck ist. Vielleicht ist von ihm angeregt worden, die neuen Rosen mit sechs statt mit nur fünf Blütenblättern zu malen.

Hier geht es zunächst um die *Rosa gallica.* Warum sie so heißt, konnte ich nicht herausfinden. Das Land ihrer Herkunft ist nicht Gallien, und die Zeit, in der sie bereits vorhanden war, liegt viel weiter zurück als das römische Weltreich, als das Gebiet des heutigen Frankreich Gallien hieß. Die Gallica gab es bereits vor dreitausend oder viertausend Jahren in den Regionen, in denen sich die alten Rosengeschichten abgespielt haben. Eng verwandt mit ihr ist die *Rosa sancta*, die Heilige Rose von Äthiopien. Diese Verwandte hat die gleichen Veranlagungen wie die Gallica. Beide kümmern sich nicht um das geheiligte Pentagramm der Rose, die Fünfzähligkeit also, sondern sie bilden sieben, acht, manchmal neun, zehn Blütenblätter heran, mit einem angenehmen Duft ausgestattet.

Erwiesen scheint es zu sein, daß die im rötlichgrauen Gestein erkennbare Rose, insbesondere der Fiederblätter wegen, aus minoischer Zeit stammt. Das Bild gilt als Beweis dafür, daß es in der Antike nur fünfblättrige Rosen gegeben hat. Rainer Maria Rilke besingt in seinen Sonetten an Orpheus die Rose dementsprechend mit folgenden Zeilen: »Denen im Altertume warst du ein Kelch mit einfachem Rand.«

Das denkt sich wunderschön. Die gelbe und kraftvolle Mitte, ringsherum in vollendetem Gleichklang die fünf herzförmigen Blütenblätter. Das läßt sich gut in Linien darstellen, um damit Tempel und Waffen zu schmücken.

Ich will nicht das ganze Sonett von Rilke zitieren; es bestätigt jedenfalls die verbreitete Vorstellung, daß die vollgefüllte Rose erst in neuerer Zeit entstanden ist. Es gibt Menschen, denen es gar nicht gefällt, wenn man ihnen sagt, daß die von ihnen als unnatürlich empfundene gefüllte Rose keineswegs der Mensch gemacht hat, sondern die Natur selbst.

Haben die Mittelmeerschiffe der Antike, weil sie frische Rosen in großen Mengen von Ägypten nach Rom bringen konnten, Flügel gehabt?

An Pfeilern und Mauern des Palastes von Knossos, so meine Erinnerung, sieht man Rosetten. Es sind keine einfachen fünfblättrigen Rosetten, sondern sie haben, regelmäßig angeordnet, doppelt oder dreimal soviel mit Linien stilisierte Blätter. Oder kommen diese abstrahierten Darstellungen gefüllter Rosen ebenfalls aus dem Garten der modernen Phantasie – sind sie auch später hinzugefügt worden?

Bei den Griechen der Antike war die Rose ein Zeichen der Verschwiegenheit. Was man unter der Rose gesagt hatte, das sagte man nicht weiter. Kann aber die immer offene fünfblättrige Rose ein Symbol der Verschwiegenheit sein?

Bei der Belagerung Trojas ist Hektor von Achilles getötet worden. Homer, der im neunten Jahrhundert vor Christus gelebt haben soll, hat es in der Ilias erzählt. In der Nacht darauf, die Wachposten müssen eingeschlafen sein, ist Aphrodite heimlich in das Lager geschlichen. Dort hat sie den Leichnam Hektors mit Rosenöl eingerieben. Der Göttin der Liebe und Schönheit standen sicherlich himmlische Knaben und Mädchen zur Verfügung, für die es Glück und Freude bedeutete, tagelang von den wilden Rosen je fünf Blütenblätter abzupflükken, bis sie genug beisammen hatten, um daraus ein Fläschen Rosenöl herzustellen.

Die Geschichte von Aphrodite und dem Rosenöl, mit welchem sie Hektors Leichnam einrieb, mag stimmen. Woher aber bekam der Apotheker in Athen fünf Zentner Rosenblütenblätter, um daraus einen Liter Öl zu machen? Oder doch soviel wie Aphrodite für Hektor benötigte.

Eine der schönsten Rosengeschichten wird aus Ägypten berichtet. Um sie sich vorstellen zu können, muß man von unserem einfachen Heckenröslein ausgehen. Dann wollen wir annehmen, daß dieses Heckenröslein in großen Mengen auf einer Fläche wächst, die zwei Fußballfeldern in der Abmessung für Bundesligaspiele entspricht. Drittens, obwohl es sich in dieser Geschichte um den Speiseraum eines Königsschiffes handelt, wollen wir von einem normalen Raum ausgehen, sagen wir von einem heutigen Elternschlafzimmer. In dieses Zimmer, nachdem Kleiderschrank, Doppelbett und Kommode herausgeräumt worden sind, sollen Blütenblätter unserer Heckenrose gestreut werden. Aber nicht einfach so hingestreut, wie es bei Hochzeiten in der Kirche die Kinder tun, wenn das Brautpaar herangeschritten kommt. Nein, nicht einfach so hinstreuen, sondern in einer Höhe von sechzig Zentimetern aufschichten.

In dem Buch »Die Frau in der Weltgeschichte« von Eugen Roth heißt es über die ägyptische Kleopatra: » . . . bis sie zuletzt dem Marc Anton das Mark aussog bis auf die Knochen in jahrelangen Flitterwochen.« Kleopatra hat es eines Tages nicht mehr ohne den römischen Marcus Antonius ausgehalten. Also ließ die Königin ihre Koffer pakken, damit sie dem Geliebten nach Cilicien auf einem Schiff entgegenfahren konnte.

Mit den Mittelmeerschiffen sind damals viele Rosenblüten nach Rom gebracht worden, denn entlang dem Nil muß es Rosen in großer Fülle gegeben haben. Das war kurz um die Zeitenwende, und Kaiser Lucius Domitius Nero wird für seine Orgien viele Rosenblüten aus Ägypten oder aus Paestum gebraucht haben. Sie kosteten für ein einziges Fest bis zu neunhunderttausend Mark in Gold. Es heißt, daß der grausame und verschwenderische Kaiser so viele Rosenblüten auf seine Gäste herunterregnen ließ, daß manche dabei erstickt sind. Der Rosenanbau in Paestum vor allem muß einen hohen Kulturstand gehabt haben, sicher aber nicht von Rosen mit einfachen Blüten.

Wie es gelang, die zahllosen Blüten frisch von Ägypten nach Rom zu bringen, weiß man nicht. Der römische Dichter Marcus Valerius Martialis jedenfalls erzählt von einem Schiff, das für den Kaiser Domitian blühende Rosen aus Memphis in Ägypten gebracht hat.

Kleopatra VII. also, die in der Zeit von 69 bis 30 v. Chr. regiert hat, reiste Marcus Antonius entgegen. Nun ist einmal vom Speisesaal die Rede, dann wieder vom Thronsaal, auf jeden Fall mußten die Gäste knietief durch Blumenblätter von Rosen waten, die zu Ehren des geliebten Römers sechzig Zentimeter hoch aufgeschichtet waren. Allen Ernstes: So viele Sklaven kann selbst Kleopatra VII. nicht gehabt haben, daß es möglich gewesen wäre, in kurzer Zeit eine derartige Menge von Blumen in der Einfachheit unserer Heckenrose zu pflükken.

Gibt es nicht zahlreiche Beweise dafür, daß die Göttin Flora eine Gespielin des Mars, des Kriegsgottes, gewesen ist?

Die christlichen Zeiten waren allzusehr mit der Verbreitung ihrer Frömmigkeit beschäftigt. Man konnte sich nicht noch zusätzlich um die Rosen kümmern. Es geht zwar die Rede von Krimhilds Rosengarten, doch konnte ich ihn im Nibelungenlied nicht finden. Daraufhin sagte mir Gerd Krüßmann: »Den gab es gar nicht, der hieß zwar Rosengarten, war aber ein Turnierplatz.« Die Ritter haben ihr Schwert als Rose bezeichnet. Kürzlich las ich, daß die Menschen in den Alpen früher einen Gletscher eine Rose nannten, vielleicht wegen des Alpenglühens. Das wäre eine Erklärung, weshalb es Berge gibt, die wie der Monte Rosa die Rose in ihrem Namen führen.

Es gibt Vermutungen, nach denen es im Süden andere Rosen gab als nördlich der Alpen. Wenn ich Maler wäre, würde ich einen Mönch malen, wie er mit drei Rosensträuchern im Mantelsack, deren Wurzeln immer wieder mit feuchtem Moos umwickelt werden mußten, barfüßig die Alpenpässe überschreitet. In der Landgüterverordnung Karls des Großen wird der Anbau von Rosen empfohlen, aber nicht weil Rosen schön sind, sondern weil sie einen ganz bestimmten Nutzen haben sollen, indem man aus Blättern und Blüten etwas herstellt, das nicht verführt, sondern abführt.

Am schönsten ist die Geschichte vom Grafen Thibault IV. de Champagne et Brie (1201–1253), der die gefüllte Rose bei der Rückkehr von einem Kreuzzug aus dem Heiligen Land nach Frankreich gebracht haben soll. Er war Minnesänger und zugleich König von Navarra und hatte ein Schloß in Provins, südlich von Paris. Im Park dieses Schlosses ist die gefüllte Rose dann vermehrt worden; mit Wurzelausläufern geht das ganz gut. Alle diese Abkömmlinge der Rose aus dem Heiligen Land hießen dann Provins-Rosen, und so heißen sie heute noch. In den Prüfungen der Gärtner-Lehrlinge führt das zu Schwierigkeiten. Es gibt nämlich noch die Provence-Rosen, und wenn ein Deutscher Französisch spricht, ist zwischen Provins und Provence schwer zu unterscheiden.

Zweifellos hat der Graf de Champagne genug Pferdehalter und Reiterburschen gehabt. So wird es möglich gewesen sein, die gefüllten Rosen, die in dem sandigen, steinigen Boden des Heiligen Landes sehr lange Wurzeln gehabt haben müssen, auszugraben. Dann hat man die ausgegrabenen Rosen vielleicht in Eimer oder ähnliche Behälter gepflanzt. Und die bepflanzten Eimer hingen am Sattelgeschirr der Pferde. Vielleicht wurden sie auch von der Feldküche oder vom Lazarettwagen mitgeführt. Man stelle sich die Hitze und die ausdörrenden Wüstenwinde vor. Da mußte man die Rosen stündlich gießen. Welch eine Arbeit!

Es kann aber auch sein, daß der Graf de Champagne, nachdem ihm die Türken in Jerusalem tüchtig eingeheizt hatten, mit dem Rest seiner Ritterschaft auf dem Seeweg nach Hause reiste, also von Jaffa aus. Da gab es sicherlich Schwierigkeiten mit dem Süßwasser. Aber auf jeden Fall hat dieser Kreuzfahrer die gefüllten Rosen heil nach Frankreich gebracht. Es gelang dem Grafen de Champagne et Brie, den Zeitpunkt seiner Ankunft mit den Rosen so einzurichten, daß sie in demselben Augenblick ihre gefüllten duftenden Blüten öffneten, als ihm seine junge Frau, Eleonore Duchesse de Navarre, in die Arme fiel.

Die Nachricht von der gefüllten Rose aus dem Heiligen Land sprach sich schnell herum. Vor allem Baumeister waren es, die nach Provins reisten, um sich die Felder mit den Abkömmlingen der Rose aus dem Heiligen Land anzusehen. Unter den Baumeistern war auch Meister Erwin aus Steinbach, der in Provins angesichts der gefüllten Rosen auf den Gedanken kam, das riesige Fenster über dem Portal der Kathedrale in Straßburg rund zu machen, um ihm die stilisierte Form einer gefüllten Rose geben zu können.

Auch diese Geschichte, weil sie gar so schön ist, möchte ich nicht bezweifeln. Allerdings möchte ich sie mit einer Vermutung ergänzen: Bevor er ins Heilige Land aufbrach, muß der Graf von Champagne de Brie nur immer seine schöne junge Frau gesehen haben, nur immer Eleonore Duchesse de Navarra, nichts sonst in der Welt. So ist es ihm fern von ihrer Liebe, bedrängt von Türken und arabischen Räubern, nicht in die Erinnerung gekommen, daß die gleichen Blumen im Klostergarten von Clairvaux und vor dem Haus des Abtes von Bourges standen.

Hildegard von Bingen hat fast hundert Jahre vorher gelebt. Von ihr schon sind die Rosen in »hytta« und »rosa« gegliedert worden; Konrad von Megendorn (1309–1374) nennt die Heckenrose »rosendorn« oder »veltdorn«, wogegen die kultivierten Gartenrosen »rosarius« oder »rosenpaum« heißen. Bei den Franzosen ist ja noch heute »églantier« die Heckenrose und »rose« die Gartenrose.

Denn was du schwarz auf weiß besitzt, kannst du getrost nach Hause tragen. Das steht im Faust. Gilt es nicht auch für die Historie der Rosen?

Es war einmal ein König in Phrygien, das ist eine Landschaft in Kleinasien, und er hieß Midas. Dieser König Midas beschäftigte sich, wenn die Staatsgeschäfte vorbei waren und er Feierabend gemacht hatte, mit seinem Garten. In diesem Garten zog der König von Phrygien wunderschöne Rosen heran. Das ist schon mehr als zweieinhalbtausend Jahre her. Da die Perser damals sehr streitbar waren, sagten sie zum König Midas, er solle Phrygien verlassen. In besseren Kreisen war man damals höflich zueinander, und so erlaubte der persische Feldhauptmann dem König von Phrygien, seine Rosenstöcke auszugraben; er bekam sogar vierzig Esel gestellt, damit er die Rosenstöcke sicher ins Exil nach Makedonien bringen konnte. Dort, unbehelligt durch irgendwelche Feinde, legte Midas einen neuen Rosengarten an. Eines Tages erschien in dem Rosengarten, der unbewacht und offen blieb, weil friedliche Zeiten waren, ein fremder Mann. Dieser fremde Mann stammte, wie er erzählte, aus Karien in Kleinasien, und Rosen kannte er schon von Kindheit an; sein Name war Herodot. Von ihm, den man später den Vater der Geschichtsschreibung nennen sollte, stammt die erste niedergeschriebene Geschichte von gefüllten Rosen. Er erzählt von den mazedonischen Gärten des König Midas. In diesen Gärten wuchsen Rosen, deren Blüten sechzig Blätter hatten, und ihr Duft war stärker als bei anderen Rosen.

Hundert Jahre später, von 372 bis 287, lebte Theophrastos, den man als Vater der Botanik bezeichnet. Theophrastos unterscheidet zwei Arten von Rosen. Die einfachblütige Wildrose nennt er »Kynosbaton«, die Rose mit gefüllten Blüten heißt bei ihm »Rhodon«. Gerd Krüßmann zitiert Theophrastos: »Die Rosen unterscheiden sich in der Anzahl ihrer Blütenblätter, manche haben fünf, andere 12 oder 20, einige sogar 100 Blütenblätter. Sie unterscheiden sich aber auch in der Schönheit ihrer Färbung und Süße ihres Duftes. Manche Rosen sind rauh, und bei den großblumigen duftenden Rosen ist auch der Kelch unter der Blüte rauh. Am süßesten duften die Rosen von Carenne.«

Zwischen Theophrastos und der Blütezeit des alten Rom liegen zweihundert Jahre. Auch wenn man sich auf das Okulieren noch nicht versteht, kann man in zweihundert Jahren aus einem einzigen Rosenstock zwanzigtausend Rosenstöcke machen, und die Römer waren tüchtige Gärtner. Es ist also wahrscheinlich, daß Kleopatra und der Kaiser Nero genügend gefüllte duftende Rosen für ihre Feste zur Verfügung hatten.

Wenn die Rose nun von den Römern so begehrt, geliebt und so zahlreich auch in ihren Gärten gepflanzt wurde, dann dürfte diese Blume auch durch römische Stadthalter, Landräte und Milizionäre in die Täler der Rhône, der Loire, der Seine und der Mosel gekommen sein. Der Graf de Champagne et Brie wird sie nur nicht beachtet haben, bevor er zu seinem Kreuzzug ins Heilige Land aufbrach, von wo er die gefüllte Rose ins westliche Abendland gebracht haben soll.

Ist die Fünf so geheimnisvoll, weil wir fünf Sinne haben, um die Welt wahrzunehmen?

Es ist häufig im Zusammenhang mit Rosen von der heiligen Zahl Fünf, von der Fünfzähligkeit und dem geheimnisvollen Zeichen des Pentagramms die Rede, das auch Drudenfuß heißt. Die Drude, auch Drute oder Trude, war in unserem uralten Volksglauben ein böser weiblicher Nachtgeist, gegen den man sich mit dem Drudenfuß, einem Fünfstern, wehren konnte. Hoffentlich war dieser Fünfstern nicht zu prinzipiell, denn dem Volksglauben zufolge konnte die Drude, wenn sie bei Nacht kam, auch ein guter Geist sein. Ich kann eine überzeugende Beziehung zwischen dieser Fünf und unserer Rose nicht feststellen. Gesichert scheint mir nur zu sein, daß alle Rosen fünf Kelchblätter haben. Und da wäre die Heilige Fünf etwas zuviel Donner für ein kleines Theater. Wahrscheinlich hat diese Fünf einen anderen Ursprung:

Sohn einer Adelsfamilie, geboren zwischen 1370 und 1375 im Bereich der heutigen Stadt Essen, an den damals berühmtesten Ausbildungsstätten erzogen, trat Adolphus de Essendra 1398 in die Kartause St. Alban in Trier ein, wo er nach über vierzigjähriger Ordenszugehörigkeit 1493 starb. Bald nach Eintritt in den Orden kam Adolphus als geistlicher Vertrauter des Herzogpaars an den Hof von Lothringen. Dort überreichte er der Herzogin mit Erlaubnis seines Priors eine von ihm verfaßte Schrift »Unser Frauwen Marien Rosengertlin«.

Den Text hat Susanne Schoser, Tochter des Palmengarten-Direktors von Frankfurt, 1979 übertragen. Mir ist kein Dokument bekannt, das die Verflechtung von Rosenmythos und Christentum in ähnlich klarer, poetischer Art und Weise aufzeigt. Eine beherrschende Rolle in dieser Glaubenslehre spielt die Fünfblättrigkeit der Rose. Allerdings ist von den fünf Blättern des äußeren Blütenkranzes die Rede, was darauf schließen läßt, daß es noch einen oder gar mehrere innere gegeben hat. Wörtlich heißt es: »Wie also eine Rose fünf äußere Blätter hat, so hat das Ave Maria fünf Gesetze in sich. Das erste ist ›Ave

Maria‹, das zweite ist ›voller Gnaden‹, das dritte ›der Herr ist mit dir‹, das vierte ›gebenedeit bist du unter den Weibern‹, das fünfte ›und gebenedeit ist die Frucht deines Leibes, Jesus Christus‹.«

»Die Rose«, das sagen diese Worte, »hat der erste Gärtner, der das Paradies angepflanzt hat, gesät und gepflanzt in der irdischen Liebe Mariens. Dort ist sie auch wohl gediehen und wurde mit der Gnade des Heiligen Geistes begossen. So wuchs und sproß sie und hat ihre Rosenzweige so weit gebreitet, daß ihre Samen in alle Christenheit getragen wurde, und ist auch bis zu uns her gekommen. Also hat jeder von uns in seinem Herzen ein Gärtlein, in den man alle Tage geht, Rosen bricht und Maria ein Kränzlein windet.«

An anderer Stelle wird die geheimnisvolle Zahl nochmals aufgenommen: »Zum zweiten ist Maria einer Rose gleich. Wie also eine Rose fünf Blätter hat, so hat Maria fünf Buchstaben: M-a-r-i-a. Bei denen mag man die fünf Freuden erkennen, die unsere liebe Frau hatte: Daß sie Christus empfing, daß sie ihn gebar, daß er vom Tod auferstanden ist, daß er zum Himmel fuhr, und daß sie auch von seinen Engeln in den Himmel geführt wurde. Das alles ist in dem zweiten Wort des Engelgrußes gesagt: Maria.«

Mit dem nächsten, letzten Zitat aus dem Rosengärtlein unserer Jungfrau Maria von Adolphus de Essendra bleiben wir zwar in dem frommen Glauben des Mönchs aus der Kartause St. Albans bei Trier, nähern uns aber zugleich der historischen Geschichte unserer Rose: »Zum dritten ist Maria einer Rose gleich, weil sie voller Tugend und Gnaden ist wie die Dornenrosen, die voll von schönen Blättern sind. Maria gleicht nicht einer Herbst- oder Winterrose, die innen hohl sind und keinen Duft haben, sondern einer Sommerrose, die im Mai blüht, gefüllt ist und gut duftet.«

Als der fromme Mönch in seiner Kartause gestorben war, begann die Zeit, in welcher Holzschneider, Kupferstecher und Maler den Menschen völlig nackt dargestellt haben; da es sich bei den Künstlern nur um Männer gehandelt hat, sind es meistens Frauen, die wir in ihrer irdischen und leibhaftigen Schönheit noch heute auf den Bildern bewundern können. Das war keine Abkehr von der Frömmigkeit des Mittelalters, sondern deren Bereicherung durch die Freude am Leben und an der schönen Welt. In dieser Zeit, die man später als Renaissance bezeichnen sollte, erinnerten sich die Menschen daran, wie die Griechen und Römer sich selbst so schön fanden, daß sie sich ständig in Marmor verewigten. Und sie waren wohl so schön, daß selbst Zeus in Menschengestalt daherkam, und mit ihm Aphrodite, die sich später den Römern zuliebe Venus nannte.

Adolphus de Essendra hat in seiner Rosengarten-Schrift erklärt, daß »Ave« im Deutschen soviel wie »ohne Weh« heißt: »Darum grüßte sie der Engel und kehrte den Namen, den Eva hatte, um und nannte

Auf Hochstamm veredelte Kletterrose 'American Pillar'
im Parc de la Grange, Genf.

Blütensäulen in L'Hay-les-Roses,
in der Mitte 'Paul's Scarlet Climber', in Rosa
'Mrs. F. W. Flight'.

sie A-v-e. Denn alles Weh, das Eva verdient hatte, wurde in Marias Freude umgewandelt durch ihren guten Verdienst.«

Wenn man den letzten Buchstaben von Rose an den Anfang setzt, kommt Eros heraus, und das wäre eigentlich schon ihre ganze Geschichte. Man hat sich diese Geschichte auch in den frommen Zeiten des Mittelalters erzählt, nur nicht so laut, daß der Nachbar es hörte. Eros ist der Sohn der Aphrodite, die bei den Römern Venus hieß. Viele Maler haben die Venus/Aphrodite gemalt, und Bildhauer haben sie aus Stein gehauen. Wenn es gute Bilder und Statuen sind, so zeigen sie die ganze Schönheit der Venus/Aphrodite, nämlich die ihres Körpers und zugleich ihrer Seele.

Ist es nicht ein wunderschöner Traum von Rosen, den ein Maler in Florenz geträumt hat?

Das schönste Bild von Aphrodite hat ein Italiener gemalt: Sandro Botticelli. Das beinahe drei Meter breite und fast zwei Meter hohe Ölgemälde hängt in den Uffizien von Florenz. Die schöne Göttin hat rotes, langes Haar, und sie ist völlig nackt. Sie hat die weite Reise über das Mittelmeer bis an die Küste von Zypern hinter sich, Botticelli hat sie in eine fein gefaltete Muschelschale gestellt. Ein geflügeltes Menschenpaar auf der linken Bildseite stellt den Wind dar, wie er zu einer Seereise gehört. Rechts, vom Strand her, tritt eine bekleidete Frau auf Venus zu, sie bringt ihr ein weites rötliches, mit Blumen verziertes Gewand. Doch braucht diese Venus mit den langen Beinen und dem schlanken Körper kein Gewand. Vom Himmel herunter fallen Rosen, und alle Rosen, die da vom Himmel fallen, haben grüne Blätter und sind gefüllt.

So um 1600 entsteht, wie bei einem Kohlkopf Blatt an Blatt gelegt, die Centifolie mit ihren Blüten, die so groß sind, daß man sie zuweilen nicht mehr mit beiden Händen umfassen kann. Die flämischen Maler jener Zeit, allen voran Pieter Breughel d. Ä., haben diese Rosen zusammen mit anderen Blumen oft gemalt. Doch die Gärtner, die für ihre Herrschaften prunkvolle Anlagen in den Parks zu schaffen hatten, wußten nichts mit ihr anzufangen. Die Rosensträucher waren viel zu stark, als daß man hätte Teppichblumen aus ihnen machen können. Das blieb den Künsten unserer Gegenwart vorbehalten.

Wenn heute hundert Menschen zusammen sind, und es sagt einer »Rose«, dann haben neunundneunzig von ihnen die Vorstellung von einer Blume, die groß, vielblättrig, voller Duft und rot, rosa, gelb oder weiß ist. Es handelt sich dabei um eine Teehybride. Nur halten sich die Rosen dieser Gruppe nicht an das Reglement, das den Teehybriden vorgeschrieben ist. Die wichtigste Vorschrift betrifft den langen Stiel, der nur eine einzige Blüte zu tragen hat. Durch immer neue Kreuzungen sind die Gruppen, deren Ordnung nur auf dem Papier vorhanden ist, durcheinander gekommen. So versucht man, die Rosen mit großen Blüten, ob sie nur einzeln oder in ganzen Dolden auf den Stielen stehen, als Edelrosen populär zu machen. Das würde nun wieder bedeuten, daß zahlreiche gleichfalls schöne und begehrte Rosen als unedel zu benennen wären, was gar nicht stimmt. Also wird es wohl bei Teehybriden bleiben. Teehybride hört sich nicht schön an, Teerose dagegen sehr. Wenn ich Teerose höre, dann sind es nicht nur meine Ohren, die das Wort wahrnehmen, sondern ich schmecke und rieche es auch, und meine Einbildung sagt mir, daß alles gelb, kostbar und unendlich edel ist.

Teerose, das ist die sprachliche Illusion von China, von feinstem, hauchdünnem Porzellan, von aromatischem Tee, von Blumen und von der Rose selbst, die typischerweise gelb ist und wunderbar duftet. Einer der berühmtesten Chinesen ist Konfuzius, der 551 bis 479 v. Chr. gelebt und viel geschrieben hat. In seinen Schriften soll Konfuzius von Rosen in den Gärten Pekings und davon berichtet haben, daß sich in der Kaiserlichen Bibliothek sechshundert Bücher allein über Rosen befanden. So alt also ist die Geschichte der Teerose, die in China überhaupt nicht Teerose hieß.

Im Zusammenhang mit anderen Pflanzen gibt es schöne Geschichten zu erzählen, am schönsten ist diejenige von einer jungen Frau, die es gewagt hat, in der Verkleidung eines Jägers ihrem Geliebten, einem bekannten Forscher aus Frankreich, nachzureisen; sie hieß Hortense de Barré. Als Hortense den Geliebten endlich traf, hatte er gerade einen neuen Strauch entdeckt, und dieser Strauch heißt seitdem Hortensie. Die Hortensie aber ist kein rosenartiges Gewächs.

Es war bis ins 18. Jahrhundert hinein schwierig, Chinesen für den Welthandel zu interessieren.

Die einzige Stadt in China, die sich frühzeitig für den Welthandel zu interessieren begann, war Kanton. Dort richteten die Engländer 1684 eine Filiale ihrer British East Indian Company ein. Ein Beamter dieser Gesellschaft aber schickte erst 1809 Rosenpflanzen nach England an Sir Abraham Hume. Nachdem die Rosen sich von der langen Seereise erholt hatten, erblühten sie rosa, blühten sogar in demselben Sommer mehrere Male und dufteten sehr. Sir Abraham Hume muß begeistert gewesen sein, denn er verband die Sortenbezeichnung mit seinem eigenen Namen und nannte die neue Rose 'Hume's Blush Tea-scented China', also Teeduft-Rose. Rédouté hat sie übrigens als *Rosa indica* var. *fragrans* gemalt. Botaniker haben auch bei der China-Rose gemeint, die verschlungenen Linien mehrtausendjähriger Verwandtschaften entwirren zu können. Mit gelehrt klingenden lateinischen Vokabeln tun sie dann so, als sei ihnen gelungen, was bei der Rose niemals gelingen kann. Das begann 1809, man sollte sich dieses und auch das folgende Datum merken.

Ich habe in anderem Zusammenhang bereits eine kleinblütige, kletternde gelbe Rose erwähnt, die *Rosa banksiae*; bei uns muß man selbst in Gegenden mit Weinbauklima viel Glück haben, sie durchzubringen, doch am Südrand der Alpen sieht man sie häufig. Als die Kunde nach England kam, daß man in China eine gefüllte Form von dieser bereits in Europa bekannten Rose gesehen hatte, war die Neugierde sehr groß. So schickte die Royal Horticultural Society einen Mann nach China, der John D. Park hieß. Und dieser Mann, immer von der British East Indian Company betreut, brachte außer der gefüllten Kletterin noch eine andere Rose mit nach England. Nachdem sich auch diese Chinesin von der langen, am Kap der Guten Hoffnung und vor der Bretagne stürmischen Seereise erholt hatte, brachte sie gelbe gefüllte, duftende Blüten hervor. Die neue Rose bekam den Namen 'Park's Yellow Tea-scented China'. Rédouté hat sie als *Rosa indica sulphurea* gemalt. Und das begann 1824. Alle unsere heutigen Teehybriden sind auf diese beiden Rosen, die 1809 und 1824 nach Europa kamen, zurückzuführen. Viele Menschen sagen auch heute noch: das sind Teerosen.

Ich habe schon von der Rose 'Maréchal Niel' erzählt; sie hat jahrelang bei uns geblüht, und wir haben uns, Malia und ich, immer an ihrem Duft erfreut. Noch heute habe ich eine Rose im Blumentopf neben meinem Arbeitstisch am Fenster stehen, die mitten im Winter auf die Idee kommt, plötzlich zu wachsen und mich bald darauf mit einer weißlichen, duftenden und ähnlich wie die 'Maréchal Niel' etwas herabhängenden Blüte zu erfreuen. Diese Rose heißt 'Niphétos'. Sie ist beinahe eine echte Teerose. Auch an dem Duft von 'Niphétos' erfreuen Malia und ich uns, doch sind wir nie auf die Idee gekommen, den Duft der Rose mit dem Aroma des Tees zu vergleichen, den wir trinken. Der getrocknete und der zubereitete Tee, beide haben in Aroma und Geschmack nicht die Spur vom Duft einer Teerose, zumindest nicht unser Tee.

Es heißt, man müsse grüne Blätter des Teestrauches zwischen den Fingern zerreiben und daran riechen, das sei genau der angesüßt herbe Geruch, den auch die Teerosen haben.

Weil John D. Park, nach dem 'Park's Yellow Tea-scented China' benannt worden ist, selbst in China war, wäre es ihm möglich gewesen, grüne Teeblätter zwischen den Fingern zu zerreiben und daran zu riechen. Doch von Sir Abraham Hume, der bereits 1809, also vierzehn Jahre früher, eine aus China eingeführte Rose auf den Namen 'Hume's Blush Tea-scented China' taufte, ist nicht bekannt, daß er jemals in China war. Und ein Beamter der British East Indian Company wird doch kaum auf die Idee gekommen sein, grüne Blätter des Teestrauches zwischen den Fingern zu zerreiben, um der neuen Rose einen Namen geben zu können.

Helmut Merker, Direktor des Botanischen Gartens im schwedischen Helsingborg, war der erste Rosenfreund, der Zweifel angemeldet hat.

Es gab, bei Krüßmann nachzulesen, drei Meilen von Kanton entfernt und am Fluß gelegen, eine damals schon zweihundert Jahre alte Baumschule. Wenn jemand in England oder wenn die British East Indian Company in Kanton neue Pflanzen beziehen wollte, war es nur über diese Baumschule möglich. Sicherlich gab es damals schon Rechnungen, Frachtpapiere oder zur Werbung bestimmte Aufkleber, die man an den gebündelten, in Bambusmatten eingewickelten Rosen befestigte. In Verbindung mit dem Firmennamen werden oft Slogans gebildet. Wie oft lesen wir von Kordes-Rosen, von Meidiland-Rosen oder Rosen-Union. Die alte Baumschule, drei Meilen von Kanton entfernt am Fluß gelegen, hieß Fa Tee. So kann es durchaus sein, daß auf dem Anhänger oder auf den Begleitpapieren gedruckt oder geschrieben war: Fa-Tee-Rosen. Das heißt: Blumenland-Rosen.

Es gab einmal ein französisches Mädchen, das hieß Joséphine. Von Joséphine schrieb der Graf von Montgaillard: »Sie war nicht schön, man konnte sie nicht einmal hübsch nennen, doch war es unmöglich, ihrem Charme zu widerstehen.«

Das mußte auch der Bürgergeneral Bonaparte feststellen, als er Joséphine kennengelernt hatte. 1796 haben sie geheiratet. Napoleon Bonaparte wurde 1799 Erster Konsul und 1804 Kaiser der Franzosen, und da machte er die charmante Joséphine zur Kaiserin. Weil sie aber keine Kinder bekam, hatte der Kaiser keinen Kronprinzen. Das verdroß ihn, zumal er durchgesetzt hatte, daß der Posten des Kaisers immer in der Familie bleiben, also vererbt werden konnte. So kam es 1809 zur Scheidung zwischen Bonaparte und Joséphine. Napoléon heiratete die Prinzessin Marie Luise, eine Tochter des Kaisers von Österreich. Joséphine lebte seitdem in einem kleinen Schloß bei Paris, es hieß und heißt noch immer Malmaison.

Malmaison ist trotz dieses Namens für die Rosenwelt ein Glücksfall und ein Segen gewesen.

In den Park dieses Schlosses hatte Joséphine schon jahrelang alle Rosen pflanzen lassen, die sie bekommen konnte. Doch hat sie die Trennung von Napoléon nie verwunden, so daß etwas von ihrer Wehmut immer über dem Rosengarten lag. Aber sie pflanzte trotzdem wieder neue Arten und Sorten. Napoléon ließ den Gärtner von Malmaison sogar durch die vordersten Schützenlinien hindurch, damit er nach Le Havre gelangen konnte, von wo er nach England segelte, um neue Rosen für Joséphine zu holen. Alle diese Rosen, 169 verschiedene Arten und Sorten, hat Pierre Joseph Redouté gemalt. Man nannte ihn den Raffael der Blumen, und es kann durchaus sein, daß der Kaiser selbst ihn beauftragt und bezahlt hat. Die 169 Rosenbilder befinden sich in zwei dicken Büchern, die in jeweils fünf Exemplaren 1817 und 1824 erschienen sind. Man kann diese Bilder in vielerlei, auch verkleinerten Nachdrucken überall kaufen. Es ist die beste und umfangreichste Dokumentation der Rosen jener Zeit.

Diese Geschichte hat mir, nicht ganz so genau freilich, ein Gärtner in Heidelberg erzählt, als wir im Schloßgarten hoch über dem Neckar spazierengingen. Es war Werner Jänicke, er konnte gut schreiben und zeichnen. Den Schluß seiner Erzählung bemühe ich mich so genau wie möglich wiederzugeben:

Die große Armee von Napoléon ging in Rußland unter. Der abgedankte Kaiser wurde in die Verbannung nach Elba geschickt. Kindsköpfe waren das, schickten ihn nach Elba, von wo man doch mit einem Angelkahn ans Festland kommt, wenn man will. Und als er weg war, kamen die Majestäten nach Paris, darunter auch der Zar von Rußland, Alexander. Eines schönen Tages im April ließ sich Zar Alexander I. in einer Kutsche nach Malmaison fahren, er wollte Joséphine besuchen. Die beiden plauderten unter einem noch kaum begrünten Lindenbaum. Nachdem sie Kaffee und einen Cognac getrunken hatten, mußte Alexander gehen, er wollte bald wieder nach Hause, nach Petersburg. Und wie sie langsam dem schmiedeeisernen Tor entgegenschritten, nahm Joséphine aus ihrem Handtäschchen, das mit Perlen in Rosettenform bestickt war, eine kleine Schere heraus. Mit dieser Schere schnitt sie eine reichgefüllte, weiße, duftende Rose ab. Diese Rose überreichte sie, während ihr die Tränen in die Augen stiegen, dem Zaren mit den Worten: »Un Souvenir de la Malmaison.« So bekam eine Rose ihren Namen, von der manche Menschen heute noch sagen, daß es überhaupt die allerschönste Rose der Welt sei.

So weit die Erzählung von Werner Jänicke. Es ist eine hübsche Geschichte, die zugleich Wahrheit und Wirklichkeit enthält. Es gibt alte Stiche von Malmaison, auf denen zu sehen ist, daß zu den Bauten schon damals ein Treibhaus gehörte. Was die Römer vor tausend Jahren gekonnt haben, das konnten die Gärtner der Exkaiserin Joséphine natürlich auch. Es ist leicht, eine Rose schon im April erblühen zu lassen, wenn sie im Treibhaus steht.

Die Geschichte ist hübsch, aber ihre gärtnerische Pointe ist falsch. Joséphine mag die Worte zu Zar Alexander I. gesagt haben, doch die berühmte Rose kann es nicht gewesen sein, weil zu ihrer Entstehung eine von den beiden China-Teerosen gehört, die sich damals kaum auf der Reise nach England befanden.

'Souvenir de la Malmaison', diese schöne weiße Rose, deren Blüte zuerst etwas rosa schimmert, stammt aus dem Jahr 1843. Da war Joséphine, die so viel aus Liebe zu den Rosen getan hat, schon achtzehn Jahre tot.

Siebzig Jahre nach dem Tod der unglücklichen Kaiserin in Malmaison, ebenfalls in Frankreich, wurde in Chambœf, einem Dorf in der Nähe von Saint-Etienne, ein Junge geboren. Damit beginnt eine Geschichte, die sich wie ein Märchen erzählen läßt. Ein Schneider in Lyon, Francis Debreuil, hatte einen wunderschönen Rosengarten und eine hübsche Tochter, die hieß Claudia. Eines Tages fragte ein wandernder Gärtnerbursche, der aus Chambœf nahe Saint-Etienne stammte, nach Arbeit. Zu tun gab es genug in dem großen Rosengarten. Schließlich heiratete der Gärtnerbursche Antoine Meilland die hübsche Tochter Claudia des Schneiders; ihr erstes Kind, einen Sohn, nannten sie Francis.

Es lebte aber auch ein Schuster in Kalabrien, das ist ganz unten weit in Italien, der hieß Francesco Paolino. Weil es aber in dem armen Kalabrien nichts mehr zu schustern gab, ging Paolino in das Land an der Riviera, wo er anfing, Blumen zu züchten, schließlich auch Rosen. Dort lernte Francesco Paolino ein hübsches Mädchen aus Grasse kennen, wo es schon damals stets nach Lavendel roch; und ihr erstes Kind, eine Tochter, nannten sie Luisette.

Francis wuchs in Tassin nahe Lyon heran, wo Antoine Meilland zusammen mit Claudia eine Rosengärtnerei bewirtschaftete; sie ging gut. Des öfteren bestellten sie neue Rosenpflanzen in der Gärtnerei Paolino an der Côte d'Azur. Weil Antoine seinen Kollegen Paolino persönlich kennenlernen wollte, fuhr er mit Francis, der schon groß war und in der Gärtnerei mitarbeitete, nach Antibes. Dort verliebten sich Francis und Luisette ineinander. Ihr erstes Kind war ein Sohn, sie nannten ihn Alain, und die Tochter tauften sie auf den Namen Michèle.

Das Leben der Meillands spielte sich weiterhin in Tassin nahe Lyon ab, wo Francis damit begonnen hatte, neue Rosen zu züchten. Im Sommer 1939 trafen sich Rosenzüchter der halben Welt in Frankreich. Sie redeten in sechs Sprachen miteinander, und schließlich besuchten sie auch die Meillands im Tal der Rhône. Auf den Feldern mit neuen Züchtungen bestaunten sie eine gelbe, an den Blütenblatträndern rötliche Edelrose, die von einer Kraft und Schönheit war, wie sie es noch nie gesehen hatten. Diese neue Rose, von der die Männer so entzückt waren, trug die Kenn-Nummer 3-35-40. Als der Krieg ausbrach, gelang es Francis Meilland gerade noch, drei Päckchen mit je einer Rosenpflanze dieser Kenn-Nummer 3-35-40 zu verschicken. Eines der Päckchen ging an einen Freund in Deutschland, das zweite an einen Rosengärtner in Italien, das dritte Päckchen nahm der amerikanische Konsul mit, als er mit dem letzten Passagierflugzeug Europa verließ und nach Amerika zurückkehrte. Ob das Päckchen bei ihrem Freund, der Robert Pyle hieß, angekommen war, das erfuhren Francis und Antoine Meilland so bald nicht. Der neuen Rose gaben Francis und sein Vater den Namen, der ihnen am verehrungswürdigsten schien, nämlich 'Madame Antoine Meilland', die Rose hieß also nach Claudia, die eine Tochter von Francis Debreuil war, der vor Zeiten in Lyon eine gutgehende Schneiderei und einen großen Rosengarten hatte.

Als die amerikanischen und englischen Soldaten 1944 in Frankreich gelandet waren, erfuhren die Meillands endlich, daß ihr Freund Robert Pyle die Rose mit den Kennziffern 3-35-40 vor fünf Jahren bekommen hatte. Sie erfuhren auch, daß die neue Rose den All-Amerikanischen Preis errungen hatte. In einer großen Feierstunde ist sie einen Tag nach Kriegsende auf den Namen 'Peace', Friede, getauft worden. Außerdem war es Robert Pyle gelungen, die Rose 3-35-40 unter Patentschutz zu stellen. Es sollen innerhalb von neun Jahren dreißig Millionen Pflanzen von dieser Rose in der Welt verkauft worden sein.

Papa Meilland und sein Sohn Francis hatten nun Geld, um sich in Cap d'Antibes ganz nahe bei den Großeltern Paolino anzusiedeln; sie wollten nicht mehr Rosenpflanzen und Rosenblumen »produzieren«, sondern als Züchter neue, immer noch schönere Rosen in die Welt bringen.

Ich habe Francis Meilland noch kennengelernt, er kam mit seinem Vater öfter zum Rosenneuheiten-Wettbewerb nach Baden-Baden. Leider ist er schon 1958, erst sechsundvierzig Jahre alt, gestorben. Es war im Juni, als alle Rosen blühten. Luisette, seine stille schöne Frau, starb im Sommer 1987.

Es war im Jahr 1951 in Essen. Die Stadt erinnerte mit ihren vielen Ruinen an den Krieg, doch die Kraterlandschaft der berühmten Gruga hatte man bereits wieder in einen Blütengarten verwandelt. Gruga ist die Abkürzung von Große Ruhrländische Gartenbauausstellung, die bereits 1929 stattgefunden hat. Die Wiederentstehung dieses Kleinods inmitten des Ruhrgebietes war tagsüber mit einem kleinen Fest gefeiert worden, zu dem auch eine Hallen-Blumenschau gehörte. Am Abend ging ich allein in eine Bar in der Kettwiger Straße. Es war keine Bar, über deren Tür zum Zeichen des Inkognito und der Verschwiegenheit eine Rose hätte hängen müssen. Als ich an der Theke saß und das erste Glas Bier trank, setzte sich ein Mann zu mir. Der Mann war kleiner als ich, er hatte ein rundliches Gesicht und hellblaue, von einem feuchten Schimmer überzogene Augen. Im Knopfloch am Revers seines Anzuges steckte eine große, gelbrot schimmernde Rose. Schnell stellte sich heraus, daß wir beide Gärtner waren und infolgedessen vertrauensvoll miteinander sprechen konnten. Und so sagte mir der Mann mit seinen freundlichen und fast wie von Tränen feuchten Augen, er erlebe gerade einen glücklichen Tag, übrigens heiße er Paul Pfitzer. Wenige Wochen vor Kriegsausbruch, erzählte Paul Pfitzer, sei er mit Rosengärtnern aus Amerika, England, Italien und

Frankreich bei Francis Meilland in Tassin gewesen, auf das liebenswürdigste betreut und bewirtet von dessen junger Frau Luisette; und selbstverständlich habe auch Vater Meilland, Antoine, nicht gefehlt. Dort auf dem Rosenfeld hätten sie eine Züchtung bejubelt, wie es sie seit Erschaffung der Welt noch nicht gegeben hat, und er würde ihre Kennziffer 3-35-40 niemals vergessen. Kurze Zeit später sei ihm in Stuttgart ein Päckchen zugestellt worden, in dem sich eine jungveredelte Pflanze der neuen Rose befand.

»Aus dieser Pflanze habe ich im Laufe der Jahre viele weitere gezogen«, sagte Paul Pfitzer, »sie waren durchwegs stark, und sie bekamen große, gefüllte, erst sattgelbe, dann von den Rändern her rötlich überhauchte Blüten; so wie diese hier, die ich angesteckt habe, sie ist nur schon müde geworden, der Tag war lang. Nun mußte die Rose doch einen Namen bekommen. Eine Verständigung mit den Meillands war schlecht möglich. Bedenken Sie, was damals los war bei uns. Und so nannte ich sie im Widerspruch zu dem Antichrist, der in jener Zeit herrschte, Ehre Gottes – 'Gloria Dei'. Und heute durfte ich erleben, wie die Menschen hier in der Gruga gleichermaßen die Rose und ihren Namen bewunderten.«

Als wir von einem kurzen Ferienaufenthalt mit dem Auto aus Spanien zurückkamen, meinten Malia und ich, daß es vielleicht am schönsten sei, über Cap d'Antibes, Grasse und die Route Napoléon in die Schweiz und nach Hause zu fahren. Auf diese Weise kamen wir erstmals zu den Meillands. Es war ein brütendheißer Nachmittag. Die wenigen Menschen, denen wir begegneten, wirkten wie gelähmt von der bleiernen Luft. Man konnte fast befürchten, daß selbst die Schiffe auf der Reede vor Müdigkeit einschlafen und untergehen würden. Das schmiedeeiserne Tor zu dem Anwesen der Meillands stand halb offen, rechts und links neben der breiten Einfahrt leuchteten Zitronen im frischen Grün, aber kein Mensch ließ sich blicken. Doch dann, nachdem ich geklingelt hatte, erschien ein Mädchen; es sprach so französisch, wie in den Dörfern am Oberrhein die Leute deutsch sprechen; Dialekt also. Malia und ich konnten nichts verstehen. Schließlich begriffen wir aber, daß sich Papa Meilland in der Gärtnerei aufhalte. Nach langem Suchen durch die vielen Gewächshäuser, deren Dächer zum Schutz gegen die Sonne mit Kalkmilch übersprüht waren, fanden wir ihn endlich.

Ich glaube, daß Antoine der einzige Mensch an der weiten Côte d'Azur war, der an jenem heißen, müden Nachmittag gearbeitet hat. Offenbar sogar gern. Wir fanden ihn in einem Keller damit beschäftigt, Edelreiser zu bündeln und versandfertig zu machen. Anscheinend hat unser unerwarteter Besuch den alten Rosengärtner gefreut. So ging er mit uns durch die Gewächshäuser, in denen die Rosen in voller Blüte standen. Und was für Rosen!

Als wir dann aufbrechen wollten und mußten, zog uns Antoine Meilland nochmals in eines der großen Gewächshäuser hinein, nahm seine Schere und schnitt langstielige Blüten ab, hier drei von dieser, dort drei von jener Sorte, bis ein Strauß von mindestens drei Dutzend wunderbarer Blumen beisammen war. Malia war verwirrt, sie wurde rot, als ihr Antoine Meilland diesen prächtigsten Rosenstrauß, den sie im Leben bekommen hatte, in den Arm legte. Sie wehrte den Strauß beinahe ab, indem sie sagte, daß wir noch zwei Tage unterwegs wären und die schönen Rosen verwelken müßten. Da lachte Antoine ganz glücklich; er sagte: »Dans la serre, les roses fleurissent dans la solitude, mais de cette facon elles fleurissent pour vous.« (Im Gewächshaus blühen die Rosen allein, aber so blühen sie für Sie.)

Antoine Meilland war ein weiser Mann. Er wußte, daß es ihn selbst an einem heißen Sonnabend-Nachmittag am glücklichsten macht, wenn er etwas Sinnvolles tut. Er fühlte auch wohl, daß nicht die Dauer der Blüte den Sinn des Rosenlebens ausmacht, sondern daß der Sinn nur darin liegen kann, einen Menschen, und sei es nur für wenige Stunden, glücklich zu machen.

3. Kapitel

Die Rose und ihre Lust, sich zu verändern

Auf dem Bild, das Botticelli von der Venus gemalt hat, ist eine wichtige Stelle der schönen Nacktheit nicht zu sehen. Dem Wind war es gerade eingefallen, ein paar der langen roten Haare der Göttin darüber zu legen. So zurückhaltend in der Darstellung waren die frühen Kulturen nicht. Im Gegenteil, was zur Fortpflanzung diente, wurde sehr ausdrücklich dargestellt und wird verehrt.

Von Martin Luther stammt der Spruch, daß er, wenn morgen die Welt unterginge, noch heute einen Apfelbaum pflanzen würde. Gewiß kann er und können die Leute in Wittenberg, denen er das predigte, nicht an Äpfel in den Qualitäten eines 'Geheimrat Oldenburg' oder 'Kaiser Wilhelm' gedacht haben. Doch richtige Äpfel hatten sie bereits, und so war bekannt, daß aus den Kernen der Äpfel neue Apfelbäume heranwuchsen. Man wußte auch zur Zeit des Dreißigjährigen Krieges, daß, wenn aus einem Hühnerei nach vorschriftsmäßiger Brutzeit ein Küken herausschlüpfen soll, immer ein Hahn beteiligt gewesen sein muß. Besondere Erfahrungen hat man in der Zeit, als es weder Dampfmaschinen noch Dieselmotoren für die schweren Feldarbeiten gab, auf dem Gebiet der Pferdezucht gemacht. Nie hat es ein Gestüt gegeben, in dem es vom Hengst geheißen hätte, daß er bei der Entstehung von Fohlen weniger wichtig sei.

Ganz genau weiß man es nicht, doch wahrscheinlich begannen die Rosengärtner zur Zeit Joséphines in Malmaison zu glauben, daß der Badische Hofgärtner I. G. Koelreuter (1733–1806) fünfzig Jahre früher doch recht gehabt hatte. Von ihm soll erstmals erkannt worden sein, daß Pflanzen ein Sexualleben haben. Daß diese Erkenntnis damals neu war, könnte auch daraus hervorgehen, daß Linné kurze Zeit später seine Schrift »Vom Beilager der Blumen« herausgab. So kann es durchaus möglich sein, daß um 1812 ein englischer Gärtner namens Brown eines schönen Tages, im Juni oder vielleicht erst im Juli, nach Federn von Hühnern, Enten oder jungen Gänsen suchte. Mit einer solchen Feder nahm er vorsichtig ein paar Pollenkörner aus der Blüte seiner gallischen Rose, der bekannten Apothekerrose aus Provins. Wegen des Windes hielt Mr. Brown die Feder mit den Pollen in ein leeres Glas, woraufhin er durch den Garten zu einer Rose schritt, die wir bereits kennen, sie heißt 'Hume's Blush Tea-scented China'. Schon etliche Tage vorher, als die weiblichen Narben noch unreif waren, hatte er aus der China-Blüte alle Staubbeutelchen mit einer feinen Schere herausgeschnitten, damit keine Selbstbestäubung stattfinden konnte. Als dann die Narben schön klebrig geworden waren, wischte Gärtner Brown mit der Feder den fremden Pollen darüber. Es heißt, dies sei die erste künstliche Bestäubung der Rose gewesen. Das Ergebnis hieß 'Brown's Superb Blush'. Gerd Krüßmann schreibt: »Das war die erste Tee-Hybride.« Doch hat es von 'Brown's Superb Blush' niemals Nachkommen gegeben, und es war den Gärtnern damals nicht möglich, diesen Vorgang zu erklären. Glückliche Menschen waren das, denn sie brauchten sich noch nicht um die Chromosomentheorie zu kümmern.

Es entstanden dann aber, immer im Zusammenwirken mit der China-Rose, noch weitere Teehybriden, bis 1867 die 'La France' erschien. Was alles über die Kreuzungspartner dieser Sorte erzählt wird, soll gar nicht stimmen, weil es sich angeblich um nichts anderes als ein Kind des Zufalls gehandelt hat. Allerdings um ein kostbares Findelkind, dicht gefüllt, rosa mit silber und angenehmem Duft.

Neuerdings hat man beschlossen, das Erscheinungsjahr der 'La France', 1867, als Zeitenwende der Rosengeschichte anzusehen. Was nach diesem Jahr erschienen ist, darf sich nicht mehr »Alte Rose« nennen. Doch die Vorsicht gehört immer zur Botanik, also auch zur Welt der Rosenzüchter. Man legt sich nicht so gern fest, sondern sagt: im allgemeinen, in der Regel, fast, wenig oder schwach. So gibt es »rosenamtlich« gestattete Ausnahmen von der Regel. Man darf «Alte Rose« auch zu einer Sorte sagen, die erst in neuerer Zeit entstanden ist, wenn sie dem ganz bestimmten Typus der Rose aus älterer Zeit entspricht. Hierzu soll 'Scharlachgut' gehören, die 1952 von Kordes herausgebracht worden ist.

Doch zurück zu der Zeit, in welcher der Gärtner Brown seine 'Brown's Superb Blush' gezüchtet hat. Gleichzeitig hat die Rose noch woanders Lust verspürt, spätere Ahnenforscher unter den Menschen zum Narren zu halten. Vor der Ostküste des südlichen Afrika liegt die Insel Madagaskar. Und noch weiter im Indischen Ozean liegt eine Gruppe von Inseln, die ganz klein, im Vergleich zu Madagaskar geradezu winzig sind. Man nennt diese Inselgruppe die Maskarenen. Dazu gehört eine Insel, die Réunion heißt und zu Frankreich gehört. Réunion nannte man zu der Zeit, als die China-Rose alles durcheinander brachte, Ile de Bourbon. Man hatte zu Anfang des 19. Jahrhunderts sogar einen Botanischen Garten auf der Ile de Bourbon, der Direktor war M. Bréon. Und dieser Monsieur Bréon fand 1817 eine Rose, die es eigentlich gar nicht gab. Gefunden wurde die neue Rose zwischen den Heckenrosen, mit denen die französischen Bauern auf der Ile de Bourbon ihre Felder eingefriedet hatten. Der Direktor des Botanischen Gartens muß wohl wenig an die frische Luft gegangen sein, denn später stellte sich heraus, daß diese Rose schon lange auf der Insel bekannt war und zwar unter dem Namen 'Rose Edwards'. Ihre Spur konnte man zurückverfolgen bis nach Kalkutta, wo 'Rose Edwards' im dortigen Botanischen Garten stand. Sicher ist, daß die China-Rose am Zustandekommen der Neuheit beteiligt war, vielleicht in Kalkutta selbst, vielleicht auf der Ile de Bourbon, alles ist möglich. Auf jeden Fall entstanden in Frankreich aus dieser Rose ganz wunderschöne Sorten, die es teilweise heute noch gibt; man nennt sie Bourbon-Rosen. Zu ihnen gehören die bereits erwähnte 'Souvenir de la Malmaison' und jene Rose, die ich in Zweibrücken gefunden habe, wo der große Blütenstrauch an einem ganz verregneten, trüben Tag so aussah, als stände er in der Sonne, nämlich 'Adam Messerich'.

Ich schreibe dies alles nicht aus dem Gedächtnis so hin. Vor allem Jahreszahlen, die Schlacht von Issus ausgenommen, merke ich mir schlecht. Wozu soll ich meinen Kopf mit Zahlen belasten, wenn man sie aufschreiben und nachschlagen kann. So habe ich auch bei diesem Kapitel mehrmals in einem Buch nachgeschlagen. Es geht mir lediglich darum, die kurzen Geschichten so zu erzählen, daß man die Rose und ihre Lust an immer neuen Verwandlungskünsten, die in keiner Weise zweckgerichtet sind, die niemals einen logischen Sinn haben, bestaunt.

Wie kam die Moschus-Rose zu Philipp Noisette nach Süd-Carolina in den Vereinigten Staaten, und was suchte die Herzogin von Portland in Italien?

Es gibt eine Wildrose, die anscheinend unmittelbar aus Gottes Werkstatt stammt und nach Moschus duftet, weshalb sie Moschusrose heißt. Wo genau die Heimat der Moschusrose ist, das weiß niemand. Wahrscheinlich irgendwo in Kleinasien. Es kann durchaus sein, daß Türken, die nach Amerika ausgewandert sind, Samenkörner der Moschusrose mitgenommen haben. Jedenfalls stand so eine Rose 1802 in South Carolina im Garten eines Reispflanzers, sein Name war John Champney. Der Nachbar dieses Reispflanzers war ein Franzose, er hieß Philippe Noisette. Dieser Nachbar hatte einen Bruder in Paris, Louis Noisette. Der Bruder in Paris schickte ihm nach South Carolina eine Rose, die 'Parson's Pink China' hieß. Wahrscheinlich hat Philippe Noisette von diesem Rosenstrauch, nachdem er angewachsen war und ein paar Jahre zu seiner Entwicklung Zeit gehabt hatte, einen abgesteckten Wurzelausläufer seinem Nachbarn John Champney geschenkt. Und dieser Farmer muß gewitzter gewesen sein als die europäischen Gärtner. Er bestäubte bereits 1802 die Moschusrose mit dem Blütenstaub der 'Parson's Pink China'. Und alle Sorten, die von dieser Kreuzung abstammen, heißen bis heute Noisette-Rosen. Zu ihnen gehört die schon mehrfach erwähnte 'Maréchal Niel', eine der edelsten Rosen überhaupt.

Es gibt noch ein Intermezzo, in welchem abermals die China-Rose mitspielt, die sich diesmal mit einer Damascena verband. Das geschah in Paestum südlich von Neapel, wo bereits die Rosenkulturen zu Zeiten der alten Römer von sich reden machten. Unter den Touristen, die um 1800 Italien bereisten, befand sich die Herzogin von Portland. Die elegante und verwöhnte Engländerin verliebte sich sofort in eine Rose, die ihr bis dahin unbekannt gewesen war, kaufte ein paar Pflanzen davon, nahm sie mit nach England, wo die Sorte ihren Namen bekam und zwar 'Duchesse of Portland'. Diese Rose wurde die Urmutter vieler schöner Sorten wie 'Blanc de Vibert' und 'Rembrandt'.

Die Geschichte der Teerosen, beginnend mit 'Hume's Blush Tea-scented China' 1808 und mit 'Park's Yellow Tea-scented China' habe ich schon erzählt. Zu ihnen gehört meine 'Niphétos', und wenn man 'Maréchal Niel' einmal als Teerose und dann wieder als Noisette-Rose aufführt, so ist daraus zu ersehen, wie sie uns verwirrt, die schöne Blume, entstanden an dem Tage, als Aphrodite nach Cypern kam.

Von der Lady Mary Fitzwilliam zur Kaiserin Auguste Viktoria.

Aus den Abkömmlingen der Portland-Rosen und der Bourbon-Rosen entstanden die Remontant-Rosen. Es sind Rosen, die remontieren, die ein zweites Mal im Sommer blühen. Das soll 1837 zuerst der Fall gewesen sein, und als die Welt um viertausend Sorten dieser Rosen bereichert war, zu denen die berühmte 'Frau Karl Druschki' gehört, ging es mit den Teehybriden erst richtig los.

Sicher haben die Gärtner schon lange gewußt, daß Bienen, Hummeln, Schmetterlinge und andere Insekten etwas damit zu tun haben, wenn aus Samenkörnern von Rosen plötzlich ganz andere Rosen herauswachsen, als bis dahin bekannt gewesen sind. Doch obwohl ihnen der Badische Hofgärtner Koelreuter gesagt hat, wie die Befruchtung vor sich geht, sind sie nie auf die Idee gekommen, dafür eine Feder vom Federvieh zu benutzen. Auch mit einem kleinen Aquarell-Pinsel wäre es möglich gewesen. Sie haben nur immer eine Reihe Rosen, zehn Meter weiter abermals eine Reihe mit anderen Rosen gepflanzt und abgewartet, was dabei herauskommt.

Der erste Gärtner, der eine genaue Vorstellung hatte, als er zwei Rosen miteinander kreuzte, war wiederum ein Engländer, er hieß Bennet. »Wunderschön sind die Teerosen«, sagte sich Mr. Bennet, »denn sie blühen mehrmals im Sommer, sie duften, nur sie mögen unseren kalten Winter nicht.« Die Remontant-Rosen, allen voran 'Fisher & Holmes', 'Ulrich Brunner Fils' und 'Général Jacqueminot' sind ebenfalls schön, auch wenn ihnen, vorerst wenigstens, die gelbe Blütenfarbe fehlt. Aber es sind starke, stachelige Büsche, und sie halten schon eher unsere Winter aus, als die verwöhnten Teerosen. Gedacht, getan! Bennett kreuzte beide miteinander, und 1883 erschien

'Lady Mary Fitzwilliam', der im Jahre darauf 'William Francis Bennett' folgte. Bei beiden Sorten handelte es sich keineswegs um imponierende Pflanzen, sondern sie machten geradezu einen schwachen Eindruck. Doch Züchter Bennett wußte genau, was er damit geschaffen hatte. Die anfängliche Schwäche des neuen Rosengeschlechts wurde bald überwunden, spätestens 1890, als die 'Kaiserin Auguste Viktoria' und die 'Madame Caroline Testout' erschienen, die ersten kraftvollen und schönen Teehybriden. Wir haben sie heute noch.

Vieles an den Erinnerungen der Rosenfreunde ist ungenau, weil diejenige Sorte, von welcher bei den Kreuzungen der männliche Pollen stammte, nicht immer notiert wurde. Man hat eben dem Pollen keine sonderliche Bedeutung beigemessen. Immerhin hat Charles Darwin noch 1856 gesagt, daß irgendwelche Vererbungsgesetze der Natur unbekannt sind. Der naturforschende Augustiner-Mönch Gregor Mendel hat die von ihm entdeckten Grundgesetze der Vererbung erst 1866 veröffentlicht.

Eine zielgerichtete Rosenzüchtung gibt es erst seit etwa hundert Jahren. Die Gärtner wußten aber längst, daß es der Rose in ihrem unerklärlichen Spieltrieb gefällt, immer wieder Aufsehen erregende Sorten entstehen zu lassen, die es nie zuvor gegeben hat. Die Menschen haben diese Spielarten zwar behütet und bewahrt, daß sie nicht vertrockneten und kein Feuer sie verbrannte, aber weitergezüchtet wurde mit ihnen nicht. Was Herodot, Teophrastos, Hildegard von Bingen beschrieben, was die Maler von Botticelli, Raffael und Rubens bis Rédouté gemalt haben, das alles an Formen, Farben und Düften hat die Rose aus ihrer eigenen Fantasie heraus ganz alleine vollbracht.

Sie macht das heute noch, in jedem Garten kann es geschehen. Immer wieder stößt man in Büchern und Katalogen auf einen Begriff, den wir in ganz anderem Zusammenhang gewohnt sind, den Sport. Plötzlich steht da die Zeile: 'Auguste Kordes', Sport von 'Josef Guy', und der Sport von 'Conrad Ferdinand Meyer' heißt 'Nova Zembla'. Verrückt! Der Sport von Wimbledon war doch Tennis, der Sport von Iffezheim ist Pferderennen, aber der Sport von 'Vierlanden' heißt 'Pink Lady'; Vierlanden ist hier nicht als die Landschaft bei Hamburg, sondern als Rosensorte gemeint. Schließlich kommt man darauf, daß der Rosensport zwar mit Bewegung zu tun hat, die man allerdings nicht sieht. Innerhalb der Pflanzenzellen geht etwas Geheimnisvolles vor sich, das plötzlich und ohne erkennbaren Grund zu einer Veränderung der Blütenfarbe oder auch des Wuchses führt. Der Botaniker nennt so etwas Mutation, in England sagt man »Sport« und so sagt man nun auch bei uns. Es gibt außerordentlich sportliche Rosen. Die bekannte 'Madame Eouard Herriot' brachte es auf neunzehn Seitensprünge, und ebensoviel schaffte die bekannte Kletterrose namens 'Tausendschön', ihr letzter Sport hieß 'Hindenburg'. Wir haben auch eine Rose, die heißt 'Muttertag', und ein Sport von 'Muttertag' heißt 'Vatertag': Lachsorange, Topfsorte, von Mathias Tantau aus dem Jahr 1959.

Kann der Feigenbaum und kann die Rose auch Früchte bekommen, ohne befruchtet worden zu sein?

Die meisten neuen Rosen entstehen aber nicht durch Mutation, sondern durch Kreuzung. Das ist, wie bei allen Lebewesen, die Vereinigung des Männlichen mit dem Weiblichen. Nur die Geschichte von Bethlehem bildet eine Ausnahme. Auf dem Isenheimer Altar in Colmar hat Grünewald das alles schön gemalt. Da ist auch die berühmte *Rosa sancta* zu sehen, die aber mit der Heiligen Rose von Äthiopien nichts zu tun hat. Es dürfte sich um die rote und leicht gefüllte Apothekerrose von Provins handeln. Man sieht auf einer der Tafeln auch, die Steinquader schön ausgemalt, eine hohe Mauer. Durch die Mauer führt ein schmales Tor, das aber mit Brettern vernagelt ist. Quer über das Bild wächst ein gemalter Feigenbaum, der bereits Früchte trägt. Die Erklärung für diesen Feigenbaum lautet, daß er ein Gleichnis der Jungfrau Maria sei. Denn die Früchte des Feigenbaumes kommen unmittelbar aus dem jungfräulichen Holz heraus. Man glaubte, daß er keine Blüten habe und daß keine Befruchtung stattfinde. Aber das ist falsch. Man sieht die Blüten nicht, weil sie sich unter der Rinde befinden. Zur Befruchtung gehört ein winziger Käfer, und wo dieser winzige Käfer fehlt, da können wohl Feigenbäume wachsen, aber sie tragen keine Feigen. Die Vereinigung des Männlichen mit dem Weiblichen ist lebensnotwendig.

In der Rosenliteratur werden die Kreuzungspartner meistens genannt, und das Lesen bereitet oft Vergnügen. So ist die auf den aufsässigen Namen 'Rebell' getaufte Rose ein Produkt von 'Brandenburg' und 'Roter Stern'. Und auch hiervon gibt es einen Sport, er heißt 'Rosa Stern'. Von den Namen her klingt die Entstehungsgeschichte von zwei besonders schönen Rosen der neueren Zeit sehr überzeugend: 'Letkiss' entstand aus 'Olala' und 'Paprika', 'Schneewittchen' aus 'Robin Hood' und 'Virgo'.

Man muß kein Gärtner sein, um Spaß und gelegentlich auch Ärger mit Blumennamen zu haben. Da ist die wirklich schöne Rose namens 'Lolita'. Wir kennen diese zarte Gestalt, nicht mehr Mädchen und noch nicht Frau, aus dem Roman von Nabokov. Nun heißt es in der Beschreibung dieser Rose: Robust, starkwüchsig, willig nachtreibend, mit dicken, kräftigen Stielen. Trotzdem könnte ich mich für 'Lolita' entscheiden, denn der Name ist schön. Für mich spielte das schon immer eine Rolle, wie hörte es sich auch an, sagte ich zu meiner Frau: Wie schön der 'Uwe Seeler' wieder duftet, oder der 'Kardinal' oder 'Opa Pötschke'.

Aber man sagt bei den Rosen nicht *der* Opa Pötschke. Es ist ähnlich wie bei der Seefahrt. Man sagt nicht nur *die* Europa, sondern auch *die* Titanic, ja sogar *die* Bismarck. Und so sagt man auch im Rosengarten: Ist sie nicht köstlich in ihrem Duft, die 'Opa Pötschke'?

Es wird die Chromosomentheorie in Sprechblasen dargestellt und die Frage aufgeworfen, ob statt der Fünf nicht die Sieben als Zahl am wichtigsten im Rosenleben ist.

In der Berufsschule während der Gärtnerlehre lernten wir, daß eine Rose, jede Pflanze und jedes Tier, aus Zellen besteht. So eine Zelle ist vielleicht ein Millionstel kleiner als eine Kirsche. Und wie die Kirsche einen Stein hat, hat die Zelle einen Kern. In diesem Kern befinden sich die Chromosomen. Der Biologe N. Young hat 1963 gesagt, daß man sich jede Zelle als eine chemische Fabrik vorstellen solle, und die Gruppe der Chromosomen darin sei die Direktion. Meinen Lehrer Breschke selber sehe ich nicht mehr vor mir, wohl aber die Sprechblasen, die er mit Kreide an die Tafel gemalt hat. In der ersten Sprechblase befanden sich als Winkelchen, Spiralen und Striche die Chromosomen. Es waren vierzehn. (Doch will ich ehrlich sein, das mit den vierzehn Chromosomen habe ich nicht mehr gewußt. Erst gestern, als ich in mehreren Büchern nachschaute, bin ich darauf gekommen, daß es vierzehn gewesen sein müssen.) In diesen vierzehn Chromosomen steckt das Programm der Rose oder der Rosensorte. Zum Beispiel bei 'Maréchal Niel': Farbe ein helles Gelb, gefüllt, ballförmig, starker Duft, schwache Stiele, Blüte herabhängend, reichblütig, stark wachsend. Nun wächst die Rose, indem die Zellen wachsen. Jeden Tag, vor allem in den Vormittagsstunden, vermehren sich die Zellen. Die Zellen werden also nicht größer, etwa wie ein Luftballon, wenn man Luft hineinpumpt, sondern sie wachsen, indem sie sich teilen. Bei diesem Teilungsvorgang kann sozusagen das Programm durcheinanderkommen. Dann bleibt womöglich »Farbe gelb«, »gefüllt« und »ballförmig« in der alten und gerät »Duft stark«, »Stiele schwach« und »starkwachsend« in die neue Zelle. Doch läßt es sich auch anders erklären. Vielleicht ist ein Brot als Beispiel geeignet, ein langes schmales Brot mit Kümmel drin. Wenn ich dieses Kümmelbrot nun der Länge nach durchschneide, dann habe ich zwei Hälften vom selben Brot. Und so, der Länge nach, verteilt die Rose, wenn sie einen neuen Sproß hervorbringt, ihre Chromosomen in zwei Zellhälften.

Das alles, ich erinnere mich an unsere Berufsschule in Zehlendorf-Mitte ganz genau, geht in der ersten, mit Kreide auf die schwarze Tafel gezogenen Sprechblase vor sich. Sie stellt aber nicht die Zelle dar, sondern nur deren Kern, in dem sich das alles ereignet. Der vorhin erwähnte Vergleich mit einer chemischen Fabrik paßt noch in einer zweiten Hinsicht. Wenn ich aus einem solchen Betrieb zwei

'Coral Dawn', eine kraftvoll wachsende, öfter im Sommer blühende Kletterrose mit Duft.

Die berühmteste unserer roten,
einmalblühenden Kletterrosen: ‘Paul’s Scarlet Climber’.

machen will, die gleichviel produzieren sollen, dann muß ich auch zwei Direktionen haben.

Nunmehr wird durch die Sprechblase ein waagrechter Strich gezogen, der soll veranschaulichen, daß sich die Zelle teilen wird. Und siehe da, die Chromosomen versammeln sich über und unter dem Strich. Aus einmal »Farbe gelb« ist zweimal »Farbe gelb« geworden, ein Chromosom »Stiele schwach« sitzt über dem Strich, ein weiteres für »schwache Stiele« sitzt unter dem Strich, und »Duft stark« ist ebenfalls richtig verteilt, desgleichen das übrige Programm für 'Maréchal Niel'.

Schließlich wird der waagrechte Strich zu einer Schnur, die immer mehr zusammengezogen wird, bis schließlich aus der einen Sprechblase deren zwei geworden sind. Aus einer Zelle sind zwei Zellen entstanden, aus einem Zellkern zwei Zellkerne, und in beiden Kernen, in beiden Fabriken gibt es gleichermaßen befähigte Betriebsleitungen, jeweils vierzehn Chromosomen. Das ist im Grunde genommen einfach zu verstehen.

Es gibt aber zwei Arten von Zellen in allen Lebewesen. Das sind einmal diejenigen Zellen – um bei der Rose zu bleiben –, aus denen Holz, Rinde, Knospen, Blätter und Blüten sowie die Wurzeln bestehen, also die Körperzellen, in denen sich bei der Sorte 'Maréchal Niel' vierzehn Chromosomen befinden. Aber außerdem gibt es Zellen, die zusammenwachsen, aus denen schließlich eine Frucht, das Samenkorn für eine neue Rose entsteht, man spricht von Geschlechtszellen. Würden nun die Zelle des männlichen Pollenkorns und die weibliche Eizelle jeweils vierzehn Chromosomen haben, so müßten es in dem neuen Keimling achtundzwanzig sein. Das wäre dann vielleicht die schon lange erhoffte schwarze oder rot-weiß-karierte Rose. Da aber hat die Natur einen Riegel vorgeschoben, indem sie den Geschlechtszellen jeweils nur die Hälfte der Chromosomen zugesteht, die sich in den Körperzellen derselben Pflanze befinden. Die männliche Seite bringt also sieben und die weibliche sieben Chromosomen in die neue Lebensgemeinschaft ein, das sind zusammen wieder vierzehn. Jeder von uns hat schon von haploiden Chromosomensätzen gehört, also von halbierten diploiden Sätzen, wie das bei den meisten Rosen der Fall ist, die der ursprünglichen Natur noch nahestehen.

Sieben und sieben macht vierzehn, nochmals sieben dazu ergeben einundzwanzig. Die eine Rose hat vierzehn und die andere hat sieben Chromosomen. Kann man einundzwanzig durch zwei teilen?

Soweit haben wir das bei Lehrer Breschke in der Berufsschule für Gärtner in Berlin-Zehlendorf-Mitte gelernt. Traurig an der Berufsschule war, daß ihre Lehrer, als ob es sich um gewöhnliche Schullehrer gehandelt hätte, auch Ferien machten. Wenn mein Berufsschultag in die Ferien fiel, dann ging ich im Winter, falls die Havelseen zugefroren waren, zum Schlittschuhlaufen, im Sommer zum Schwimmen. In den Osterferien, Pfingstferien, Kartoffelferien und Weihnachtsferien sagte unser Obergärtner Baade nichts – es kann sein, daß er nichts sagen wollte. Doch in den Sommerferien, die man auch Große Ferien nannte, fiel das auf. Da mußten die Lehrlinge arbeiten. Die Lehrer machten Ferien.

Ich habe noch keine Chromosomen gesehen, geschweige denn gezählt, doch mein Vertrauen zu Gerd Krüßmann ist zu groß, als daß ich daran zweifeln könnte, daß die Apfelrose, wie wir sie der großen Hagebutten wegen nennen, die *Rosa rugosa* also, vierzehn Chromosomen in ihren Körperzellen, infolgedessen sieben in ihren Geschlechtszellen hat.

Man sagt, daß die *Rosa rugosa* eine Wildart aus dem nördlichen China ist. Es gibt eine weißblühende und eine rosa, rosarote Form. Die Büsche werden etwa einen Meter hoch. Sie blühen weiß oder rot oder gemischt den ganzen Sommer über, und im Herbst, wenn zwischen den Blüten die großen, karotinroten Hagebutten sitzen, ist sie am schönsten. Weil es eine Rose ist, die Salz im Boden verträgt, hat man sie auf den Nordseeinseln in die Dünen gepflanzt, damit diese nicht vom Wind zu Wanderdünen gemacht werden. An den Autobahnen, besonders im Gebiet des Niederrheins, wächst die *Rosa rugosa* zu Hunderttausenden, denn das Streusalz macht ihr nichts aus. Schon längst dient diese Rose als Kreuzungspartner, berühmt sind Sorten wie 'Parfum de L'Hay' ('Rose à Parfum de L'Hay') und 'Dagmar Hastrup'. Ich kenne den Rosenzüchter Baum in Elmshorn, der mit dieser Wildart viel erreicht hat. Wer auf sein Rosenfeld geht, soll an der Rugosa-Sorte 'Monte Cassino' zuletzt riechen. Wer am Anfang des Spaziergangs über dieses Rosenfeld an 'Monte Cassino' riecht, hat die Nase so voller Duft, daß er andere Rosendüfte in der nächsten Stunde nicht mehr wahrnehmen kann. Auf jeden Fall hat diese *Rosa rugosa* vierzehn Chromosomen.

Ich muß noch erwähnen, daß die *Rosa rugosa* bei Ökologen und Heimatschützern unbeliebt ist, weil sie nicht zu den Pflanzen gehört, die in nordisch-germanischer Erde ihre Heimat haben, auch wenn sie inzwischen heimisch geworden ist.

Ist es nicht schön, daß es Schöpfungsvorgänge gibt, die einstweilen unerklärbar bleiben?

Eine unserer beliebtesten Kletterrosen heißt 'New Dawn'. Sie blüht zartrosa, gefüllt, sieht wie eine Edelrose aus, bringt auch im Spätsommer noch einzelne Blüten hervor und hat einen geschmeidigen, weich anmutenden Wuchs. Diese schöne Sorte, die gut und gern vier Meter in die Höhe wächst, stammt von einer Wildrose ab, die *Rosa wichurai-*

ana heißt; sie hat ebenfalls vierzehn Chromosomen in den Körperzellen, die halbe Anzahl in den Geschlechtszellen.

Von diesen beiden Wildrosen – *Rosa rugosa* und *Rosa wichuraiana* – gibt es eine Kreuzung aus dem Jahr 1919, sie ist in Amerika entstanden und heißt 'Max Graf'. Nach allem, was wir wissen, müßte diese Sorte auch vierzehn Chromosomen haben. Sie hat aber keine vierzehn, sondern einundzwanzig. Es ist nicht möglich, einundzwanzig durch zwei zu teilen. Infolgedessen kann es an dieser Rose logischerweise keine Hagebutten geben. Aber!

Es ist sicher richtig, Wilhelm Kordes, den Großvater des jetzigen Wilhelm und Vater von Reimer Kordes, als den bedeutendsten deutschen Rosenzüchter seit Peter Lambert zu bezeichnen. Er war ein stattlicher Mann mit weißgrauem Spitzbart und hellen Augen, die durch die blankgefaßte Brille noch heller wirkten. Er war oft knurrig, grob zuweilen, wie das nun einmal bei wirklich sensiblen Menschen ist, er war also empfindsam. Schokolade als Reisemitbringsel für seine Frau bezeichnete er als Drachenfutter, doch als sie starb, trauerte er sehr und folgte ihr bald nach.

Ich war zu ihm gefahren, um mir die Geschichte der *Rosa kordesii* erzählen zu lassen, neben dem Märchen von den Meillands die faszinierendste Rosengeschichte dieses Jahrhunderts. Hat Wilhelm Kordes doch zwanzig Jahre lang gehofft, von Sommer zu Sommer und immer umsonst, daß die aus Amerika gekommene Sorte namens 'Max Graf' endlich Samen ansetzen solle. Wilhelm Kordes sah nämlich in dieser extrem winterharten und zum Klettern neigenden Sorte den Beginn einer großartigen Rosenzukunft. Bis endlich im letzten Krieg die unendliche Geduld dieses Gärtners belohnt wurde.

1940 erzielte Wilhelm Kordes zwei Sämlinge. Einer der beiden Sämlinge, erzählte der Züchter, erinnerte ihn an das Aussehen der *Rosa rugosa*, der andere sah der *Rosa wichuraiana* ähnlich. 1942 – die Älteren unter uns erinnern sich noch an diesen harten Winter – war einer der beiden Sämlinge erfroren. Doch der andere Sämling, der eine Ähnlichkeit mit der *Rosa wichuraiana* gehabt haben soll, war von dem sibirischen Frost nicht umgebracht worden. Der Sämling brachte locker gefüllte, rote Blüten hervor, auch Hagebutten gab es, und drei Viertel der Samen keimten.

Das alles erzählte mir Wilhelm Kordes, und es war so viel Wissenschaft dabei, daß es mir vorkam, als wirbelten die diploiden und tetraploiden Chromosomen in meinem Kopf umher, und ich war wie erlöst, als wir endlich in das große Gewächshaus mit den noch geheimen Rosen gingen. Da war dann eine Rose am Spalier hoch hinaufgewachsen, die mir schon mit ihrem sattgrünen Laub gut gefiel. Wilhelm Kordes lächelte still, band einen der langen Triebe los und bog einen ganzen Strauß roter, gefüllter Edelrosen zu mir herunter, daß ich die Drehungen der Blütenblätter und den Wohlgeruch wahrnehmen konnte. Es war eine damals noch geheime Sorte aus der Nachkommenschaft jenes Sämlings von 'Max Graf', der zwei Sämlinge hervorgebracht hatte, was nach der Chromosomentheorie gar nicht hätte möglich sein können. Was ich im Gewächshaus von Sparrieshoop sah, war die spätere Sorte 'Sympathie'. Es gibt bis jetzt keine Kletterrose in dieser Farbe, die ähnlich viele Tugenden hat wie diese Kordesii-Rose.

Aber er hat keine einzige Blüte abgeschnitten, dieser graubärtige, listig guckende Holsteiner. Auch bei den anderen großen Sträuchern, die wir noch betrachteten, dachte er nicht daran, ihnen auch nur eine einzige Blüte wegzunehmen. Später zum Abschied am Bürohaus bekam ich mit Grüßen an Malia einen Strauß überreicht. Es waren sicherlich Schnittblumen von den eigenen Feldern. Wenn sie aber, obwohl die eigenen Rosen blühten, gekauft worden wären, hätte mich das nicht verwundert. Es gibt viele Gärtner, die lieber fremde Rosen kaufen, als die im eigenen Garten geschnittenen Rosen außer Haus zu geben; mit anderen Blumen ist es ebenso.

Wie aus zwei diploiden, in den Geschlechtszellen haploiden, also ganz normalen, naturnahen oder gar wilden Rosen die triploide, sterile Sorte 'Max Graf' mit einundzwanzig Chromosomen in den Körperzellen entstehen konnte, das habe ich nirgendwo lesen können, das hat mir noch keiner gesagt, ich kann es mir auch nicht erklären. Ebenso ungeklärt ist für mich, wie trotz der vorschriftsmäßigen Unfruchtbarkeit nach zwanzig in Geduld verbrachten Jahren zwei Sämlinge heranwachsen konnten.

Es gibt Rosen, die in den Körperzellen bis zu sechsundfünfzig Chromosomen haben. Die Zahl muß, das ist typisch für die Gattung *Rosa*, immer durch sieben teilbar sein. Wenn die Zahl aber nicht gleichzeitig durch zwei teilbar ist, dann gibt es Probleme. Die meisten unserer Teehybriden und Floribundas im Garten haben achtundzwanzig Chromosomen; achtundzwanzig kann man durch sieben und durch zwei teilen. Es dürfte aber wohl stimmen, daß extreme Witterungseinflüsse wie Frost, Hitze, Dürre, Nässe zu Verdoppelungen der Chromosomenzahl führen. Bekannt ist, daß diese Verdoppelung auch vom Gift der Herbstzeitlose, dem Colchicin, ausgelöst werden kann. Daher die Prachtentfaltung der Iris, wie sie in den letzten Jahrzehnten in den USA stattgefunden hat. Die Chromosomenverdoppelung der 'Max Graf' bei Wilhelm Kordes führte er selbst auf Spätfröste während der Blütezeit zurück.

Die Gestaltungsmöglichkeiten der Rose, sich immer wieder einmal anders, neu und in nicht erwarteter Schönheit vorzustellen, scheinen unbegrenzt zu sein. Und warum?

Ein Klavier hat fünfundachtzig Tasten. Mit jeder Taste läßt sich ein bestimmter Ton anschlagen, es sind also fünfundachtzig Töne. Mit immer anderen Aneinanderreihungen dieser Töne ist alle Musik unserer Welt komponiert worden. Und noch immer ist ein Mensch glücklich, wenn ihm eine Melodie einfällt, die es nie zuvor gegeben hat. Ein anderes Beispiel: In unserem Alphabet befinden sich sechsundzwanzig Buchstaben. Von der Bibel angefangen sind alle Geschichten unserer Welt mit diesen sechsundzwanzig Buchstaben geschrieben worden. Und noch immer ist ein Dichter glücklich, wenn es ihm gelingt, ein Gedicht zu schreiben, das den Leser ergreift – vielleicht ohne daß er sich erklären kann, warum.

Ist nicht auch das Züchten einer Rose, die es vorher nie in der Welt gegeben hat, eine Kunst?

So darf man wohl auch die Erschaffung einer neuen schönen, vorher niemals dagewesenen Rose als Kunst bezeichnen. Es ist gar nicht so schwierig, eine neue Rose zu züchten, wie es ja auch nicht sehr schwierig ist, eine Melodie zu erfinden oder ein Gedicht zu schreiben. Nicht einmal die Geduld des Gärtners und Züchters wird sonderlich in Anspruch genommen. Vom Zeitpunkt der Kreuzung bis zur ersten Blüte des neugeschaffenen Sämlings vergeht knapp ein Jahr. Es ist nicht verwunderlich, daß die Züchtung neuer Rosen, dem Musizieren, dem Zeichnen und Malen, dem Theaterspielen vergleichbar, zu einer schöpferischen Tätigkeit von Menschen geworden ist, die allerdings ein ganz klein wenig von der Gärtnerei verstehen müssen. Wert oder Unwert einer Melodie, eines Gedichts oder einer Rose erweist sich daran, ob der Zuhörer, der Leser oder der Betrachter angerührt wird.

In Seppenrade bei Lüdinghausen gibt es einen Eisenbahner, er heißt Ewald Scholle. Es ist ein schönes Dorf, dieses Seppenrade, die Menschen und die Gasthäuser sind mit allen westfälischen Tugenden ausgezeichnet. Dennoch würde außerhalb des Landkreises kein Hahn nach Seppenrade krähen, wenn es dort nicht Ewald Scholle gäbe, der Rosen züchtet und dessen Rosen in vielen Gärten stehen.

Der berühmteste Rosenzüchter in Frankreich, der einen ganz anderen Beruf erlernt hatte, war Charles Mallerin; er ist vierundachtzigjährig 1960 auf seinem kleinen Landgut bei Varce in der Nähe von Grenoble gestorben. Mallerin war Bergingenieur, doch geriet er schon früh in den Bann der Rose, wobei es ihn besonders reizte, das spannende Spiel mitzumachen, bei dem man jeweils ein ganzes Jahr hoffen durfte, Gewinner zu sein. Gewinner einer Rose, die es vorher nicht gegeben hat, als Preis. Dieses Spiel hat Charles Mallerin häufig gewonnen, am erfolgreichsten, vor allem in Amerika, wurde seine Sorte 'Mrs. Pierre S. du Pont'. Er soll die bunten Sorten besonders geliebt haben, dieser Charles Mallerin, der mit Bienenstöcken und Gemüse zwischen den Rosenreihen das Leben eines kleinen Landedelmannes geführt hat. Für mich heißt seine schönste Züchtung 'Guinée'; es ist eine dunkelrote, beinahe schon schwarze Kletterrose mit starkem Duft, die in unserem Klima an einem sehr geschützten Platz stehen muß.

Man muß nicht Gärtner, sondern man kann auch Bergingenieur oder Elektriker sein und trotzdem als Rosenzüchter bekannt werden.

Der deutsche Rosenzüchter mit ähnlichem Werdegang eines Charles Mallerin ist noch guter Dinge. Er ist nicht Bergingenieur, sondern Elektrotechniker und heißt Karl Hetzel. Flora ist schon immer eine Geliebte des Kriegsgottes Mars gewesen. So führte sie den »prisonnier de la guerre« namens Karl Hetzel in Frankreich gerade dorthin, wo er den Umgang mit Rosen lernen konnte. Er erlebte dabei auch, wie der Patron, auf dessen Hof er arbeitete, Rosen bestäubte, ihre Hagebutten erntete und was er mit den Samen machte; wie die Sämlinge im frühen Frühjahr aufgingen und die ersten Blumen kamen. Nach dem Krieg arbeitete Karl Hetzel jahrelang als Elektrotechniker bei der AEG in Stuttgart. Aber nur ein paar Jahre hielt er es ohne Rosen aus, und um 1954 fing er an, welche zu züchten. Ein Garten fehlte, so daß Karl Hetzel seine ausgesuchten Muttersorten in Balkonkästen pflanzen mußte. In denen spielte sich auch die Züchtungsarbeit ab. Jeden Mittag während der Vegetationszeit, also von April bis zum November, haben er oder seine Frau Hildegard die Balkonkästen mit den Rosenpflanzen von der einen Seite der Etagenwohnung auf die andere gebracht, damit sie sich von morgens bis abends in der Sonne befanden. In dieser Balkonkastenzeit entstand die erste Rose von Karl Hetzel, die sich noch heute im Handel befindet und über die ich im Zweibrücker Rosengarten im vergangenen Herbst mit Gerhard Zanzinger nur staunen konnte. Es ist die Sorte 'Duftbella'.

1967 ging die Balkongärtnerzeit zu Ende. Karl Hetzel begab sich in ein Abenteuer. Er verließ seinen erlernten einträglichen Beruf als Elektrotechniker und pachtete in Beutelsbach im Remstal eine Rosengärtnerei unter Glas. Dreimal in der Woche fuhren Hildegard und Karl Hetzel mit Schnittrosen auf den Großmarkt nach Stuttgart, und außerdem belieferten sie fünfundzwanzig Blumengeschäfte in der weiteren Umgebung. Das war allerdings eine Zeit, in der das Heizöl pro Liter nur acht Pfennige kostete. Heute kann man eigentlich erst Ende Februar anfangen, die Gewächshäuser ein wenig zu heizen, um gegen Ende April blühende Rosen verkaufen zu können.

Inzwischen haben die Hetzels eine schmucke Rosengärtnerei in Oberderdingen bei Bretten. Karl Hetzel sieht aus wie ein Mensch, der an jedem Tag drei bayerische Brotzeiten verspeisen kann, ohne davon ein einziges Gramm zuzunehmen. Er scheint voller Energie und Kraft zu stecken. In seinem Gesicht meine ich manchmal etwas Zweifel und Resignation zu entdecken. Seine Stellungnahmen zu Geschehnissen des Gartenbaus sind nicht ganz frei von Ironie. Doch strahlt das Gesicht voller Freundlichkeit, wenn über Rosen, besonders über Hetzel-Rosen und über seinen Betrieb gesprochen wird, in dessen Mitte die beiden Gewächshäuser stehen. Während sich die Züge des faltigen Gesichts kaum verändern, sind die hellen blauen Augen stets in Bewegung. Hetzel ist ein aufmerksamer Beobachter aller Geschehnisse ringsum.

In dem einen der beiden Gewächshäuser stehen 1440 Rosenpflanzen, man möchte es nicht glauben. Der Wuchs ist gut, die Austriebe mit rötlichem und grünem Laub wirken außerordentlich gesund. Diese Frische der Blätter ist es überhaupt, was beim Durchwandern der Gewächshäuser auffällt. Auf dem großen Tischbeet sieht man die ersten Rosenkeimlinge. Was von diesen Sämlingen Mehltau bekommt, wird sofort verbrannt. Die Mehltauresistenz ist eines der wichtigsten Zuchtziele von Karl Hetzel. Ich erinnere mich noch an seinen Betrieb in Beutelsbach im Remstal. Wenn man von der Gärtnerei zum Wohnhaus Hetzel ging, stieg man einen Abhang hinauf, der durch ein entsprechend schräg gelegenes Rosenfeld führte. Und da lagen über den grünen und teilweise blühenden Sträuchern geschnittene Zweige mit Blättern, die vom Mehltau und vor allem vom Sternrußtau befallen waren. Hetzel hat seine Schützlinge mit dem Pilz des Sternrußtaues gewissermaßen geimpft, um dann diejenigen Pflanzen weiter für Züchtungszwecke zu benutzen, die sich als nicht anfällig erwiesen hatten.

Zum Wohlgeruch und zur Widerstandsfähigkeit gegen Blattkrankheiten ist noch ein weiteres Zuchtziel gekommen, nämlich die Edelrose ohne Stacheln. Das ist mit den Sorten 'Karl Höchst' und 'Kronprinzessin Victoria' gelungen; Blumenbinder brauchen fortan nicht mehr Stacheln abzuschneiden, wenn sie diese beiden Sorten in Sträuße einbinden wollen. Gehören die Stacheln zur Schöpfungsidee der Rose?

Meine Lieblingsrose von Karl Hetzel, ich habe sie am Schluß des ersten Kapitels, in dem es um die Schönheit ging, bereits beschrieben, heißt: 'Schwarzwaldmädel'; sie hat noch Stacheln, ich kann sie mir ohne Stacheln überhaupt nicht vorstellen. Diese schöne, duftende, vollgefüllte Blume darf sich nicht zu den Teehybriden zählen, sie gehört zu den Floribundarosen. Es ist ein köstliches Durcheinander.

Aus Asien ist nicht nur die Verwandtschaft der China-Rosen zu uns gekommen, die allgemein unter dem Begriff Bengalrosen geführt wird. Aus ihnen entstanden zusammen mit den abendländischen Rosen letzten Endes die Teehybriden. 1860 kam dann eine Wildrose aus Asien, die *Rosa multiflora*. Ich glaube, daß diese Rose überall wächst, wo man sie hinpflanzt. Bei mir muß man sich schon schlimme Bosheiten einfallen lassen, um sie daran zu hindern, sich waldartig auszubreiten. Wenn die langen, überhängenden Ruten von den kleinen weißen Blüten übersät sind, dann sieht ein Multiflora-Busch wunderschön aus; leider immer nur kurz, beinahe nicht länger als einen einzigen Tag. Von dieser Multiflora stammen nicht nur etliche Kletterrosen ab, sondern auch, gekreuzt mit Teehybriden, die Polyanthahybriden; *polyantha* heißt nichts anderes als *multiflora* – aber lassen wir das! Diese Polyanthahybriden haben kleine, aber dafür zahlreiche Blüten, sie blühen fröhlich den ganzen Sommer über. Man könnte sie als Wiesenblumen einer himmlischen Welt ansehen. Doch geben die Züchter keine Ruhe, bis sie aus kleinen Blüten große, aus einfachen gefüllte Blüten gemacht haben. Man kreuzt eben die Polyanthahybriden ein zweites Mal mit Teehybriden, und was dabei herauskommt, das nennt man Floribunda, und dazu gehört mein 'Scharzwaldmädel'.

Doch die Rose in ihrem Einfallsreichtum, dieser Star im Ensemble der schönen Flora, kann noch viel mehr. So wartet sie neuerdings nicht nur als Kletterkünstlerin und am Trapez zahlloser Laubengänge auf, nicht nur als Parade mannshoher, ausladender, sommerlang blühender Sträucher, nicht nur als immer wieder zurückgeschnittene oder zurückgefrorene Beetblume, zu der die Zwergrosen zu zählen sind, an denen man sich auch in der Stadt erfreuen kann, wenn statt eines Gartens nur ein Balkonkasten zur Verfügung steht.

Es ist der Rose mit Hilfe des Gärtners sogar gelungen, sich gewissermaßen als Teppich unter unsere Füße zu rollen. Nicht nur 'Repens Meidiland' macht das ganz vorzüglich, sondern viele andere Sorten kommen noch dazu. Man hat dafür einen neuen Begriff erfunden, die Bodendeckerrose. Es ist anstrengend, aus dem Boden immer wieder wildes Gras, Hornklee, Franzosenkraut und das *Cardamine pratensis* herauszuhacken. Dem Boden an sich, der möglicherweise nicht gern so unbedeckt in der Sonne liegt, die ihn ausdörrt, wären die Kräuter nebst dem *Cardamine pratensis* schon recht. Wenn es nun aber Rosen gibt, die dem Boden, dessen Wert man nicht unterschätzen darf, denselben Gefallen tun? Wenn dieser neue Teppich sogar noch blüht? Und dies gar mehrmals im Sommer? Muß man da nicht schleunigst hingehen und zugreifen, ehe diese neuen Wunderrosen ausverkauft sind? Kann man es einer Rosenschule verdenken, wenn sie inzwischen in der Spalte mit den Bodendeckerrosen auch Sorten aufführt, die wie 'Dagmar Hastrup' und 'Sommerwind' meterhoch werden? In diesem Sinne wäre auch die Trauerform der Blutbuche ein guter Bodendecker! Hat schon jemand unter einer trauernden Blutbuche irgendwelche Unkräuter oder gar das Wiesenschaumkraut gesehen?

4. Kapitel

Bücher über Bücher, nur von Rosen

Im Lauf der Jahre stellten sich bei mir zweiunddreißig Bücher ein, in deren Titel die Rose vorkommt. Über die Alpenrose, die zu den Heidegewächsen zählt, habe ich nur zwei Bücher. Gar kein Buch habe ich, obwohl er beiläufig auch mit dem Namen der Rose zu tun hat, über den Kohl.

Man kann vom Kohl nicht sagen, daß es ihm an Phantasie und Ideen mangelt. Einmal tritt er, zumal in Hungerzeiten, als Kohlrübe auf. Zu Pfingsten erscheint er als weißer Kohlrabi, und als blauer Kohlrabi wird er nicht so schnell holzig. Indem er seine dunkelgrünen Blätter kräuselt, wird er zum Grünkohl, auch Krauskohl genannt. Dann kommt der Kohl auf die Idee, die Knospen in den Blattachseln zu grünen Kugeln heranwachsen zu lassen, man spricht vom Rosenkohl. Ein besonders vornehmes Gemüse, gut zu paniertem Schnitzel, ist der Blumenkohl. Schließlich kugelt der Kohl sich als Kopfkohl herum, als Wirsing, als Rotkohl und als Weißkohl. Dennoch habe ich kein Buch vom Kohl.

Nach Konfuzius gab es in der Bibliothek des Kaisers von China 18 000 Bände, 1800 davon über die Blumenzucht, darunter 600 ausschließlich über Rosen. Auch bei mir befaßt sich ein Drittel aller Blumenbücher mit Rosen. Die Verhältnismäßigkeit der Bücherei habe ich also mit dem Kaiser von China gemeinsam.

Warum schreibt jemand ein Buch? Vielleicht läßt sich die Frage mit Lukas 6 beantworten: »Wes das Herz voll ist, des geht der Mund über.« Ein Buch wird vielleicht geschrieben, weil jemand mehrmals leben möchte: Einmal lebt er wirklich. Dann erlebt er alles noch einmal, indem er es aufschreibt. Und schließlich erlebt er sein Leben immer wieder neu, wenn er das liest. Goethe läßt seinen Faust in den letzten Lebensminuten sagen: »Es kann die Spur von meinen Erdentagen nicht in Aeonen untergehn.« Der Obergärtner Baade in Sanssouci, wo ich Lehrling war, brachte es auf den kürzesten Nenner: »Wer schreibt, der bleibt.«

Ich mußte ein Notizbuch mit Bleistift bei mir haben, und da hinein wurde alles geschrieben: »Zwölf Karren Komposterde, fünf Karren Lauberde, Hortensien mit Superphosphat gedüngt, Frau Junkersmann hat alle Gummibäume mit Schmierseifenbrühe abgewaschen.«

Außerdem mußte jeder Lehrling ein Tagebuch führen, in welchem es Tabellen gab, zum Beispiel für das Wetter. Das war lästig, denn wenn man in allerletzter Minute mit dem Fahrrad angeflitzt kam, dann blieb keine Zeit, erst nach dem Thermometer zu sehen. Andererseits waren die Wetter- und Temperaturangaben ungefährlich. Der Herr Gartendirektor las zwar die Aufzeichnungen der jeweils vier oder fünf Lehrlinge durch, doch zum Wetter, weil es ja bei allen Lehrlingen, ob sie nun bei den Cyclamen, den Hortensien oder an den Pfirsichspalieren auf dem Drachenberg arbeiteten, dasselbe Wetter gewesen sein mußte, hatte er keine Lust. Später soll es sich herausgestellt haben, daß man in Potsdam von 1933 bis 1935 genau die gleichen Temperaturen und das gleiche Wetter gehabt hat, wie es die Lehrlinge der Jahre 1929 bis 1932 in ihren Tagebüchern vermerkt hatten. Es ist bis heute ungeklärt, ob in der Zeit von 1929 bis 1932 die Temperatur- und Wetteraufzeichnungen der Gärtnerlehrlinge des Terrassenreviers ebenfalls von älteren Jahrgängen abgeschrieben waren.

Noch immer schreibe ich auf, was mir wichtig scheint, aber auf einzelne Blätter, mit Datum womöglich, und meistens werfe ich die nach vier Wochen weg. Aber unterwegs schleppe ich immer ein Heft mit mir herum, ein Diarium: mein Skizzenbuch.

Das dickste meiner Rosenbücher ist von Th. Nietner, Königlichem Hofgärtner in Potsdam, es stammt aus dem Jahr 1888. Nietner hatte es noch gut, denn die modernen Teehybriden gab es damals noch nicht, geschweige die Polyanthahybriden und Floribundas; er konnte sich darauf beschränken, nur 5000 verschiedene Rosensorten vorzustellen. Das zweite Buch ist nicht ganz so dick. Während das des Hofgärtners Nietner 440 Seiten hat, sind es bei Roy Genders, 1968 erschienen, nur 435. Und da bin ich gleich wieder bei der Gattung *Brassica*, zu welcher der Kohl gehört, von dem es kein Buch in meinem Bücherregal gibt. Auf Seite 72 bei Genders steht: »Zum Beispiel gleichen die Blüten der 'Mrs. John Laing' den großen, kugeligen Blüten der *Rosa centifolia*, der alten Kohlrose mit ihren zahlreichen, dicht zusammengepackten äußeren Petalen, deren Schönheit nie übertroffen worden ist.« Nie übertroffen!

Autoren von Rosenbüchern sprechen meistens von Petalen, nicht von Blütenblättern. Noch genauer sind die Schreiber von Büchern über Orchideen, denn bei ihnen gibt es keine Blüte, sondern das heißt Infloreszenz. Übrigens ist der Roy Genders aus dem Englischen übersetzt. Bei englischen Büchern muß man vorsichtig sein. Es wird darin zum Beispiel die Anpflanzung von Tuberosen empfohlen, die wirklich schön sind, aber man vergißt das Englische Seeklima.

Der Nietner und der Roy Genders sind trotz ihrer Dicke gute Rosenbücher, denn ich kann sie mühelos in jedes Fach meines Regals stellen. Vor Büchern, die so groß sind, daß sich im Regal kein Fach befindet, um sie hineinstellen zu können, ängstige ich mich.

»Vom Ruhm der Rose« heißt ein Buch, das literarische Texte von Gottfried Boesch enthält, vor allem aber wunderbare Rosen-Aquarelle, die Lotte Günthart in Regensberg gemalt hat. Diese Bilder rahmt man am besten ein, in Goldleisten möglichst, um sie an die Wand zu hängen. Denn was sollen so herrliche Bilder in einem Buch, wo man sie nur selten anschaut.

Ein sehr gutes Rosenbuch, weil es sich bequem überall hinstellen läßt, ist von Dietrich Woessner, dem bekannten Rosenvater aus der Schweiz. Die bei mir stehende Ausgabe stammt von 1967, sie hat einen bemerkenswerten Schutzumschlag. Auf dem Schutzumschlag sieht man einen Zweig mit zwei Knospen und zwei einfachen gelben Rosenblüten und einer verblühten Rose mitten im Bild; man sieht nur noch den Wuschelkopf der rötlichen Staubfäden. Diesem Bild ist anzusehen, daß es dem Autor um die Wahrheit geht, derzufolge jede Rose verblühen muß. Es ist ein gutes Buch.

Das Buch von Dietrich Woessner ist mit seinen 250 Seiten dünner, aber durch einige Listen und Tabellen auch beängstigend. Mancher Mensch, wenn er derlei Bücher in der Buchhandlung sieht, lernt lieber Klavierspielen oder Griechisch als den Umgang mit Rosen. »Wenn ich soviel wissen und lernen muß, dann lass' ich es doch lieber sein.«

Das allerschwerste Rosenbuch ist von Gerd Krüßmann, es wiegt zwei Kilogramm. Die Seiten sind fast doppelt so groß wie die im Woessner-Buch, doch mit seiner Höhe von 27,5 cm paßt der Krüßmann noch gerade in mein Bücherregal.

Mit Gerd Krüßmann bin ich seit 1958 befreundet gewesen. Von Beruf war er Dendrologe, ein Baum-Mensch, wie Bundespräsident Theodor Heuss sagte, als er 1959 zur Bundesgartenschau nach Dortmund gekommen war. Gerd Krüßmann konnte sich fast in jedem Land auf der Erde verständlich machen. So trug er sein Buch zusammen. Es ist das gesamte Wissen von der Rose. Aber wie man die Rose pflanzt, pflegt, schneidet, schützt, wie man von ihr denken, schwärmen, träumen, Gedichte schreiben, Lieder singen und sich bezaubern lassen kann, das steht nicht in diesem Buch. Leben und leben lassen. Andere wollen auch noch Bücher schreiben.

Einige Menschen in ihrem Alltag glücklicher zu machen, das ist der Wunsch von Oskar Scheerer gewesen, als er sein Rosenbuch schrieb. Ich lernte den damaligen Stadtgärtner von Zweibrücken in den fünfziger Jahren kennen, als ich schon Redakteur war. Damals lohnte es sich noch, Sonderhefte von Zeitschriften herauszugeben, denn es gab erst wenige Bücher. So kam es zu einem Kompendium der Monatszeitschrift »Pflanze und Garten« über Rosen. Verfasser war Oskar Scheerer. Als die ersten Manuskripte kamen, rief der zuständige Verlagsmitarbeiter entrüstet: »Aber der Mann schreibt ja noch alles mit der Hand.«

Man merkte den ersten Blättern an, daß der Schreiber erstaunt darüber war, plötzlich etwas darlegen zu sollen, was dann gesetzt, gedruckt, gebunden und an viele Menschen verteilt werden sollte. Auch die großen Buchstaben der Handschrift schienen verwundert, plötzlich so schwarz oder blau auf dem Papier zu stehen, das kurz zuvor noch weiß gewesen ist. Der Gärtner war aus dem Garten gekommen, um zu schreiben. Alles wirkte ungewohnt, neu, überrascht, erstaunt, kindlich.

Aus diesem Kompendium und den neuen Erfahrungen ist später ein Buch entstanden. Zumindest unbewußt hat Oskar Scheerer, als er dieses Buch schrieb, an Goethe gedacht: »Lehrbücher sollen anlokkend sein, das werden sie nur, wenn sie die heiterste, zugänglichste Seite des Wissens und der Wissenschaft darbieten.«

Man schreibt auch Bücher aus Angeberei, indem man angibt, soviel zu wissen, und: »Wenn du alles befolgst, was ich schreibe, so wird dir nie wieder der Sternrußtau in deinem Garten begegnen. Und sieh einmal die Bilder von meinen Rosen an, sieh die grünen Blätter, an denen noch niemals eine Tapezierbiene geknabbert hat. Und ich gehe jede Wette ein, daß du bei mir im Garten keine verblühte Rose findest, auch mit dem Vergrößerungsglas nicht. Es ist schwer, alles in ein einziges Buch hineinzubekommen, was ich weiß, da muß ich kürzen, streichen, rezeptieren, aber mit meiner Gebrauchsanleitung kannst du einen Rosenstrauch so leicht in Gang setzen wie ein Grammophon!«

Ein besonders schönes Buch habe ich, von Johannes Wesselhöft aus dem Jahre 1873, »Der Rosenfreund«. Der Inhalt befaßt sich mit der Kultur der Rosen im Freien, in Töpfen, mit der Vermehrung, dem Treiben der Rosen, den Feinden der Rosen und mit der Beschreibung der schönen alten und neuen Sorten. Es fällt auf, daß Wesselhöft nur ein paar Zeichnungen zur Veredlung und zum Rosenschnitt in sein Buch gebracht hat, daß sonst aber alle Illustrationen fehlen. So todesmutig braucht man heute nicht mehr zu sein. Wesselhöft begab sich geradezu unentrinnbar in Gefahr, wirklich gelesen zu werden. Wir, denen Abbildungen aller Art so bequem zu Gebote stehen, leben in dieser Hinsicht viel weniger gefährlich.

Übrigens besitze ich den Wesselhöft ebenso wie den Königlichen Hofgärtner von Potsdam nicht im Original, sondern als Nachdruck.

Einen solchen Reprint besitze ich auch von einem Rosenbuch, das Doktor Schleiden 1873 herausgegeben hat. Darin ist zu lesen, daß Thory 1807 am Schluß des ersten Bandes von Redoutés »Roses« 304 Werke aufgezählt hat, die sich mit Rosen befassen. Ein gewisser Pritzel habe diese Aufstellung 1851 noch um weitere 21 Titel ergänzt. Und von ihm selbst, dem Doktor Schleiden also, könne noch ein weiteres Dutzend genannt werden. Das wären damals schon 337 Bücher über Rosen gewesen.

Ich glaube, daß es dem Menschen bestimmt ist, etwas schaffen zu müssen. Wer ein Buch macht, der schafft sich aus Gedanken und seinen Vorstellungen eine Welt, um sie zu beschreiben. Ein solches Buch gibt es von Alma de l'Aigle, die ich gut gekannt habe, es heißt »Begegnungen mit Rosen«. Von ihr weiß ich, um auf Lukas 6 zurückzukommen, wovon ihr Herz voll war. Sie erlebte die Rosen mit der Kraft einer Dichterin. Es war eine ganze Welt, die sie in jeder Blüte anschaute, und sie wollte, daß diese Welt-Anschauung viele Menschen glücklich macht; oder auch traurig, weil das gleichfalls zum Glück gehören kann, je nachdem.

Jede Rose ist voll Geschichte, voll Poesie. Man denke nur an die Centifolie. Hundert Blütenblätter hat diese Rose, das wären, mit vorn und hinten, buchmäßig gesehen, 200 Seiten. Was muß ich tun, um wenigstens ahnen zu können, was auf den 200 Seiten dieses Buches geschrieben steht?

Man gerät leicht in Gefahr, zu viel in ein Buch hineinschreiben zu wollen; man sagt, die Kunst besteht im Weglassen; oder, wieder Goethe: »In der Beschränkung zeigt sich erst der Meister.«

Wenn ich nur eine einzige Kletterrose pflanzen kann, muß ich erst einmal entscheiden, ob sie rosarot, weiß oder gelb blühen soll. Es gibt zwar noch die Sorte 'Veilchenblau', aber wenn nur Platz für eine einzige Rose ist, würde ich auf sie zuerst verzichten. Wenn ich mich für eine rote Kletterrose entschieden habe, muß ich weiter entscheiden, ob es 'Guinée' oder ob es 'Sympathie' sein soll. Bei einem Maler ist es nicht anders. Emil Nolde hatte viele Blumen in seinem Bauerngarten. Aber er entschied sich, auf einem seiner berühmtesten Bilder nur weiße Lilien und blaue Astern zu malen. Auf dem nächsten Bild hält ein blondes Mädchen nur drei Blüten der weißen Königslilie über dem Kopf. Rose und Eros, beide Namen gleichermaßen, sind die Entscheidung für fünf von sechsundzwanzig Buchstaben.

Den größten Teil seiner Sinfonie in D-Dur komponierte Johannes Brahms in Pörtschach am Wörther See. Von dort schrieb er in einem Brief: »Dies ist jungfräulicher Boden, hier fliegen die Melodien, daß man sich hüten muß, keine zu treten.« Wie es Brahms gelang, sich für die von ihm gebrauchten acht Melodien zu entscheiden, das wissen wir nicht. Das wird er selber nicht gewußt haben, das bleibt ein Geheimnis seiner Kunst. Aber auch die Melodien, die da am Wörther See herumflogen, waren und sind immer nur Entscheidungen über das Aneinanderreihen von wenigen der fünfundachtzig Töne, die auf einem Klavier zur Verfügung stehen.

Auch für einen Menschen, der Bücher schreibt, ob es nun um Liebesgeschichten oder um Rosengeschichten geht, ist es nicht ganz einfach, sich immerfort für eine einzige von vielen Möglichkeiten zu entscheiden. Trösten wir uns!

5. Kapitel

Rosen und die Wahrheit unserer Liebe zu ihnen

Was Gott thut, das ist wohlgethan.« Bei meinem Großvater, in dessen Vorgarten vom Schweizerhaus die dunkelroten Rosen dufteten, hing dieser Spruch an der Wand. Die vielfach verschnörkelte Schrift glänzte in Gold, der Untergrund war grünlich. Später habe ich bei Goethe dem Sinne nach dasselbe gelesen: »Die Natur ist immer ernst, sie hat immer recht, die Fehler und Irrtümer sind immer des Menschen.«

Wäre die Natur vor Millionen von Jahren doch zufrieden gewesen, was sie erreicht hatte. Den schneebedeckten Pilatus in den Schweizer Alpen gab es bereits, die Jungfrau desgleichen. Heringe sonnten sich auf der Doggerbank, und die Murmeltiere auf der Schwäbischen Alb hätten genug versteinerte Seeigel finden können, um damit zu spielen. Der Bär fraß Honig, vor allem im November fielen zahlreiche Sternschnuppen, und im Juni, wenn der süße Jasmin blühte, leuchteten die Glühwürmchen. Die Lerchen jubelten gen Himmel, der Frosch quakte im Teich, und im Kaukasus wucherten die Rosen.

Wäre die Natur doch mit dem zufrieden gewesen, was sie erreicht hatte. Warum hat diese glückliche Natur, die scheinbar niemals Fehler macht, niemals irrt, den Menschen, diesen Bösewicht, überhaupt zugelassen?

Auf jeden Fall ist er da, und dieselbe Mutter Natur, von welcher Rosen, Mondschafe und der rückwärts laufende Krebs abstammen, hat auch den Menschen erschaffen.

Ich habe schöne Ferien bei Tante Agnes und Onkel Paul in Staffelde auf dem Bauernhof verlebt; das liegt zwischen Küstrin und Soldin in der früheren Neumark. Da gab es zwei Reihen von Lindenbäumen und hundert Gänse auf der Dorfstraße, Wildschweine im Wald, die vielen Krebse im Mühlenbach, Pferde und Tauben, Kühe, Schweine und Blutegel im Feuerteich, wo die Männer und Frauen im kühlen Wasser standen, wenn es Nacht wurde und die Fledermäuse kamen. Da lebten die Menschen ganz und gar in der Natur, die nicht ihre Umwelt sondern ihre Mitwelt war, Mitwelt deshalb, weil sie mittendrin lebten und liebten und hofften und starben. Ausgegrenzt und von einer hellgrün mit Moos und blankblättrigem Efeu bewachsenen Mauer umgeben war nur der Garten, in dem es Kohl und Rüben, Zwiebeln, Petersilie, Dill und viele Blumen gab, darunter auch viele Rosen.

Es wird viel von Ökologie gesprochen, von den Beziehungen der Lebewesen untereinander, der Pflanzen und Tiere, der Mikroorganismen – auf der Erde, im Wasser, in der Luft. Beim Betrachten der Ökologie darf man den Menschen nicht ausklammern. Der Mensch kann nicht fliegen wie eine Möwe, nicht schwimmen wie eine Forelle, nicht mit der Nase im Boden wühlen wie ein Schwein, nicht so schnell laufen wie ein Pferd und bei Nacht nicht so gut sehen wie eine Eule. Aber er kann denken, und das hat er von derselben Natur mitbekommen, die ihn, was Zähne, Krallen, Augen und Beine betrifft, recht unzulänglich erschaffen hat.

Kann man von Hochzüchtung sprechen, da die gefüllte Rose doch im Sinne der fortschreitenden Natur ein Rückschritt ist?

Man sagt, daß der Mensch die Natur im Griff habe und daß er sie beherrschen wolle. Die Fürsten im Barock, indem sie ihre Macht beweisen wollten, hatten sogar die Eiben und die Buchsbäume einem militärgärtnerischen Drill unterworfen. In Wahrheit aber kann von Beherrschen keine Rede sein. Es gibt nach wie vor Wolkenbrüche, Schneelawinen, und wem das nicht Beweis genug ist, der gehe einmal zur Stechmückenzeit in einen Auenwald am Oberrhein. Der Mensch erfand Schiffskiel und Segel, um gegen den Wind anzukreuzen, er erfand den Maschendrahtzaun, so hoch, daß ein Reh nicht darüber hinwegspringen kann, um an die Knospen der Rosen heranzukommen, die ihm so gut schmecken. Was den Zwang betrifft, wird der Mensch nicht irgendwann zum Birnbaum gesagt haben: »Jetzt will ich dir mal zeigen, wozu ich fähig bin. Ich schneide dir vorn und hinten alle Zweige ab, binde dich mit den übriggebliebenen Zweigen an einem Lattengestell fest, das ich bereits an diese Mauer geschraubt habe, und dann zwinge ich dich, wie eine grüne Wand aus Zweigwerk und Birnenblättern vor dieser Mauer aus Steinen zu wachsen.« Nein, vielmehr wird der Mensch festgestellt haben, daß die Birnen vor einer solchen Wand, auf die tagsüber die Sonne scheint, die saftigsten und süßesten von allen sind, also sorgt er dafür, daß ein junger Birnbaum ganz und gar in den Schutz einer Mauer und ihrer Wärme kommt, die auch am Abend, wenn die Sonne untergegangen ist, noch anhält.

Was Gott tut, das ist wohlgetan, die Natur hat immer recht. Infolgedessen kann der Mensch kein Irrtum der Schöpfungsgeschichte sein, und die Rose ist es ebensowenig.

»Aber ihr habt sie krankhaft hochgezüchtet, ihr bösen Rosengärtner«, heißt es immer wieder, »und das muß aufhören, wir brauchen eine ökologische Lebenswelt.«

Manches entwickelt sich sozusagen von selbst, durch Auslese. Beispielsweise der Schneehase: Er hat bemerkt, daß ihn der böse Wolf nicht sieht, wenn er ein weißes Fell hat. Er sucht sich eine Hasenfrau, die gleichfalls ein weißes Fell hat, daß selbst die Enkelkinder noch vor dem Wolf sicher sind.

Eine gegen den Falschen Mehltau und gegen den Sternrußtau wirklich resistente Rose, das wäre eine Züchtung, die dem Rosenstrauch eine größere Lebenskraft schenkte, einen höheren Wert. Das wäre eine wahre Hochzüchtung. Die Blüte mit ihren vielen Blütenblättern ist keine Hochzüchtung im Sinne der Natur, wie Darwin sie erkannt hat; man nimmt ihm heute noch übel, daß er vermutet hat, die Menschen könnten mit den Affen gemeinsame Vorfahren haben.

Die Beziehung der Lebewesen zueinander, die Ökologie, obwohl es diesen Begriff damals noch gar nicht gab, hat Darwin einmal seiner Tischdame erklärt. Es war auf einem festlichen Empfang, der zu seinen Ehren gegeben wurde. »Ohne Katzen würde es kein Britisches Empire geben«, sagte Darwin zu der hübschen jungen Frau. Sie sah ihn mit fragenden Augen an, und er fuhr fort: »Die Hummel kann als einziges Insekt die modernen Kleezüchtungen befruchten, denn sie ist stark und schwer genug, die lange Kelchröhre der Blüte auseinanderzudrücken, um an Pollen und Stempel zu gelangen. Die Nester der Hummeln befinden sich in der Erde, und in der Erde vermehren sich die gefräßigen Mäuse. Die Mäuse zerstören die Hummelnester, wenn wir nicht genug Katzen haben. Ohne Katzen also keine Hummeln, ohne Hummeln keinen Klee, ohne Klee kein Rindvieh, ohne Rindvieh kein Corned Beef, ohne Corned Beef keine Engländer, und ohne Engländer kein Britisches Empire.«

In diese Anschauung, wie sie Charles Darwin gehabt hat, will unsere üppige Rose nicht so recht hineinpassen. Oder doch?

Ist nicht das Feine auch das Schwache, und rührt uns die Schönheit nicht mit ihrer eigenen Vergänglichkeit?

Die Pflanzen bestanden ursprünglich nur aus Blättern. Das war vor Hunderten von Millionen Jahren. Daraus entwickelten sich Blütenpflanzen mit weiblichen und männlichen Geschlechtsorganen. Die Fortpflanzung erfolgt durch Samen. Die Rose aber – bei manchen anderen Pflanzen ist es ähnlich – hat die Veranlagung, den Entwicklungsvorgang umzukehren: wieder nur Blatt zu werden. Goethe spricht von einer rückschreitenden Metamorphose; er beschreibt dies altertümlich, aber sehr drastisch und bildhaft: »Wie sie (die Natur) dort mit unwiderstehlichem Trieb und kräftiger Anstrengung die Blumen bildet und zu den Werken der Liebe rüstet, so erschlafft sie hier gleichsam und läßt unentschlossen ihr Geschöpf in einem unentschiedenen, weichen, unseren Augen oft gefälligen, aber innerlich unkräftigen und unwirksamen Zustande.«

Die Rose macht aus Staubblättern, die für ihre Fortpflanzung einen Sinn haben, sinnlose Blütenblätter. Vielleicht ist der Duft ein Sinn

‘Baronne Edmond de Rothschild’, eine dunkelkarminrote, außen silbrige Rose mit Duft.

'Persian Yellow', zwei Meter hohe
Strauchrose, wahrscheinlich eine Naturform, steril.

dieses Geschehens, das mag sein, aber die Signalkraft der ursprünglichen fünf Blütenblätter wird dadurch nicht verstärkt. Keine Werbeagentur würde veranlassen, daß künftig die Plakate, mit deren Hilfe sie den Menschen einreden will, daß man wieder einen Hut trägt, übereinandergeklebt werden. Den Schmetterlingen und Bienen dürften die Rüschen und Röcke dieser Blüten, deren duftende Blätter eng übereinanderliegen, nur hinderlich sein. Mit der Umwandlung einzelner Staubblätter fängt es an, bis schließlich kein einziges Staubblatt mehr da und die Rose unfruchtbar ist. Bei den Centifolien der neueren Zeit, im 16. und 17. Jahrhundert in Holland entstanden, ist dies der Fall.

Sucht sie dadurch unsere Liebe, daß sie sich in unserem Sinne schön, im Sinne der Natur aber schwach macht und folglich auf den Gärtner angewiesen ist?

Die Wissenschaft hat für diesen Vorgang den Fachausdruck »Atavismus«. Das Wort kommt von lateinisch *atavus*, der Vorfahr. Es ist also ein Wiedererscheinen von Eigenschaften entfernter Vorfahren. In der Natur würden derartige Atavismen, gefüllte Blüten also, auf die Dauer der Konkurrenz einfacher Blüten erliegen. Aber der Mensch ist doch gleichfalls ein Lebewesen der Natur. Sie läßt mich nicht tausend Jahre alt werden wie einen Eichbaum, sie gibt mir nicht die Fähigkeit des Maulwurfs, unsichtbar durch die Erde fliehen zu können, aber ich kann mir denken, daß die wunderbare Rose auf die Dauer nur bestehen kann, wenn ich sie schütze. Das ist meine Aufgabe innerhalb der Natur, deren Teil ich bin, einzugreifen und die schwache Rose zu schützen um deren Schönheit willen.

Aber die Natur hat doch immer recht? Muß also nicht der Atavismus ebenfalls recht und richtig sein? Ist die Rose ungehorsam, ungehorsam der Natur gegenüber? Dann muß auch der Ungehorsam, da er gleichfalls aus der Natur kommt, gut und richtig sein. Die Rose hüllt sich in teure Kleider, lebt allein für die Schönheit und in den Tag hinein, läßt sich von den Menschen bewundern, auf welche Weise sie immer eitler zu werden scheint, und schließlich ruft sie ganze Heerscharen von Poeten auf den Plan. Wenn sie wenigstens Hagebutten hervorbrächte! Es müssen ja nicht gleich Samen für die Fortpflanzung sein. Aber mit den Hagebutten diente sie wenigstens insoweit der Gottesschöpfung, als sich daraus eine Marmelade kochen läßt, die lebenswichtige Vitamine enthält. Aber nein, nur selten wachsen Hagebutten, die Rose bleibt ein Lebewesen im Luxus. Die Grenzen dessen, was die Natur erlaubt, seien überschritten, meinten manche. Allerdings, schon unser großer Dichter hat es erkannt: »Sie nahm für unsere Augen an Schönheit als für den Geruch an Stärke und Lieblichkeit zu.«

Muß die Schöpfungsgeschichte nicht den Ungehorsam ertragen, möglicherweise gar gebilligt haben? Blieb die Lebenskraft der berühmten gefüllten Rose in Weiß, wie sie bei mir und in vielen Bauerngärten blüht und duftet, nicht über zwei Jahrtausende erhalten, und ist sie nicht weiterhin stark, daß sie selbst die kältesten Winter mit allen Widrigkeiten überstanden hat? Kann das Ausbrechen aus der Natur und der Logik einer ständigen Höherentwicklung nicht eine Schöpfungsidee sein? Eine Idee wie der Mensch selbst, der gar nichts anders kann, als sich schön zu finden, da Gott ihn nach seinem Bilde geschaffen hat. Was dann kommt, das mit dem verbotenen Baum, ist von Raffael verführerisch schön gemalt worden, aber unlogisch. Denn ohne die Fähigkeit, zu erkennen, hätte Adam ja auch den Herrn nicht erkannt. Es ist immer dasselbe mit dem Ungehorsam.

Wenn die Natur immer Recht hat, muß dann nicht auch der Ungehorsam der Rose ihr gegenüber, da ihn doch dieselbe Natur zugelassen hat, gut und richtig sein?

Ein Mensch liebt die dichtgefüllte, duftende Rose. Ist es die Gestalt dieser Rose, der die Zuneigung gilt? Nein, denn die Linien, Formen, Farben lassen sich leicht nachmachen. Doch künstliche Blumen sind nichts anderes als Scherzartikel. Man kann den Lorbeerbaum mit Rosen schmücken, indem man rote Taschentücher dicht ineinanderdreht, und dann steckt man sie mit Drähten zwischen die grünen Blätter. Ist es der herbsüße, sich immer, je nach Wetter und Wärme, verändernde Duft, dem die Verehrung gilt? Diesen Duft kann man auch ohne Rosen um sich haben, man kann ihn kaufen, wenn auch nicht gerade billig. Russische Ikonen betupft man mit Rosenöl, und wenn die Gläubigen die Ikonen küssen, überkommt sie ein frommer Rausch. Sind es zugleich die Formen der Blüte, ihr süßer Atem und die grünen gefiederten Blätter, denen die Liebe zukommt? Aber auch Blätter lassen sich in täuschender Ähnlichkeit nachmachen. Es ist sogar möglich, richtige Rosen an einem Scheinleben zu erhalten, aber das lieben wir keinesfalls, weil die Blumen bald wie Mumien aussehen. Ein Mensch liebt die gefüllte, duftende rote Rose. Was aber, wenn es nicht die Gestalt der Blüte, ihre Farbe, ihr Duft und ihre grünen Fiederblätter sind, liebt er nun wirklich? Ist es die Idee der Rose, so gefüllt zu sein, so eigentlich unnütz, so angewiesen auf den Schutz durch ihn, eben den Menschen?

Die Rose lebt von ihrem grünen Blatt. Das grüne Blatt wächst aus einem grünen, weichen Sproß heraus. Der grüne weiche Sproß entsteht aus einer kleinen Knospe. Die kleine Knospe sitzt über der Narbe eines Blattstieles, der schon abgefallen ist. Das abgefallene Blatt wuchs im Jahr zuvor an einem anfangs ebenfalls grünen, weichen Sproß, der im Herbst zu Holz geworden ist. Unmittelbar aus diesem Holz werden nie mehr Blätter wachsen. Blätter braucht die Rose aber, um leben zu können. Grüne Blätter wachsen aus grünen Sprossen, die aus kleinen Knospen entstehen. Alljährlich müssen diese grünen Blätter und muß die Rose wachsen. Es ist ihr Schicksal, in jedem Frühling und Sommer, so alt sie auch wird, und wenn es tausend Jahre sind, wachsen zu müssen oder nicht mehr leben zu können. Meine Aufgabe als Mensch ist es, ihr bei diesem Wachsen zu helfen, sie zu pflegen.

Im Anfang der Rosengärtnerei, ob es nun viele Pflanzen sind oder nur zwei, steht die Lust, zu pflegen. Dazu gehört die Hoffnung, von der Rose durch ihr Wachsen und Blühen bestätigt zu bekommen, daß man gut mit ihr umgehen kann. Die Rose steht für sich selbst. Sie ist aber ebenso ein Gleichnis für die ganze Natur, wir Menschen gehören dazu. Ohne Pflanzen wären wir nicht da; auch kein Tier könnte ohne sie leben, weil einzig das Grün der Blätter fähig ist, die Elemente der Luft und der Erde in Stoffe zu verwandeln, von denen die Tiere und wir uns ernähren können. Aber das ist beim Kartoffelkraut und beim Pappelbaum ebenso – weshalb also die Liebe zur Rose?

Die Idee, die Wahrheit, daß die Rose im dunklen Boden wurzelt, grüne Blätter bekommt, daß sie wächst, blüht, welkt, sich weiterhin mit fruchtbaren Samen erhält, ist das der Grund für die Liebe des Menschen? Ich verehre die Wildrose, ihre Vernunft, mit der sie die Blütenblätter ausbreitet, um Bienen und Schmetterlinge anzulocken. Ich habe ein Wohlgefallen an den Farben, am Rosa der Heckenrose, am Rot der Gallischen Rose, am Gelb der Dünenrose mit ihren vielen Stacheln. Ich freue mich über das Erblühen, über das Zerfallen der Blüten im Wind, und ich verehre in einigen von ihnen die Ahnen der Gartenrose. Aber Liebe?

Lieben wir die Unvernunft dieser Blume, hier am Beispiel einer Teerose, die in einem Erdtopf steht und mitten im Winter blüht, wenn keine Biene fliegt?

Niphétos, so hieß eine Göttin im alten Ägypten, und so heißt eine weiße Rose, ich halte sie in einem Blumentopf aus braunem Ton. Drei Monate lang, gar noch zwei oder drei Wochen länger, seit Juli, hat sie geschlafen. Während die Rosen im Garten mit dem Herbst stritten, welches Rot brennender, welches Gelb leuchtender sei, schnurrte und träumte 'Niphétos' so vor sich hin. Die im vergangenen Winter, im Frühling und im frühen Sommer gewachsenen Zweige des kleinen Strauches dunkelten in ihrem Grün, bekamen hier und da ein paar Pockennarben, und die wenigen Blätter machten nicht viel her. Aber auf einmal, Anfang Dezember, fing die Rose zu wachsen an, zu Weihnachten war die Blütenknospe da, und gleich nach Neujahr blühte sie auf. Daß diese Rose gewartet hat, bis das Jahr in seine dunkelste Zeit kam, um zu wachsen, in kurzer Zeit so hoch zu wachsen und sogar zu blühen, das ist voller Unvernunft, hat keinerlei Logik, ist reine Spielerei, ist nichts als schön. Schön wie der eingerahmte kolorierte Gartenplan aus dem Barock an der Wand neben dem Kachelofen, so unnütz wie viele Dinge um mich herum, die nichts als schön sind.

Schmückt sich nur der Mensch, und macht nur er das Nützliche auf spielerische Weise schön?

Großvater, wenn am Sonntagvormittag das Holz unter dem Walnußbaum gemacht war und sie zu Mittag gegessen hatten, spielte mit Julius, Hermann und Wilhelm, seinen Söhnen, die ihm beim Holzmachen geholfen hatten, Doppelkopf. Zu Hause, in Potsdam, hörte man alle halbe Stunde das Glockenspiel der Garnisonkirche. Manchmal war das Glockenspiel nicht zu hören, weil entweder der Wind nicht mitspielte oder weil mein Vater Klavier spielte; das konnte er stundenlang, absolut nicht zur Freude unserer Mutter, sondern ganz und gar zu seinem eigenen Vergnügen. Wenn es vorübergehend keine Kohlen gab und die Schule im Winter ausfallen mußte, dann machten wir Kriegsspiele oder spielten Fußball. Von unserer Tante Anna Maria sagte der Onkel Robert, der damals mit dem Gedanken spielte, sich als Zimmermann selbständig zu machen, daß sie aus Altenberg stammte, wo man das Skatspiel erfunden habe. Dieses Altenberg, so hieß es weiter, liege in Thüringen, und nirgendwoanders als in Thüringen verstehe man sich besser auf das dauernde Mienenspiel, man könne es bei der Tante Anna Maria sehen. »Wilhelm Tell« hieß das erste Schauspiel, das ich im Schauspielhaus, von Schauspielern gespielt, gesehen habe. Über dem Säulengang des Portales, in Stein gehauen, stand: »Dem Vergnügen der Einwohner«. Das große steinerne Haus mit seinen Säulen und Kapitellen hatte also den Sinn, Vergnügen zu bereiten.

Hier in Baden-Baden haben wir eine Spielbank. Die häufigste Aufforderung, französisch gesprochen, doch im allgemeinen Gemurmel unüberhörbar, lautet: »Macht euer Spiel.« Im Fernsehprogramm gibt es jeden Abend ein Spiel nach dem andern, ich selbst bevorzuge Kriminalspiele für Kenner. In den Nachrichten haben die Chinesen den Iranern neue Libellen-Raketen für den Golfkrieg zugespielt, was von einem eingespielten Kommentar heruntergespielt wird, und wenn am Dienstag die Montagsmaler auftreten, dann heißt es unentwegt: »Spiel ab.«

Mädchen und junge Frauen tragen gern Ringe. Am schönsten ist es, wenn die Ringe mit Splittern von Brillanten verziert sind. Die Fassungen kratzen oft, man reißt leicht die Strümpfe kaputt. Aber sie sind schön, die Ringe. Außerdem schmückt man sich gern das linke oder das rechte Ohr mit Ringen oder Klappern, manchmal sehen sie wie

Pendel von mittelgroßen Standuhren aus. Dies ist nicht nur bei uns so, sondern auch in Afrika, wo sich die Schwarzen vergoldete Ringe sogar durch die Nase ziehen. Die Indianer tragen einen Kopfschmuck aus Adlerfedern. Ich habe schon Bilder von Wilden in der Südsee gesehen, die ebenfalls zur Zierde lange Federn tragen, aber nicht am Kopf, sondern am Gegenteil.

Das Pferd frißt Heu, aber ich habe noch nie gehört, daß sich Pferde über gemalte Bilder von Heublumen gefreut haben. Nehmen wir an, dein Hund hat Hunger, und du hältst ihm das Farbbild von einer Kalbshaxe hin, da gähnt er nur, und er hungert weiter. Ein Mensch ißt gern Hummer, aber er malt den Hummer auch; Artischocken ebenso, sie sehen wie grüne Rosen aus. Auch die Esel fressen Artischocken für ihr Leben gern, aber ich habe noch nie einen Esel gesehen, der eine Artischocke gemalt hat. Man kann den Tieren gewisse Kunstfertigkeit nicht absprechen. Man denke nur an das Netz, mit welchem die Spinne ihr Futter fängt. Nur wird die Spinne nicht auf den Gedanken kommen, dieses Netz zugleich hinsichtlich seiner Schönheit zu bewerten.

Der Mensch macht das Nützliche auf spielerische Weise schön. So baut er sich gegen Räuber ein hohes Gatter, und er schmiedet die Biegungen der Eisenstäbe zu Rosen, und hoch oben die Lanzenspitzen schmiedet er so fein und schön, als müßte es eine Lust sein, von ihnen durchbohrt zu werden.

Gibt es nicht viel Verspieltheit in der Natur, und lieben wir die Rose, weil sie unserem spielerischen Wesen so ähnlich ist?

Das Spielen ohne Sinn gibt es auch in der Natur, die immer alles richtig macht, weshalb wohl auch das Spiel gut und recht sein muß. Weshalb bekommt die Buche plötzlich schwarzrote Blätter, da ein Baum doch grüne Blätter braucht, um im Leben voranzukommen? Dasselbe läßt sich bei jeder Eibe fragen, die sich mit goldenen Nadeln schmückt; das sieht im übrigen bei Regenwetter recht freundlich aus, und die schwarzrote Buche, das muß man ihr lassen, macht den daneben stehenden Lindenbaum viel grüner. Weshalb fängt ein Haselstrauch plötzlich zu wachsen an, als ob er ein Korkenzieher wäre? Weshalb gibt es wunderschön aussehende, gefülltblühende Vogelkirschbäume, zu denen kein Vogel mehr fliegt, weil es in ihrer Krone keine Kirsche mehr gibt, denn aus gefüllten Blüten machen sich die Vögel üblicherweise nichts. Das sind alles Spiele ohne Zweck, so scheint es. Wenn es keine Kirsche gibt, dann gibt es auch keinen Kirschkern, aus dem ein neuer Kirschbaum heranwachsen könnte. An diesem Korkenzieher-Haselstrauch wachsen Nüsse. Aus den geernteten Haselnüssen lassen sich junge Haselsträucher heranziehen. Die jungen Haselnüsse machen aber das Spiel mit den Korkenziehern nicht mit, sie wachsen brav zu »richtigen« Haselnußsträuchern heran. Weshalb also schafft die Natur Lebewesen, die gar nicht weiterleben können? Da bleibt doch der Darwinismus auf der Strecke. »Aber keineswegs«, könnte die wunderbare Mutter Natur sagen, »ich habe doch den Menschen, der immer etwas schaffen muß. Er soll alle diese lustigen Einfälle, die ich manchmal habe, erhalten, das kann er nämlich. Und er tut es auch, mit der gefüllten Rose hat er es schon Tausende von Jahren getan.« Und warum hat er es so lange schon getan? Liebt er diese Rose, weil sie seinem spielerischen Wesen so ähnlich ist?

Lieben wir die Rose, weil sie uns ausdrucksstark wie keine andere Blume erkennen läßt, daß nichts schneller vergeht als die Zeit?

Den Gärtnern am ähnlichsten ist die Rose im frühen Frühling, wenn sie mit der Hoffnung spielt; alle Jahre wieder spielt sie damit. Manchmal sieht es so aus, als könne sie Ostern gar nicht erwarten. Bald röten sich die kleinen Knospen auf den Zweigen, dann treiben an kurzen Sprossen kleine Blätter, wie Wimpern erst, dann wie Daunenfedern, grün und rötlich. Sie wachsen recht schnell, die Blätter, falten die Fieder auseinander, und die Stacheln sind ganz weich wie Haut. Fünf, sechs, sieben oder mehr Blätter bilden sich, weil soviel Grün eben nötig ist, daß eine Knospe wachsen kann, aus welcher sich später die Blütenblätter herausfalten. Ein Rosenstrauch im Frühling, in der frischen Kraft der rot und grün aufquellenden Knospen, das ist die Hoffnung selbst. Auch der Gärtner, wenn er ihn frühmorgens begrüßt und betrachtet, ist voll Zuversicht, daß alles gut wird. Vielleicht bleiben diesmal die grünen Läuse den Knospen fern. Es kann ja sein, daß der Sternrußtau nicht auftritt in diesem Jahr, weil der Sommer vielleicht trocken und sonnig wird. Aber die grünen Läuse kommen dennoch. Da muß man eben aufpassen. Und wenn wegen des trockenen Sommerwetters die schwarzen Flecken des Sternrußtaus ausbleiben, dann sehen die Rosen oftmals aus, als habe man bei Nacht leere Mehlsäcke über ihnen nochmal ausgeschüttelt. Nach dem Falschen Mehltau kommt im September dennoch der echte Sternrußtau, daß sich der Rosenstrauch vor dem Herbst schämen muß, weil er so nackt ist. Schließlich hofft der Gärtner auf den Winter, daß er diesmal nicht so kalt wird, gegen den Schnee allerdings hat er nichts. Es soll von Sankt Nikolaus bis Anfang März viel Schnee fallen. Schnee macht ruhig, den Rosenstrauch und den Menschen, und man braucht im Winter Ruhe, denn sie kräftigt die neue Hoffnung.

Ich kannte eine Frau, die in jedem Herbst ein einsames Haus hinter dem Deich mietete, um vier Wochen lang das Wohltemperierte Klavier von Bach zu spielen, alle achtundvierzig kurzen Präludien und Fugen. Es hat der Frau nie jemand zugehört, und sie wollte dies auch nicht. Sie spielte die Fugen, hat sie mir geschrieben, aus folgendem Grunde: »In ihnen unterhalten sich ununterbrochen zwei Menschen; weil sie längst wissen, was sie sagen, reden sie mit kurzen Melodien: Der Zweite kann mit seinen Gedanken spielen, um herauszubekommen, wie die Frage des Ersten gelautet hat.«

Ich kannte einen Mann am Meer, der machte den ganzen Tag lang nackte Mädchen aus Sand, und wenn die Flut kam, dann waren sie weg.

Seifenblasen sind ein Traum von Schönheit, aber man muß schnell hinschauen, um sie zu sehen. Gegen die Seifenblase währt das Leben der Rosenblüte eine Ewigkeit. Doch kurz ist es gegenüber dem Leben eines Menschen. In Griechenland, als Aphrodite aus Ur im Zweistromland über Cypern in die Ägäis kam, um fortan Göttin der Liebe und der Schönheit zu sein, gab es ein geflügeltes Wort: »Wenn du eine Rose gesehen hast, so suche sie nicht wieder!«

6. Kapitel

Ich muss wissen, wie sie wächst, die Rose

Es scheint modern zu sein, daß eine Tätigkeit vor allem Spaß zu machen hat. Marktforscher haben, wenn es um den Garten geht, auf beinahe jedem Fragebogen eine Rubrik für den Spaß. Von unserem Zahnarzt stand sogar in der Zeitung, daß ihm die Arbeit viel Spaß macht. Ich habe aber keine Lust, mir spaßeshalber, daß also der Zahnarzt seinen Spaß hat, einen Zahn ziehen zu lassen.

Ich bin demnach altmodisch. Ich sehe ein, daß die Arbeit im Garten und bei den Rosen getan werden muß. Weil damit zumeist körperliche Bewegung verbunden ist, trägt sie sicher zu meinem Wohlergehen bei. Auch habe ich eine zunächst unerklärliche, eigentümliche, stille Freude daran, etwas zu tun. Aber ich kann nicht sagen, daß mir die Arbeit im Garten Spaß macht. Das hat sie noch nie getan.

Viele Leute sagen, sie hätten großen Spaß an der Gartenarbeit, aber wenn ich ihnen mein Gewächshaus, die vierzig Rhododendronbüsche und meine Rosen zeige, dann rufen sie entsetzt, als ob sie selbst die Ärmel aufkrempeln müßten: »Ach Gott, was macht das für Arbeit!«

Eigentlich müßten sie sagen: »Was sind Sie mit dem Gewächshaus, mit den vierzig Rhododendronsträuchern und den Rosen doch für ein glücklicher Mensch, jeden Tag so schöne Arbeit, so viel Spaß!«

Ich habe ein dickes Buch, in dem man nachlesen kann, wo unsere Wörter herstammen. Arbeiten kommt aus der Zeit der Minnesänger, in der man »Arebeit« gesagt hat, wenn Mühe und Not gemeint waren. Da erinnere ich mich wieder an meine Kinderzeit in Klein-Glienicke. Der Rosengarten vor dem Schweizer-Haus hat die Großeltern niemals angestrengt, wohl aber der Holzhof unter dem mächtigen Nußbaum. Wenn die Kiefernstubben, Eichen und Akazien zerteilt, zersägt, gespalten und aufgeschichtet waren, dann hieß es an Großvaters Geburtstag am 30. Oktober, wenn wir nach Glienicke kamen: »Da habt ihr aber wieder viel Holz, so schönes trockenes Holz.«

»Ja«, sagte dann die Großmutter, »da hat Vater auch seine liebe Mühe und Not mit gehabt.«

In diesem Satz der Großmutter kommt die Mühe vor, die Not, die Arbeit also, aber auch die Liebe. Und von der Liebe ist es nicht weit zur Lust, zur Freude. Freilich nicht zum Spaß, denn die Arbeit ist kein Spaß. Aber ein kleines bißchen Lust und Freude steckt fast in jedem Tun; vielfach ist es hinterher auch die Freude, etwas getan zu haben. Wenn ich nun die *Rosa alba* 'Suaveolens', die Duftende, im Winter ausgelichtet habe, so ist es damit allein noch nicht getan, da kommt noch keine Freude auf. Da liegt das herausgeschnittene stachelige Holz noch herum, man muß es aufsammeln, sich oft bücken, und wohin schließlich mit dem sperrigen Holz? Da hängt der alte Kokosstrick, mit dem der breite Strauch vorher zusammengebunden war, noch am mittleren Stamm. Ich muß überlegen, ob er nochmals zu verwenden ist und wo ich ihn hinlegen soll, daß er gefunden wird, wenn ich ihn wieder brauche. Sollte sich der Strick als zu alt erweisen, fragt es sich, was mit ihm zu tun ist. Soll ich ihn auf den Kompost werfen, wo er mich nach langjährigen Erfahrungen noch oft ärgern wird? Er verrottet langsam, und wenn er sich beim Umsetzen des Komposthaufens vor die Schaufel legt, kann das lästig sein. Manchmal wird der Kokosstrick im Kompost geradezu bösartig, indem er sich wie eine Schlange um die Schaufel herumschlingt. Es wird wohl klug sein, den alten Strick in die Mülltonne zu werfen. Wenn zu alledem noch Trittspuren von meinen schweren Stiefeln in der Erde sind, dann stellen sich Lust und Freude über getane Arbeit noch immer nicht ein. Erst muß ich das stachelige Rosenholz und den alten Kokosstrick wegschaffen und die festgetretene Erde aufgraben.

Mehr heimliche, kaum beschreibbare Freude bereitet eine Arbeit, die man von Anfang an richtig macht. Weshalb diese Eile mit der *Rosa alba* 'Suaveolens'? Hat gerade der Putzteufel seine Hand im Spiel, der alles fix und fertig haben möchte, wenn es Weihnachten wird? Kann ich nicht warten, bis ein leichter Frost kommt? Dann würden doch meine schweren Stiefel keine Spuren hinterlassen. Oder ich müßte ein paar kurze Bretter hinlegen, das ginge ebenfalls. Es ist schlimm für den Rosenstrauch, wenn man ihm die ohnehin schwere, nasse Erde noch zusammentritt. Den Kokosstrick hätte ich verschweigen sollen. Man läßt seine Gedanken zu oft wie Tauben davonflattern, von denen man weiß, daß sie wieder zurückkehren. Richtiger ist es, die Gedanken im Rosenbusch zu belassen, wenn gearbeitet wird. So ist es wohl passiert, daß die 'Suaveolens' irgendwann nicht so ganz richtig geschnitten worden ist. Letztlich war der Strauch zu schwach, sich selbst aufrecht halten zu können, wie sich das für eine *Rosa alba* gehört. Ich mußte mit dem Kokosstrick helfen.

Hätte ich gleich zu Anfang den mittelgroßen Weidenkorb geholt, würde das stachelige Holz nicht überall herumliegen. Ich weiß doch, daß alle Zweige kleingeschnitten werden müssen, sonst sind sie zu sperrig, sie gehen nicht in die Mülltonne. Im Kompost kann ich Holz, das dicker als ein Bleistift ist, nicht leiden; stacheliges Holz schon gar nicht. Das Verbrennen von derartigem Holz, wie es früher allgemein üblich war, ist wegen des Umweltschutzes nicht mehr erlaubt. In meinem Kachelofen darf ich das Rosenholz verbrennen. Ist denn der aus dem Schornstein kommende Rauch für die Umwelt weniger schlimm, als wenn der Rauch im Garten aufsteigt? Jedoch für den Ofen muß ich die Stücke noch kleiner schneiden als für die Mülltonne. Dann sticht man sich immerfort in die Hand, wenn das Rosenholz ins Feuerloch gelegt wird. Meine Arbeitshandschuhe für die rechte Hand sind alle weg. In neuerer Zeit hat mich die Bequemlichkeit verführt. Früher hatte ich niemals Handschuhe im Garten an, schon gar nicht beim Schneiden der Rosen. Man muß als Rosengärtner so ruhig und so genau arbeiten, daß die Hände von den Stacheln nicht zerkratzt werden, sagte ich mir. Inzwischen ziehe ich den linken Handschuh an, weil ich links, mit Daumen und Zeigefinger, den Zweig festhalte, wenn er von meiner rechten Hand abgeschnitten wird. Doch mit einem Handschuh über der Hand die Schere halten, das kann ich nicht.

Es ist ein schönes Spiel, der tätige Umgang mit den Rosen im Garten. Zur Freude an diesem Spiel gehört das Bemühen, die geheimen Spielregeln zu erkennen, so daß sie mein Mitspielen, mein Handeln, bestimmen.

Muß man, um mit Rosen wie auch mit anderen Pflanzen richtig umzugehen zu können, nicht über Winter überall beobachten, wo eigentlich, ganz unten oder ganz oben, die dicksten, kräftigsten, hoffnungsvollsten Knospen sitzen?

In einen steil aufsteigenden Wasserstrahl läßt sich kein Knoten binden, auch nicht ganz oben. Doch befindet sich dort, wo er plötzlich langsamer wird und ihn die Kraft verläßt, das meiste Wasser. Auch die Hoffnungen der Rose sind immer ganz oben. Die Knospen für den neuen Austrieb, die Augen, um sie aufzuschlagen, befinden sich an den grünen Zweigen, die im Jahr zuvor gewachsen sind. Und die höchsten Knospen, die am weitesten vom Erdboden entfernt sind, übertreffen alle anderen an Größe.

Ich habe eine Kletterrose im Garten, ihre Blüte ist rot, gefüllt, so groß wie die einer Teerose, sie duftet, ihr Name ist 'Sympathie'. Wie diese Kletterrose neben den Rhabarberstock und den weißen Klarapfel gekommen ist, das bleibt mir ein Rätsel. Sie war auf einmal da, gleich neben meinem Treibhaus. Die über zwei Meter in die Höhe geschossene Rute, die sich nicht selber aufrecht halten konnte, lag über dem Glasdach. Ich sah die Blüten, von der Sommersonne durchglänzt, von innen durch das weit geöffnete Lüftungsfenster im schrägen Dach. Zu Anfang des Winters legte ich die Rosenrute, die zweieinhalb Meter lang geworden war, flach auf den Boden, klammerte sie mit zwei Astgabeln aus Haselholz fest und begrub sie der Länge nach unter einem Erdwall. Im März sah ich dann, nachdem ich die Rose abgeklammert und aus dem Erdwall herausgezogen hatte, daß alle Augen oder Knospen entlang der stacheligen Rute sehr viel dicker geworden waren. Wenn ich die Rose nur so liegengelassen oder bogenförmig an die Regengosse des Treibhauses gebunden hätte! Doch denkfaul, wie man manchmal ist, richtete ich die kletternde 'Sympathie' auf und band sie an eine Bohnenstange; Walter Ebler hatte mir ein besonderes Eisen geliehen, mit dem es möglich war, die Stange so tief in den Boden zu bringen, daß sie heute noch fest steht. Es war ein Glück für mich, daß Werner Titze im Sommer seinen Haushalt auflöste. So kam ich an eine leichte, hölzerne Trittleiter. Ohne diese Trittleiter wäre es schwierig gewesen, dann und wann ein paar Rosen zu schneiden. Alle ihre Kräfte hatte die Kletterin nach oben gepumpt. Die untersten Verzweigungen fangen da an, wo ich mit ausgestreckten Armen und auf den Zehenspitzen gerade noch hinreiche.

Da hat es Malia besser gemacht. Neben unserer Gartenbank steht ein Rosenstrauch, den wir in Oberderdingen bei Karl Hetzel schon als mächtigen, breit hingelagerten Busch gesehen haben. Die winterharte, reich und während des ganzen Sommers blühende Sorte heißt 'Walter Rieger'; der Namenspatron ist schon tot, er war einer unserer liebsten Freunde. Die Farbe dieser schönen Rose wird mit dunkelkarminrosa beschrieben, aber das ist ungenau. Über der Farbe liegt ein eigentümlicher, stumpfer Glanz, wie man ihn selten sieht. Nur bei uns neben der Gartenbank, aus was für Gründen auch immer, wollte sich dieser Strauch nicht bestocken, er stand immer nur dreibeinig da, kein neuer Stamm wuchs aus dem Erdboden heran. Malia ärgerte das, denn sie wollte mehr Blumen haben, und eines Tages, als ich nach Hause kam, hatte sie die langen Zweige von 'Walter Rieger' in die Waagerechte gebunden, so wie man das früher in Schloßgärten mit den Schnurbäumen von Tafelbirnen gemacht hat. Und siehe da, die in den Blattachseln sitzenden Augen schwollen an, sie gingen auf, und bald wuchsen auf den waagerecht gebundenen Zweigen lauter junge Rosensträucher heran. Wenige Wochen später haben sie allesamt geblüht. Durch das Herunterbinden sind alle Knospen in eine Ebene gekommen, keine war mehr weiter vom Erdboden entfernt als die andere, und so haben sie gleichzeitig getrieben.

Die Tafelbirne als Schnurbaum erwähnte ich schon. Im Obstbau nutzt der Gärtner seit jeher die Erfahrung, daß die oberen Knospen zeitiger austreiben als die unteren. Im Weinbau ist es nicht anders. Der Winzer muß jeden Herbst seine Reben zurückschneiden, denn er braucht nicht Blätter und viele Ruten, sondern Weintrauben. Von sich aus würden die Rebstöcke fröhlich weiterwachsen, auch Trauben brächten sie hervor, doch wären nach ein paar Jahren schon Buschmesser nötig, um im Herbst an die Trauben heranzukommen. Folglich läßt der Winzer nur die beiden untersten Ruten am Stock, und er bindet sie bogenförmig an den Draht, um viele Augen nach oben und somit ein möglichst gleichmäßiges Wachstum zu bekommen.

Wie Tafelbirne und Rebstock, so ist die Rose ihrem Wesen nach ein Gehölz, ein Strauch, ein Baum. Der Baum lebt wie jede andere Pflanze von der Tätigkeit seiner grünen Blätter. Die Blätter wachsen aber nicht überall, sondern nur an grünen, weichen, anfangs noch krautigen Sprossen. Sie sind so weich, daß sie sich mit den Fingernägeln durchkneifen lassen. Nun kann der Baum, der Rosenbaum, von Ausnahmen abgesehen, die weichen Sprosse und grünen Blätter bei uns nicht über den Winter bringen: Er läßt die Sprosse verholzen, hart werden, reifen, die Blätter wirft er ab, es bleiben nur Augen, kleine Triebknospen also, übrig. Aus diesen Knospen wachsen im Frühjahr erneut krautige Sprosse mit jungen Blättern heran. Ob die oberen Knospen bevorzugt werden, weil sie dem Licht näher sind?

Es ist das Schicksal eines Baumes, auch einer Rose, entweder das Leben zu lassen oder aber, selbst über Jahrhunderte hin, weiter zu wachsen.

Sind es bei den Rosen, bei anderen Sträuchern und den Bäumen nicht immer die im letzten Sommer gewachsenen Zweige, an denen im Winter die Knospen für den Austrieb der neuen Blätter sitzen?

Rosen können sehr alt werden. Die Zeitschrift »Pflanze und Garten« berichtete 1962 von einem Gespräch, das ich mit dem Rosenzüchter Wilhelm Kordes geführt habe. Da sagt Kordes auf Seite 156: »Zunächst sollten Sie Ihren Lesern empfehlen, bei der nächsten Reise in den Süden das Schloß Chillon am Genfer See aufzusuchen; es liegt genau an der Stelle, an welcher die Rhône in den See mündet. Dort steht im engen Hof eine *Rosa banksiae* riesigen Ausmaßes, sie dürfte einen Stammdurchmesser von zwanzig Zentimetern haben. Ich möchte diese Rosenpflanze als die größte Europas bezeichnen. Leider ist die Banks-Rose des Schlosses Chillon nicht zu fotografieren, der Hof ist zu eng, und für einen so kurzen Abstand ist das erforderliche Weitwinkelobjektiv noch nicht erfunden worden.«

Ich bin nie in das Schloß Chillon gekommen und weiß deshalb nicht, ob die große Banks-Rose noch da ist. Auf jeden Fall darf nach der Beschreibung von Wilhelm Kordes angenommen werden, daß die Kletterrose in dem engen Schloßhof 1962 schon ungefähr hundert Jahre alt war.

Ein botanisches Werk, das ich sehr schätze, ist die »Flora von Mitteleuropa« von Gustav Hegi. Der Band, in dem sich von Seite 976 bis 1052 die Informationen über Rosen befinden, ist 1923 erschienen. Darin heißt es: »Als ältester Rosenstock gilt derjenige einer *Rosa canina* am Dom zu Hildesheim, der mit seinem halbmeterdicken Stamm und den weit ausgebreiteten Ästen eine sieben bis acht Meter breite und bis etwa dreizehn Meter hohe Fläche einnimmt. Dessen Alter wird meistens auf etwa dreihundert Jahre geschätzt; doch ist es sehr zweifelhaft, ob er mit dem von Bischof Hazilo von Hildesheim im Jahr 1050 als Naturdenkmal dem Schutz empfohlenen Rosenstrauch identisch ist.

Bei Over-Haverbeck in der Lüneburger Heide stand ein Strauch mit dreiundachtzig Zentimetern Stammumfang und gegen dreißig Metern Kronenumfang.

Eine 1813 in Toulon gepflanzte Banksia-Rose ist über einen Meter dick und treibt etwa fünfzigtausend Blüten, während eine 1881 in Freiburg im Breisgau auf einen Wildstamm gepfropfte Teerose eine Fläche von neunzig Quadratmetern bedeckt und jährlich etwa zehntausend Blüten treibt.«

Doch über den Winter ist jede Rose bei uns und jeder Laubbaum, der *Ilex* ausgenommen, ein hölzerner Körper. Von den Wurzeln tief im dunklen Boden bis zur äußersten Zweigspitze ist alles Holz. Lediglich winzige Knospen, Samenkörnern gleich, sitzen an diesem Holz; sie sind mit wachsartigen Hüllen gegen das Wetter geschützt.

Es bereitet Vergnügen, auf Spaziergängen im Winter nachzusehen, wo bei den Bäumen und Sträuchern die kleinen Knospen für den neuen Austrieb sitzen. Besonders gut ist das an der Buche zu erkennen. Am Stamm, an den dicken und dünneren Ästen, an besenstieldicken Zweigen und an noch schwächerem Holz sind keine Knospen. Man sieht sie nur an den ganz dünnen, fast nur fadenartigen Enden der Verzweigungen.

Was soll der Buchenbaum auch im Innern seiner Krone mit Blättern? Die Blätter brauchen das Licht, um den Baum ernähren zu können. Verständlich, daß ein Baum die Blätter immer dort hinhält, woher er am meisten Licht bekommt. Die Blätter des großen Buchenbaumes sind wie eine grüne, lebendige Haut um einen Leib aus Holz.

Verständlich auch, daß Pflanzen entsprechend ihrem Gesamthabitus immer große Blätter haben, wenn sie üblicherweise im Schatten leben, siehe das Veilchen. Die Sandbirke in der Heide kann sich mit verhältnismäßig kleinen Blättern zufrieden geben, denn Licht hat sie genug. So ist auch den kleinen Fiederblättern der Rosen anzusehen, daß sie von ihrer Natur her einen helleren Standort gewohnt sind. Einige von ihnen, die Kletterrosen, wachsen dem Licht sogar entgegen.

Unsere Gartenrosen machen es genauso wie andere Sträucher und Laubbäume: Sie halten ihre Blätter immer dorthin, wo sie das meiste Licht erwarten. Am vorjährigen oder noch älteren Holz wachsen sehr selten noch grüne Blätter. Bei mir im Garten macht das nur der aus Japan und China stammende Katsurabaum. Wenn es so aussieht, als ob ein Baum, auch ein Rosenbaum, junge Blätter aus der borkigen Rinde herauswachsen ließe, so sind das nach meinen Beobachtungen zumindest Andeutungen von grünen Zweigen, aus denen dann die

Blätter herauskommen; die Zweige mögen aus Augen gewachsen sein, die mehrere Jahre verschlafen haben.

Man muß immer wieder staunen, welcher Lebenswille in den Pflanzen steckt, auch in den Rosen. Ich habe vor vielen Jahren zwei Wurzelstubben einer Kletterrose ausroden müssen, der 'New Dawn'. Damit sie erst einmal weg waren, warf ich die Wurzelstubben zwischen breitgewachsene Rhododendronbüsche. Dort gerieten die Wurzeln in Vergessenheit, und nachdem der Rhododendron im nächsten Frühjahr abgeblüht hatte, legten sich weißrosa Blütenzweige der 'New Dawn' über die immergrünen Rhododendronblätter. Die Wurzeln der Rosen, obwohl es nur dicke Stümpfe aus Holz waren, hatten also wieder Boden gefaßt. Auch von Wildrosen wird gesagt, daß sie sich gegen das Abweiden durch Tiere und gegen Feuersbrünste dadurch schützen, daß sie in der Lage sind, unterirdische Wurzelausläufer in die Welt zu schicken.

Wie oft kommt es vor, daß Rosen, wenn man sie ins Wasser stellt, Wurzeln ziehen! Ebenso einfach ist es, Rosen durch Stecklinge oder durch Steckhölzer zu vermehren. Aber auch die Wiederbelebung einer Rose aus älterem Holz ist möglich. Da werden einfach die sogenannten »Schlafenden Augen« aufgeweckt, die man vorher gar nicht sehen konnte. Deswegen auch – man kann es nicht oft genug sagen – die Empfehlung, Rosen im Herbst anzuhäufeln. Denn was von Erde bedeckt ist, rührt der Frost nicht an. Es genügen zwei oder drei Zentimeter intaktes Holz über der Veredelungsstelle. Aus zunächst versteckten, schlafenden Augen baut sich der Rosenstrauch erneut auf.

Ist es nicht bildhaft und gut verständlich, wenn ich mir das Holz einmal als Erde vorstellen, in deren Oberfläche sich die Überwinterungsknospen befinden, als wären es Samenkörner?

Daß manche Rosenarten die Gestalt von Bäumen annehmen, mag wohl vorkommen, aber doch selten. Da sie aber andererseits immer wachsen müssen, wenn sie nicht sterben wollen, geht dieses Wachsen meist mehr in die Breite als in die Höhe. Das ist die Eigenart einer Wuchsform, die wir Strauch nennen. Wenn kein starker Frost kommt, kann es passieren, daß auch ein Rosenstrauch so hoch wird, daß man eine Leiter braucht, um den Duft der Blüten riechen zu können. Ganz in meiner Nähe standen bis vor kurzem fünf Stämme der berühmtesten Rose dieses Jahrhunderts, der 'Gloria Dei', in einem Garten. Dreißig Jahre mochten die Rosen dort gestanden haben, man hätte die borkigen, umeinandergedrehten Stämme als streitende Kanzelprediger deuten und der Kunsthalle verkaufen können. Über zwei Meter hoch war dieses alte Holz, und obenauf saßen die halbmeterlangen jungen Blättertriebe mit den großen gefüllten, erst gelben, dann errötenden Blüten. Schön sah das nicht aus.

Im Rosengarten von Zweibrücken entdeckte ich eine neue Rosensorte, sie heißt 'Europawelle Saar'. Sie hat lachsrosa gefüllte Blüten auf zwei Meter hohen Stielen: ein wahrer Stangenwald stand vor mir. Nun stelle man sich vor, die 'Europawelle Saar' würde nicht zurückgeschnitten. Es müßte auf dem Etikett vermerkt sein, daß es sich um eine Rose handelt, denn an den Blüten könnte man es nicht sehen, weil sie viel zu weit oben sitzen; die dichtstehenden Stämme blieben unten kahl.

Ich habe zwei aus Steckhölzern gezogene 'Queen Elizabeth'-Rosen im Garten, sie sind im letzten Winter vollkommen heruntergefroren, haben aber wieder ausgetrieben. Doch um im Oktober ein paar Blüten des zweiten Flors abzuschneiden, mußte ich die Stangenschere holen, die leichte Trittleiter war zu kurz.

Ich muß bei den Rosen für zweierlei sorgen: Einmal ist es lebenswichtig für den Strauch, daß er, abgesehen vom Winter, immerfort wachsen kann. Dann muß das Wachstum so gelenkt werden, daß sich die am Ende dieses Wachstums erscheinenden Blüten in der Höhe befinden, in welcher ich sie haben will. Dabei sollte ich stets von der Beobachtung ausgehen, daß jedes Rosenwachstum in einer kleinen, dem vorjährigen Holz aufsitzenden Knospe, einem Samenkorn vergleichbar, beginnt.

Betrachten wir den Sämling eines Löwenmäulchens. Das Samenkorn, aus dem er herausgewachsen ist, befindet sich in der Erde, man sieht es nicht. Nun wächst der Stiel des Sämlings nach oben, er bekommt Blätter und schließlich seinen Blütenstand. Sobald die Blüten vergehen, noch ehe sie Samen angesetzt haben, schneide ich die welkenden Blütenstände weg, und aus den Knospen in den Blattachseln darunter kommen Verzweigungen mit neuen Blütenständen heraus. Bei den Rosen ist es nicht anders.

Kann man nicht sagen, daß eine Rose, die im Juni, im August und dann nochmals im Oktober blüht, drei Jahre in einem einzigen Sommer verlebt?

Wir bewundern die Kunst der Japaner und Chinesen, kleine Bonsais, zu deutsch Topfbäume, auch aus Rosen heranzuziehen. Sind wir nicht im Grunde genommen im Rosengarten, beim Obst, an der Grenzhecke und auf dem Rasen ebenfalls Bonsai-Gärtner?

Im Prinzip ist der Rosenschnitt nichts anderes als das Schneiden von Obstbäumen, als das Heckenscheren, als das Rasenmähen. Den Vogelkirschbaum am Waldrand schneidet niemand. An einen kleinen Teil der Früchte kommen Buben und Mädchen heran, die wendig sind wie Eichkatzen. Man braucht auch einen Baum von 'Böttners Schwarzer Knorpelkirsche' im Garten nicht zu schneiden. Nur muß man rechtzeitig in die Freiwillige Feuerwehr eintreten, um zur Erntezeit eine fahrbare Leiter leihen zu können. Ein unbeschnittener Apfelbaum, sagen wir 'Geheimrat Oldenburg' auf einem Stamm von 'Grahams Jubiläum' oder dem 'Bittenfelder', hängt im Radius von fünf Metern wie eine Glocke aus dünnen Ästen und Zweigen bis auf den Boden herunter. Es ist sehr schwer, in diesem wirren Netz aus dünnem Holz und Blättern die Äpfel zu ernten; das lohnt sich auch kaum, denn sie sind in manchen Jahren wohl zahlreich, aber wegen Mangel an Licht und Luft nur klein und längst nicht so wohlschmeckend, wie es beim 'Geheimrat Oldenburg' der Fall sein müßte.

Wenn ich eine Grenzhecke aus Rotbuchen, Weißbuchen, Thuja, Eiben oder anderen Bäumen nicht beschneide, würde in wenigen Jahren eine Waldrand-Kulisse in die Höhe wachsen. Dies verhindert die Heckenschere oder mein Nachbar, der mich auf das Gesetz verweist, demzufolge mit Hecken bis zu eineinhalb Meter Höhe ein Grenzabstand von einem halben Meter, mit höheren Hecken ein um das Maß der Mehrhöhe größerer Abstand einzuhalten ist.

Wenn ich den Rasen unbeschnitten lasse, dann entsteht daraus bestenfalls eine Wiese; dies allerdings erst in vielen Jahren; und einmal im Sommer, besser zweimal, muß auch eine Wiese gemäht werden, wenn kein Schaf vorhanden ist, das zusammen mit dem Gras auch die aufkeimenden Waldbäume abfrißt. Ein Schaf aber blökt ununterbrochen, wenn es nicht seinesgleichen zur Gesellschaft hat, und ich kann wirklich nicht immer im Garten sein.

Das Thema vom aufsteigenden Wasserstrahl wiederholt sich bei den Rosen. Irgendwann im Juni, wenn der beblätterte grüne Trieb zu ermüden scheint, wächst eine Knospe, die bald erblüht. Es geht aber auch anders. Im letzten Frühjahr (1987) habe ich an fünf Rosen einer neugepflanzten Sorte beobachtet, wie die neuen Triebe ungefähr Anfang Juni plötzlich keine Lust mehr hatten, weiterzuwachsen. Aber es bildeten sich nirgendwo Knospen. Dennoch waren die Stiele an der Stelle, an welcher das Wachstum plötzlich eingestellt worden war, dicker als woanders. Ich vermute, daß die Rosen deshalb keine Lust mehr hatten, weil es zu kalt war und immer regnete. Als es wärmer und sonnig geworden war, wuchsen die Stiele nicht einfach weiter, sondern es bildeten sich jeweils mehrere rote Triebknospen, aus denen dann, anfangs rot beblättert, der vorher einzelne Stiel in drei Stielen weiterwuchs. Diese haben dann auch bald geblüht.

Das Schneiden im Sommer, wenn die Rosen zum ersten Mal geblüht haben, ist am schwierigsten. In den starren Regeln heißt es immer, man soll die verblühende Rose zusammen mit den obersten beiden grünen Blättern wegschneiden. »Ich will sobald wie möglich den zweiten Blütenflor haben«, sagte sich der Erfinder dieser Regel. Je früher dieser zweite Flor einsetzt, um so größer wird die Aussicht, im Herbst noch eine dritte Blütezeit zu bekommen. »Je weiter vom

Nicht ganz anspruchslos
an Boden und rosengeeignetes Klima ist die
Duftrose 'Karl Heinz Hanisch'.

Kräftig wachsende Kletterrose 'Minnehaha' am Zaun des Neuheitengartens, Baden-Baden.

Erdboden entfernt sich die Triebknospen in den Blattachseln befinden, um so dicker und ausgeprägter sind sie«, sagte sich der Erfinder dieser Regel weiter. Es kann sein, daß die zweite Triebknospe unter der welkenden Rose am stärksten, am ausgeprägtesten ist, so daß sie am ehesten treibt. Wahrscheinlich aber ist der Stiel so nahe unter der Blüte recht dünn und schwach. Aber dieser Stiel muß schließlich den neuen Austrieb mit all seinen Verzweigungen, Blättern und Blüten tragen können, das kann, besonders bei Regenwetter, ein ganz schönes Gewicht sein. »Folglich empfehle ich«, sagt der Regel-Erfinder, »die beiden obersten Blätter wegzuschneiden, dann erfolgt der Austrieb aus der drittobersten Triebknospe.« Im Prinzip denke ich auch so. Mir steht wenigstens die leichte Trittleiter zur Verfügung, um an die Herbstblüten der 'Queen Elizabeth' heranzukommen, und die 'Europawelle Saar' steht zum Glück in Zweibrücken.

Kann man eigentlich bei der Ungewißheit über das bevorstehende Winterwetter zeitliche Regeln für den Rosenschnitt aufstellen?

Die Beobachtung, daß die Triebknospen oder Augen ganz oben dick sind, nach unten hin immer dünner werden und sich ganz unten in Erdnähe noch im Schlaf befinden, ist sehr wichtig. Im Winter, wenn nicht gerade Frostwetter herrscht, geht nämlich das Wachstum der Augen weiter. Ist es dann nicht am besten, wenn ein Rosenbusch heruntergeschnitten werden muß, dies im Herbst zu tun? Da kann der Winter doch in Tauwetterzeiten die kleinen Augen zu großen Augen machen. Das erste Auge unter der Schnittstelle wird dann am größten und treibt sofort aus, wenn im April das allgemeine Wachsen beginnt. Die Antwort auf diese Frage gäbe den Titel für ein ganzes Gartenbuch ab. Sie lautet: Ja, aber.

Ja, es wäre freilich richtig, den im Frühjahr üblichen Rosenschnitt auf den Herbst vorzuverlegen. Aber ich weiß doch nicht, was dem Winter für Bosheiten einfallen. Denn das schöne Winterwetter für Skifahrer und Schlittschuhläufer ist nicht immer gutes Wetter für Rosen. Sicher ist sicher! Besser die erste Rosenblüte erst im Juli, als überhaupt keine. Mir ist es noch nie eingefallen, im November so zu tun, als ob es März wäre. Zu lange Ruten, wenn sie hinderlich sind, können weg. Alte Äste, von denen ich den Rosenstrauch befreien will, schneide ich ebenfalls im Herbst oder im Winter ab, und zwar mit der langarmigen Astschere oder gar mit der Baumsäge, so tief unten wie ich greifen kann. Aber der eigentliche Rosenschnitt, wie er für einen reichen Blütenflor erforderlich ist, findet bei mir erst statt, wenn im Frühling die Haselnüsse blühen.

Die letzten Seiten sind gestern geschrieben worden, heute haben wir den 19. Januar 1988. Es ist ein kühler, nebeldunstiger Tag, das Thermometer zeigt eine Temperatur von plus fünf Grad. Nur wenige

Tage um Weihnachten herum hat es einen leichten Frost gegeben. Schnee ist bisher völlig ausgeblieben. Man konnte bislang von einem kühlen Frühling sprechen, nicht aber von einem Winter. Zaubernuß, Jasmin und Christrosen blühen im Freien, eben stellte ich fest, daß auch die Rosen zu treiben anfangen. Am weitesten hat sich die *Rosa alba* 'Suaveolens' hervorgewagt. An den Enden der schräg aufwärts gerichteten Zweige ist zu sehen, wie sich die hellgrünen Blätter aus den Knospen herausrollen. Selbst bei dieser 'Suaveolens', die erfahrungsgemäß Frostgrade bis zu minus dreißig Grad aushält, werden die vorzeitigen Austriebe nicht überleben, wenn es, womit wohl zu rechnen ist, doch noch stärkere und längere Fröste gibt. Mit den Austrieben fallen die obersten Knospen weg, denn diese Knospen oder Augen, die der Rosenbusch am 19. Januar aufgeschlagen hat, sind ja nicht mehr da. Sie sind zu hellgrünen Blättern geworden.

Muß man sich nicht zu allererst um die Fähigkeit bemühen, die Kraft der Rose fühlen zu können, welche erforderlich ist, zwei oder vier oder sechs Knospen, Augen genannt, zum Austrieb zu bringen?

Vor der Haustür hatte ich im Herbst, weil ihre Äste ohnehin zu lang und mir im Weg waren, meine 'Hidalgo' auf etwa einen Meter zurückgeschnitten. Die ersten beiden Knospen unter den Schnittstellen dürften morgen ebenfalls beginnen, auszutreiben. Auch die dritte Knospe spielt sichtbar mit diesem Gedanken, sie ist dick und schimmert bereits rot, auch ein wenig grünlich. Alle drei Austriebe oder Knospen wird ein Frost, wenn er unter minus fünf Grad abfällt, umbringen; das nehme ich jedenfalls an. Aber mir kann das nichts ausmachen. Ich würde die drei fingerdicken Stämme der 'Hidalgo' ohnehin nicht in Meterhöhe belassen. Nehmen wir einmal an, es gäbe in diesem Winter keinen härteren Frost mehr, dann kämen bestimmt die obersten vier, fünf Knospen zum Austrieb. Darunter aber bliebe das überwinterte alte Holz kahl; mindestens einen halben Meter, vom Erdboden an gemessen, bliebe er kahl. Wenn ich der 'Hidalgo' die Kraft zutraue, je Stamm aus vier, fünf Augen auszutreiben und einen Blütenzweig wachsen zu lassen, dann muß ich ihn im März so weit herunterschneiden, daß nur diese vier, fünf ausgebildeten Augen je Stamm verbleiben. Oder ich finde mich damit ab, daß plötzlich ein Kronenbäumchen mit ganz niedrigem, nur halbmeterhohem Stamm heranwächst.

Dem Schneiden der Rosen hat immer eine Abschätzung ihrer Kraft vorauszugehen. Schafft sie es, je Stamm vier, fünf schräg aufwärts gerichtete Verzweigungen mit Blättern und Blüten heranwachsen zu lassen, oder reicht es nur für drei? Bei der weißen 'Virgo' zum Beispiel, deren im letzten Sommer herangewachsenes Holz so dünn wie ein Bleistift ist, lasse ich wahrscheinlich nur zwei Augen stehen. Bei der kraftvollen 'Burgund 81', dieser wundervollen, roten, leicht duftenden Edelrose, die vor allem im Herbst so verschwenderisch blüht, kann ich sechs oder mehr Augen wachsen lassen.

Wenn es noch eine Woche so milde ist und uns überfällt dann ein sibirischer Winter, dürfte es um manchen Rosenstrauch geschehen sein. Nur meiner 'Niphétos' im Blumentopf, der neben mir auf dem Fensterbrett steht, ist das Wetter gleichgültig. Wenn es nur heller wäre, mag die Rose denken. Trotzdem hat sie es geschafft, die rein weiße, zarte Blüte zu öffnen; bis jetzt so weit, daß sie porträtiert werden könnte, sie befindet sich im allerschönsten Entwicklungsstadium einer Rosenblüte. Am 8. Dezember des vergangenen Jahres hat sie damit angefangen, aus dem obersten, unter dem Rückschnitt verbliebenen Auge auszutreiben.

Nachtrag am 26. März: Heute blüht die 'Niphétos' zum zweiten Mal.

7. Kapitel

Wie die eine Rose mit der anderen Rose zusammenwächst

Die liebe Müh und Not mit dem Garten muß nicht überhand nehmen. Du darfst den Garten mit Apfelbaum und Goldlack, Zaunkönig, Regenwurm und Moosrosen nicht so betrachten wie etwa ein Böttcher in seiner Werkstatt die fertigen Faßbänder, Böden und Dauben eines neuen Fasses. Er braucht vielleicht nur noch das Spundloch und das Zapfloch auszubohren, darum also mit letzter Kraft an die Arbeit, denn es macht froh, ein Faß fertig zu haben; beim Töpfer ist es der Kachelofen, beim Tischler der Schrank und vielleicht beim Pastor die Predigt. Nicht so im Garten mit den Rosen, denn sie sind kein Werkstück, sondern etwas Lebendiges. Denken wir vergleichsweise lieber an ein Pferd, das geputzt, getränkt, gefüttert, verwöhnt und gestreichelt sein will, und dies alle Tage, alle Jahre; und Heu in der Krippe möchte es ebenfalls haben, dazu immer wieder trockenes Stroh in der Box. Wer seinen Garten fertig haben will, wie der Böttcher das neue Faß, der wird nie ein glücklicher Gärtner.

Gutes Werkzeug kann die Liebe größer, die Müh und Not dagegen kleiner machen. Am häufigsten braucht der Rosengärtner sein Messer; am allerdringlichsten braucht er es immer dann, wenn er es nicht bei sich hat.

Gefährlich ist es, mehrere oder gar viele Messer zu haben. Wenn man das soeben benutzte Messer nicht findet, nimmt man das nächste, und wenn das ein paar Stunden oder Tage so weitergeht, hat man gar keine Messer mehr. Zumindest mir geht es so, und ein Messer wird immer gebraucht.

Ich muß den Bast abschneiden, wenn ich von dem meterlangen Faden nur zwanzig Zentimeter gebraucht habe, um einen Zweig festzubinden. Eine welkende Rose, deren Blütenblätter in der manchmal klebrigen Luft verfaulen und nicht abfallen, muß weg. Bei meinem Frühstücksbrot, wenn ich es mal mit in den Garten nehme, ist die Kruste zu hart, ich muß sie in Stücke schneiden. Überall und immerzu brauche ich ein Messer; aber wenn Malia, die vielleicht zum Einkaufen war, mit dem kleinen Auto angetuckert kommt, dann laufe ich voller Freude hinunter, um ihr das Tor aufzumachen, und hinterher ist das Messer weg.

Es wurde etwas besser, seit ich im Garten und im Gewächshaus nur noch ein einziges Messer benutze, das leuchtend rot ist. Manchmal bleibt aber auch ein rotes Messer verschwunden, und eines Tages, wenn es schon vergessen ist und man Schnecken sammelt, liegt es plötzlich da, aber völlig verrostet. Ich habe mir deshalb ein Viktorinox angeschafft, ein niemals rostendes Messer aus der Schweiz. Die Schalen sind burgunderrot.

Ich benutze leider keinen Bleistift, dessen Spitze irgendwann abgeschrieben ist und angespitzt werden muß. Ich rauche auch keine Zigarren mehr, deren Mundstück mit einem scharfen Messer zuzuschneiden ist: man schneidet erst rimgsum das Deckblatt und dann mit einem einzigen scharfen Schnitt die Füllung durch. So gibt es keine Gelegenheit mehr, anderen Menschen zu zeigen, daß ich ein so fabelhaftes Messer besitze, dessen Klinge wie ein Küchenmesser aussieht, das aber zusammengeklappt werden kann wie ein Taschenmesser. Vorzeigen kann ich es ebenfalls nicht, aber ich kann hier aufschreiben, daß ich, um das Messer grasscharf zu machen, einen kostbaren Stein besitze, den man Belgischen Brocken nennt. Wenn man die Zigarre in der Theaterpause mit einem Okuliermesser anschneidet, das auf der Rückseite der Schneide eine Zunge hat (eine Zunge aus demselben Stahl selbstverständlich, um nach dem T-Schnitt vorsichtig die dreieckigen Rindenlappen mit dem Kambium vom Siebteil der Wildlingsrose lösen zu können), dann ist einem der Glanz eines außergewöhnlichen Menschen ganz sicher.

Besonders beim Umgang mit der Schere sollte man daran denken, daß es wohl möglich ist, nach Gebrauchsanweisung sofort einen Plattenspieler und eine elektrische Brotschneidemaschine in Gang zu setzen, man für den Garten und die Rosen aber Erfahrung und vor allem Übung braucht.

Vom Krebs sagt man, er habe Scheren, aber er kann damit nicht schneiden, sondern nur kneifen, weshalb es sich mehr um Zangen als um Scheren handelt. Die Schere schneidet, die Zange kneift. Leider werden unsere Rosen zu oft gekniffen, auch bei mir. Da hat man eine schöne Rosenschere mit roten Griffen, sie ist wie maßgeschneidert, und mit dem Daumen derselben Hand, in der sie liegt, läßt sich mittels eines kleinen Hebels das Schneidemaul zusperren. Die Rosenschere liegt nicht nur angenehm in der Hand, sondern auch in der Tasche. In der hinteren Hosentasche wird sie manchmal vergessen, und dann sind es nicht die kaputten Federn im Autositz, die so drükken, sondern es ist die Rosenschere. Man schneidet siebenundreißig Wurzelschößlinge der Bühler Spätzwetschge aus der Erde heraus, man schneidet Dachpappe durch, um die neue Sitzbank einzuwintern, der Goldschlangeschlauch hat bei mir genau dreißig Jahre lang Dienst getan, doch nun wird er mürbe, rissig, er muß in kleinere Stücke geschnitten werden – wozu befindet sich eine Rosenschere in meiner Tasche? Ich schneide den Buchsbaum rund, die Eibe zu einem Kegel.

Man schneidet immer irgendetwas im Garten, mal ist ein alter Etikettendraht zu entfernen, mal muß man Speckschwarten für die Mausefalle zerschneiden. Gestern brauchte ich Stücke von einem alten Fahrradreifen für die hölzerne Gattertür, und als neulich Christrosen von Röhls aus Paradiese ankamen, war das Paket von zusammengenieteten Blechbändern umgeben – wozu hat man die Rosenschere in der Tasche?

Aber ich habe nicht geschrieben, daß ich mit *dieser* Schere auch Rosen schneide! Es ist mir nämlich in den letzten beiden Jahren gelungen, mich zu bessern. Zum Schneiden der Rosen habe ich eine *andere* Schere, die nicht schöner ist, aber sie ist ganz scharf und hat blaue Griffe.

Ich möchte sagen, eine Rosenschere ist immer dann gut, wenn man mit ihr vom Rand her ein Stück Zeitungspapier einschneiden kann. Doch hat es seine eigene Bewandtnis mit den Tips und Regeln. So kann keine Rosenschere etwas dafür, wenn ein Mensch es nie gelernt und geübt hat, sie richtig zu benutzen.

Ich will hier nicht die Geschichte vom Professor Reinard Buchwald erzählen, der im Garten auf dem Peterhof, 1947 muß es gewesen sein, laut die Anordnungen aus Böttners großem Gartenbuch vorlas, nach denen seine Frau Lilly Tomaten pflanzen sollte.

Warum braucht ein Lehrling auch sonst in diesem Beruf drei, mindestens aber zwei Jahre, ehe er sich nach bestandener Prüfung als gelernten Gärtner bezeichnen darf, während man in Zeitungen und grünen Magazinen so tut, als könne man dies alles, sofern man über genügend Tips verfüge, sofort. Ich nehme gern das Klavierspiel als Vergleich. Noten, geschriebene oder gedruckte, erlernen sich leicht und schnell. Es ist auch ganz einfach, die von den Noten gemeinten Tasten auf dem Klavier anzuschlagen. Doch wenn man dies kann, muß man doch fünf Jahre jeden Tag üben, ehe es gelingt, die A-Dur-Sonate von Mozart mit dem Türkischen Marsch am Schluß fehlerfrei zu spielen. Auch das Spiel mit dem Garten, besonders das Spiel mit den Rosen muß man üben, und zwar jahrelang; und das Schneiden ist dabei ganz wichtig.

Schon der Lehrling lernt, sein Messer erst auf dem Belgischen Brocken und dann an der Innenseite seines Ledergürtels abzuziehen. Alsdann, ganz ohne Druck, mit Daumen und Zeigefinger der einen Hand nur aufrecht gehalten, stellt er die frisch abgezogene Schneide des Messers auf den Daumennagel der anderen Hand. Schließlich zieht der Lehrling, wiederum ohne jeglichen Druck von oben, die Schneide des Messers über den Daumennagel hinweg. Bei diesem Ziehen des Messers ist zu hoffen, daß auf dem Daumennagel ein weißer Strich verbleibt, ein winziger Schnitt also; er läßt sich hinterher mit dem Daumen der anderen Hand fast ganz wegwischen. Wenn dieser über den Daumennagel gezogene Strich gut zu sehen ist, kann es mit dem Okulieren, kann es mit dem Schneiden von Stecklingen losgehen, dann ist das Messer scharf genug.

Gutes Schneiden ist immer ein Ziehen des scharfen Messers. Es ist eine der vielen Beobachtungen im Garten, die froh machen, wenn man erkennt, daß sogar jeder Zahn einer Säge genaugenommen ein ziehendes Messer ist. Die Klinge jeder Schere, auch der praktischen Astschere mit ihren langen Armen, besonders aber der Rosenschere, ist ein ziehendes Messer. Sogar die Guillotine macht einen ziehenden Schnitt. Nur der Krebs hat Scheren, die nicht schneiden, sondern kneifen.

Von den Zweigspitzen bis zu den Wurzeln ist die Rose von einem Gewebe aus Zellen umgeben, die über Sommer beständig wachsen und sehr aufgeregt sind, wenn ich hineinschneide. Ist das wichtig?

Im Zusammenhang mit dem Rosenschneiden, beim Schneiden überhaupt, auch beim Veredeln, gibt es ein Erlebnis, das man allerdings nur in seinem eigenen Denken haben kann: Ich meine die Vorstellung vom Kambium. Von Querschnitten des Kambiums, auch des ganzen Rosenstammes, gibt es zwar Zeichnungen; sie sind alle nach Mikroaufnahmen gemacht, denn mit den bloßen Augen, auch mit einem starken Vergrößerungsglas, kann man diese Wunderwelt nicht sehen. Doch die Zeichnungen sagen wenig, sie sehen wie Gesichter mit hundert Augen aus, man könnte an etwas stärker aufgeblasenen Seifenschaum denken. Besonders lustig, nicht nur vom Kambium, sondern vom ganzen Inneren des Rosenstammes, sehen die Längsschnitte oder gar die Bilder aus einer eingebildeten Vogelschau aus. Als hätte man sämtliche Wolkenkratzer von Manhattan und Chicago ganz eng, Wand an Wand, zusammengebaut; viele von ihnen haben gläserne Wände, so daß man die Fahrstühle, Paternoster und darum herumlaufenden Feuertreppen sehen kann; nicht zu vergessen, weiter unten, die übereinanderliegenden Stollen der U-Bahn.

Also: Man kann sich die Welt der Zellen im Rosenholz nur in seinem Denken vorstellen, und das Kambium ist für uns am wichtigsten; zunächst wenigstens.

Kambium, schon vom Klang her, ist ein wohlklingendes, weiches, dunkles und irgendwie rundes Wort; es ist so auch in der Wirklichkeit rund, es wickelt den Rosenstamm, die Äste und Zweige, auch die Wurzeln, regelrecht ein. Darüber, nach außen hin, ist nur noch die grüne Rinde; bei älteren Rosen und bei Bäumen ist ganz außen noch die Borke, aufgeplatzte Rinde also. Denn die Rinde kann nicht anders als aufplatzen, wenn das Kambium von innen wächst und drückt. Man spricht auch von Bildungsgewebe, weil von ihm der Rosenstock gebildet, zum sichtbaren Bild gemacht wird.

Wir hatten letzthin zwei harte Winter, und es sind viele Rosenbäumchen erfroren, die im Frühjahr herausgerissen und verbrannt wurden. Das hätte niemand tun müssen, weil nur obenauf die Edelrose erfroren ist, nicht aber der Heckenrosenstamm, der sie trug. Man hätte dem oben glattgeschnittenen Stamm zwei Edelreiser einpfropfen können, wie wir das bei Apfelbäumen und Birnen machen. Dafür allerdings muß man etwas vom Kambium verstehen.

Es ist das einzige Zellgewebe in den Wurzeln, im Stamm, in den Ästen und in den Zweigen der Laubgehölze, zu denen die Rosen gehören, das nach beiden Seiten hin, nach innen wie nach außen, immerfort neue Zellen entstehen läßt. Man könnte wirklich an langsam aufgehenden Seifenschaum denken, nur daß es härter ist. Der ganze Rosenbusch, von der tiefsten Wurzelspitze bis hoch hinauf zur obersten Blüte, ist von der wachsenden Haut des Kambiums umgeben; zumindest im Frühjahr und im Sommer wächst diese Haut, aus welcher allerdings die Blüten, die Blätter und die Stacheln herausgukken. Man könnte sie mit einer Strampelhose vergleichen, da sieht man Gesicht und Hände der Kinder ebenfalls.

Wo immer ich nun am Rosenstock, ob alt oder jung, etwas schneide, habe ich es mit diesem Kambium zu tun; auch beim Okulieren, auch beim Anplatten, auch beim Pfropfen, ich komme noch darauf. Wie nämlich Wasser aufspritzt, wenn ich einen Stein in den Teich werfe, wie die Ameisen verrückt spielen, sobald man ihrem Nest zu nahe kommt, so schäumt gewissermaßen das Kambium auf, wenn es verletzt wird; und das ist immer der Fall, wenn ich mit der Säge, mit der langarmigen Astschere, mit der Rosenschere schneide oder mit dem Messer; und wenn ich vergesse, rechtzeitig die Etikettendrähte abzumachen oder wenigstens zu lockern. Das Kambium will die Wunden sogleich überwachsen, denn sein »Auftrag« lautet: alles Holz, ob jung oder alt, mit einer zusammenhängenden Haut überziehen. Man nennt diese überziehende Haut bei Verwundungen auch Kallus. Die Zellen des Kambiums wachsen am leichtesten, wenn sie nicht von einem stumpfen Messer zerfranst und zerquetscht sind, sondern wenn ich sie mit einem scharfen Messer glatt geschnitten habe.

Wer genau weiß, und das ist wichtig für den Rosengarten, was bei dem Primären und dem Sekundären Dickenwachstum vor sich geht, der sollte, weil sie ihm vielleicht Vergnügen bereiten, die folgenden Seiten trotzdem lesen.

Es gibt Themen, über die man klug daherredet, ohne viel von ihnen zu wissen. So ging es mir mit einem Angehörigen der Rosenfamilie. Nämlich einem Kirschbaum, dem Vogelkirschbaum. Es sollte wegen des Standortes neben der Haustür eine gefülltblühende Sorte sein, die keine Früchte bekommt, eine Vogelkirsche ohne Vögel also, ein Baum ohne Dreck neben der Haustür, *Prunus avium* 'Plena'. »Du fährst Anfang September sowieso nach Holstein«, hieß es, »wo Kordes Söhne das hundertjährige Bestehen ihrer Rosenschule feiern, und da kannst du bei Rudolf Schmidt in Rellingen einen Vogelkirschbaum aussuchen, so mit 20 bis 25 cm Stammumfang kostet er nach Katalog 1000,- DM, ungefähr wenigstens.« Als wir in der Baumschule das schönste Stück von *Prunus avium* 'Plena' ausgesucht hatten, fragte ich den Gärtner, was der Baum kosten würde. Da guckte mich der junge Bursche mit seinen großen blauen Augen an: »Aber Mann«, sagte er erstaunt, »wir haben heute den 3. September, und da kann doch jetzt keiner sagen, was der *Prunus* im November kostet.«

Ich wollte schon mein Verständnis kundtun, die allgemeinen Kostensteigerungen fielen mir ein, der Verfall des Dollars, die Entwicklung der Löhne, aber ich sagte gottlob nichts, denn der Gärtner schien meine Gedanken zu erraten. »Das hat mit dem Preis nichts zu tun«, sagte er, »die Preise stehen fest, sie stehen auch im Katalog, Bäumchen mit 18 bis 20 cm Stammumfang kosten pro Stück DM 690,–, mit 20 bis 25 cm Stammumfang kosten sie schon 1000 DM. Also die Preise wissen wir, nicht aber, wie dick die Stämme noch werden, denn das sekundäre Dickenwachstum, da sind die Vogelkirschen noch mittendrin, und was es letztlich bringt, das weiß noch niemand.«

Zu Hause habe ich in meine Bücher geguckt, bin aber nicht schlauer geworden. Nun versuche ich, mir allein einen Reim auf dieses sekundäre Dickenwachstum zu machen. Denn dem sekundären Dickenwachstum muß doch ein primäres Dickenwachstum vorausgegangen sein. Die Vogelkirsche aus der Verwandtschaft unserer Rose, gefülltblütig oder einfach, verliert im Herbst ihr Laub. Ihre Blütenknospen für das nächste Jahr hat sie bis dahin fertig. Mit einer wachshaltigen Hülle versehen, überstehen die Knospen den Winter. Zum Aufblühen, wenn es warm geworden ist, gehört nicht viel; die mit Blütenknospen ausgestatteten Ruten, auch von Schattenmorellen und Süßkirschen, lassen sich bereits im Dezember als Barbarazweige zum Blühen bringen. Bei der Rose geht das nicht, sie kann frühestens im Mai ihre Bütenknospen wachsen lassen, weil sie dafür Blätter braucht, der Kirschbaum jedoch braucht kein einziges Blatt, um zu blühen. Doch wenn im Frühjahr, im April, die Blütezeit der Vogelkirsche noch im Gange ist, beschäftigt den Baum, genauso wie die Rose, nur ein einziger Gedanke: Blätter, Blätter, viele grüne Blätter müssen wachsen. Auch die Vogelkirsche bekommt am alten Holz keine Blätter mehr, auch nicht am Holz derjenigen Zweige, die im letzten Jahr gewachsen sind; an diesem Holz vom vorigen Jahr hängen die Früchte der Schattenmorellen und der Süßkirschen im Garten sowie der Vogelkirschen am Waldrand (an den Waldrand wird der Förster kaum gefülltblühende Sorten gepflanzt haben). Damit neue Blätter wachsen können, müssen genau wie bei den Rosen erst grüne, krautige Sprosse treiben. Dieser Trieb kommt bei den Kirschen aus den Endknospen der Verzweigungen des letzten Jahres; sie werden ein Stückchen länger, die im Jahr zuvor gewachsenen Zweige, an denen nunmehr die Blüten sitzen. Wie viele Zweigspitzen, die alle länger werden wollen, mag der Kirschbaum wohl haben? Auf jeden Fall braucht er viel Wasser, das die Wurzeln aus dem Erdboden in die Höhe pumpen müssen. Außerdem konzentriert der Vogelkirschbaum seine Gedanken immer stärker auf das Steinobst, auf den Stein, den Kern, den Samen, die eigentliche Frucht. Damit der steinharte Same, selbst für männliche Drosseln unverdaulich, weit verbreitet wird, muß er erst einmal gefressen werden. Deswegen umhüllt ihn der Kirschbaum mit süßem, saftigem Fruchtfleisch, das von einer erst roten, allmählich fast schwarzen Haut zusammengehalten wird. Bei 'Büttners Schwarzer Knorpelkirsche' im Garten ist es genauso, nur nicht bei der Schattenmorelle, die schmeckt sauer.

Man kann sich gut vorstellen, wie das Pumpwerk in den Wurzeln im Frühjahr arbeiten muß, um das Wasser für den vielen Kirschsaft in die Höhe zu bringen.

Außer an die ersten Blätter und Früchte hat der Vogelkirschbaum auch an die Zukunft zu denken. Er »weiß« doch genau, daß er die schöne Welt mit den gleichzeitig blühenden Schlehen und den jungen Eichkatzen nur erleben kann, solange er wächst; und wenn es nur ein kleines Stückchen ist, aber er muß in jedem Jahr wachsen. Der grün und weich heranwachsende Trieb mit den neuen Blättern ist erst so dünn wie ein Wollfaden, der immer länger und immer dicker wird, und wo er im April zu wachsen angefangen hat, erreicht er fast die Dicke eines Bleistiftes.

Das Pumpwerk im Vogelkirschbaum arbeitet nicht nach dem Schema einer Vierzigstundenwoche. Das Pumpwerk kann nur soviel Wasser mit gelösten Nährstoffen in die Höhe pumpen, wie oben von den wachsenden Blättern verdunstet wird, was vornehmlich bei Sonnenschein, nicht aber bei Nacht erfolgt. Oftmals, vor allem über Mittag, muß also in kurzer Zeit viel Wasser mit gelösten Nährstoffen nach oben gelangen, das von den heranwachsenden, immer dickeren Trieben mit den inzwischen zahlreichen Blättern benötigt wird.

Die neuen Leitungen für dieses viele Wasser, um Stamm, Äste und Zweige herum, in der Funktion vergleichbar mit hintereinander und eng nebeneinandergelegten Strohhalmen, wie wir sie manchmal zum Trinken benutzen, baut das Kambium. An dem durchgesägten Stamm eines Vogelkirschbaumes kann man die Spuren dieses schnellen Leitungsbaues manchmal sehen. Der helle, breitere Kreis des Jahresringes ist im Frühjahr gewachsen, er besteht aus größeren Zellen, wie sie für den Wassertransport nötig waren.

Diese ganze Entwicklungsphase des Kambiums im Frühjahr und vor allem des Wachstums an den Vegetationsspitzen muß wohl der Vorgang sein, den man primäres Dickenwachstum nennt.

Es ist Sommer geworden, und die Vögel haben die Vogelkirschen gefressen. Hier und da haben auch die Freunde des ganz echten Schwarzwälder Kirschwassers an der Ernte teilgenommen. Die neuen Zweige für das nächste Jahr hat der Baum bis Mitte Juli vorbereitet, er kann erst einmal verschnaufen. Allerdings muß er noch die vielen Blätterknospen für das nächste Jahr anfertigen, die Knospen für den nächstjährigen Flor nicht zu vergessen. Für alle diese Knospen, zunächst nicht größer als Stecknadelköpfe, braucht der Kirschbaum nicht viel. So ist auch dem Kambium mehr Zeit gegönnt, mit kleineren Zellen entsprechend langsam weiterzuwachsen, wobei sich bereits in die Wände mancher Zellen härteres Holz einlagert, um dem Winter besser widerstehen zu können. Aber das Kambium wächst noch eine Weile weiter. Wenn der Vogelkirschbaum einmal gefällt und der Stamm durchgesägt wird, dann sieht man über dem helleren Kranz der Jahresringe einen schmaleren, deutlich dunkleren Kreis. Und dieser dunklere, kleinzellige, härtere Ring ist durch das Sekundäre Dikkenwachstum entstanden.

Diese Geschichte von der Vogelkirsche hat sich so ergeben. Ohne den Gärtner bei Rudolf Schmidt in Rellingen wäre ich vielleicht gar nicht auf das Thema gekommen. Ihm zum Dank habe ich das primäre und das sekundäre Dickenwachstum am Beispiel dieses Baumes dargestellt.

Machen nicht manche unserer Gartenrosen dreimal im Jahr dieses erste und zweite Dickenwachstum durch?

Kambium und Dickenwachstum haben etwas mit dem Veredeln der Rose zu tun, wobei sich die Frage stellt, ob gute Eigenschaften wie Frosthärte und Widerstandsfähigkeit gegen Pilzkrankheiten, die dem Wildling vielleicht als Erbgut von der Natur mitgegeben worden sind, auf die Edelsorte übertragen werden.

Wie ich schon geschrieben habe, ist es bei den anderen Laubgehölzen, die in unserem Klima heimisch sind, ebenso, nur daß Buchen keine Kirschen hervorbringen, sondern Bucheckern, Ahorne keine Bucheckern, sondern geflügelte Samen, die sich Kinder auf die Nasen setzen, und Heckenrosen rote Hagebutten, kleine Krüge gewissermaßen, in denen sich die Früchte, die Samen, befinden, sie taugen zur Aufzucht von Wildlingen, sind also Veredlungsunterlagen. Außerdem sind die Hagebutten als Vogelfutter verwendbar, auch hervorragend geeignet als Juckpulver – zumindest in meiner Schulzeit war das so.

Wenn ich eben die Heckenrose erwähnte, die Hundsrose (*Rosa canina*), so hat das zwei Gründe. Zunächst einmal »weiß« diese Rose ganz genau, wie Buche, Eiche und die übrigen Laubbäume bei uns auch, daß im Winter häufig alles Wasser zu Eis gefriert. Wenn das Wasser im Boden nur als Eis vorhanden ist, kann es nicht nach oben gepumpt werden. Andererseits: In der warmen Februarsonne müßten die Blätter, um nicht zu vertrocknen, ziemlich viel Wasser verdunsten. Aus diesem Grunde verzichten unsere Laubbäume und mit ihnen die *Rosa canina*, sowie andere Rosenarten aus Ländern mit dem gleichen Wechsel der Jahreszeiten, auf den Glanz der grünen Blätter und auf ihr schönes Rauschen im Wind, sobald es Herbst geworden ist; es gibt einen einzigen Trotzkopf unter ihnen, der das nicht mitmacht, das ist der *Ilex*; manchmal bekommt ihm die immergrüne Angeberei allerdings schlecht, man spricht dann von Frostschäden. Außer beim *Ilex* verbleiben die Anfänge der neuen Blätter in kleinen Knospen an den Zweigen, die bis zum Sommer gewachsen sind. Wenn im Frühjahr der Schnee geschmolzen ist, dann brechen die Knospen auf, und das grüne Wachstum beginnt. Alles das, die Abhärtung der jungen Zweige, das Einwickeln der Blätterknospen: dieses Training für den Winter fängt bereits Mitte Juli an; bei den Zweigen ist es wirklich eine Abhärtung, eine richtige Härtung, zu Holz nämlich – bei der *Rosa canina* zu Rosenholz.

Dagegen gibt es einen Einwand: Unsere Gartenrosen, die meisten von ihnen, denken gar nicht daran, im Juli das Wachstum einzustellen. Auch im Oktober nicht, und manche von ihnen haben noch an Fastnacht grüne Blätter. Aber ich habe absichtlich nur von der *Rosa canina* gesprochen.

Diese stachelige Rose, die an Waldrändern, auf Bahndämmen und in ehemaligen Sandgruben vorkommt, ist gewissermaßen der Star unter den Wildlingen. In ihr Kambium wird von derjenigen Edelrose, die ich im Garten haben möchte, eine Winterknospe, wie sie oben beschrieben ist, oder auch ein dünner Zweig mit mehreren Knospen hineingesetzt. Wenn die Veredlung gelungen ist und diese Rose im nächsten Jahr wächst, trifft sie nicht wie ihre Unterlage schon im Juli die Vorbereitungen für den Winter. Der Wildling im Boden kann so tapfer, so hart gegen Frost, gegen Trockenheit und stauende Nässe sein, wie immer er will: Wenn die Edelrose von ihrer verwöhnten Rosennatur her wehleidig ist, dann bleibt sie wehleidig.

Der erste Liebesroman, den ich gelesen habe, ist »Schloß Hubertus«, von Ludwig Ganghofer. Ich bekam das Buch von unserem Kohlenhändler Hinz zu meiner Einsegnung. In diesem Roman gibt es eine wunderschöne junge zarte Grafentochter. Gleich auf den ersten Seiten des Romans kommt dieses Mädchen von der hoch im Gebirge befindlichen Jagdhütte des Herrn Vaters herunter. Ehe das hübsche Kind das grüne Wiesental und das Schloß Hubertus erreicht, bricht ein Gewitter los. Es ist ein Gewitter, daß sogar die Gamsböcke das große Zittern bekommen. Und vom Sturzregen ist der Gebirgsbach so wild geworden, daß er den einzigen Holzsteg wegreißt. Nur ein paar Felsbrocken ragen hier und da aus dem Wasser. In diesen Augenblicken größter Not kommt ein Jägersmann daher; es ist ein junger Jäger, der schon eine Ehefrau haben könnte, aber noch keine hat. Es ist doch klar, daß der Jäger die schöne Tochter des Grafen, bei welchem er im Dienst ist, mit beiden Armen hochhebt und sie, vorsichtig von Stein zu Stein tretend, über den wilden Gebirgsbach trägt. Das dramatische Geschehen dauert nur fünf Minuten. Aber selbst dann, wenn der Jäger die Tochter des Grafen ein ganzes Jahr lang tragen würde, bekäme sie keinen Stoppelbart, keine tiefere Stimme, könnte sie nicht jodeln, keinen Hirsch totschießen und sich nicht jeden Abend von Mehlschmarrn und ausgelassenem Speck ernähren.

Ich glaube tatsächlich, daß die hübsche Comtesse im Schloß Hubertus Kitty heißt. Es gibt eine Rose, die heißt auch 'Kiddy', das schöne Kreuzungsergebnis zwischen 'Madame Dieudonné' und einem Sämling. Nehmen wir an, ich veredle einen Wildling mit dieser schönen Rose. Obwohl 'Kiddy', wenn die Veredlung gelingt, dem Wildling buchstäblich in den Hals hineingewachsen ist, behält sie doch ihre Eigenschaften: die dunkelroten Blüten stehen zu mehreren beieinander, sie duften, und es gibt mehrere Blütezeiten während eines einzigen Sommers. Dabei leben der Wildling und 'Kiddy' gewissermaßen mit denselben Blutbahnen, was bei dem Jäger und der schönen Grafentochter nicht der Fall ist, da kann er die Comtesse solange tragen, wie er will. Jetzt kann man sagen, daß 'Kiddy' (Nachkomme von 'Madame Dieudonné' und einem Sämling) auch mit eigenen Wurzeln wachsen könnte, man müßte nur einen Steckling schneiden, ihn in sandige, torfhaltige Erde stecken und bei leichter Feuchtigkeit halten. Gewiß kann man das. Doch möglicherweise ist 'Kiddy' von ihrer Rosennatur her mit zarten Wurzeln ausgestattet; mit Wurzeln, die schon blaue Flecken bekommen, wenn sie sich nur in der Nähe eines Steines befinden. Edelsorten mit wehleidigen Wurzeln kommen besser zurecht, wenn sie von kräftigen Wildlingen getragen werden. Von der heimischen *Rosa canina* wissen wir, daß ihre Wurzeln verwucherte Waldränder, aufgeschüttete Bahndämme und steinige Kiesfluren gewohnt sind; diese Lebenstüchtigkeit der Wurzeln trägt dann die Edelsorte 'Kiddy'. Es ist wie bei Kitty, der schönen Tochter des Grafen, die in den starken Armen des Jägers sicherer über den Bergbach kommt, als wenn sie selber die Sprünge gewagt hätte.

Ende Juli, Anfang August oder auch etwas später, wenn das Wachstum in die Länge aufgehört hat und unter der grünen Rinde das Kambium schäumt, will ich der *Rosa canina* die Knospe einer Edelrose einsetzen, sagen wir die Knospe der 'Kaiserin Auguste Viktoria', von Peter Lambert gezüchtet.

Es ist keine Blütenknospe, auch keine Knospe, aus welcher nur Blätter herauswachsen, wenn der Winter vorbei ist. Vielmehr handelt es sich um eine Knospe, aus welcher ganz weich und grün, vielfach auch rötlich, ein junger Zweig herauswächst. Seitlich an diesem Zweig entwickeln sich zarte Blätter, und an der Spitze, erst ganz klein wie eine halbe Erbse, schließlich so groß wie ein Radieschen, bildet sich die Blütenknospe.

Weil dieser Zweig im Frühjahr aus der Knospe herauswächst und sich wenige Wochen später noch in demselben Frühling an seinem Ende die Knospe bildet, sagt man von den Rosen: »Sie blühen am jungen Holz.«

Man bezeichnet diese Knospen, in denen sich keine Blüten befinden, meistens als Augen. Das ist schön, weil sich nun poetisch sagen läßt: Mein Rosenstrauch schlägt die Augen auf. Oculus sagt der Lateiner, wenn er Auge meint. Weil Gärtner viel vom Latein halten, sagen sie nie: »Ich setze der *Rosa canina* ein Auge der 'Kaiserin Auguste Viktoria' ein.« Es ist nur immer vom Okulieren die Rede. Wenn ich mit Karl Fischer im vornehmen Café König sitze, dann brauche ich nur etwas lauter vom Okulieren zu reden, und die übrigen Gäste, sofern sie das gehört haben, betrachten mich mit größerem Interesse.

Wenn ich etwas vom Kambium weiß, dann wird das Okulieren, also das Zusammenfügen von zwei verschiedenen Rosen, sehr viel verständlicher. Doch ob die Veredlung auch anwächst, das weiß man nicht, das kann man nur hoffen.

Ich bringe mir also, in feuchtes Papier eingewickelt, von Anny Jacob aus Marl, vielleicht auch von Röhls aus Paradiese, einen Zweig der 'Kaiserin Auguste Viktoria' mit; denn es gibt die Sorte nicht so oft. Nun schaue ich nach, wo in der Umgebung eines Auges keine Stacheln sind. Das geschärfte Okuliermesser befindet sich in meiner rechten Hand. Nun setze ich dieses scharfe Messer eine Daumenbreite über dem ausgewählten Auge an die grüne Rinde; und zwar setze ich es schräg an, daß sich nunmehr mit ziehendem Schnitt ein dünner Rindenstreifen loslösen läßt. Und auf diesem Rindenstreifen, nicht ganz so groß wie ein Fingernagel, sitzt das Auge der 'Kaiserin Auguste Viktoria'. Ich habe vergessen zu schreiben, daß die Knospen, die Augen also, stets über den Blattstielen an den Zweigen sitzen. Und diesen Blattstiel beläßt man dem Edelauge bei der Okulation.

Bevor ich mit ziehendem Schnitt das Auge von dem Zweig der 'Kaiserin Auguste Viktoria' löse, muß der Wildling, die Unterlage, in diesem Fall die Canina, für die Okulation vorbereitet werden. Meistens erfolgt diese Veredelung in den Wurzelhals, in das kurze Stück des Rosenstammes, das sich über den obersten Verzweigungen der Wurzel noch im Erdboden oder knapp darüber befindet. Man muß etwas Erde wegkratzen; sandigen Boden mit der Hand, schwereren Boden mit der Hacke, bei mir geht das am besten mit dem Spaten. (Ich müßte die Wildlinge eigentlich aus Altersgründen in großen Blumentöpfen heranziehen, die sich auf einen Tisch stellen lassen. Aber hingekniet, vielleicht auf einen zusammengelegten Kartoffelsack, das geht schon auch noch.) Ich bewundere die Veredler auf den Rosenfeldern, bei denen sich wie bei dem Maler Horst Antes der Kopf unmittelbar über den Füßen befindet, und dies bei heißer Sommersonne von früh bis spät. Die Vorgänge der Okulation bei hochstämmigen Rosen sind dieselben, nur daß man sich nicht zu bücken braucht.

Es ist klar, daß der Stamm, ob am Wurzelhals oder oben, erst mit einem Lappen abgewischt wird. Ich muß ja mit dem scharfen Messer in die Rinde und in das Kambium hineinschneiden, und da hat alles sauber zu sein. Es wird nunmehr, wieder mit dem ziehenden Messer, ein waagerechter Schnitt gemacht; so lang, wie ein Fingernagel breit ist. Aber nicht mit Gewalt, nicht ins harte Holz hinein, nur so tief, wie das Messer beinahe von allein in Rinde und Kambium eindringen würde; es ist so, als ob man die schwarze Haut einer Thüringer Rotwurst durchschneidet. Unter diesen Querschnitt, in der Mitte angesetzt, ziehe ich mit dem scharfen Okuliermesser noch einen senkrechten Schnitt in den Rosenstamm nach unten; so lang, wie zwei meiner Fingernägel lang sind. Wenn nun der Zeitpunkt günstig ist – das vorangegangene Wetter mit Regentagen und Sonnentagen –, wenn folglich das Kambium »quillt« und gut wächst, dann lösen sich die beiden Rindenlappen, die durch meinen T-Schnitt entstanden sind, leicht von dem darunter beginnenden weißgelben, feuchtglänzenden, harten Rosenholz. Und nun, ohne mit den Fingern die Schnittflächen zu berühren, schiebe ich das Auge der 'Kaiserin Auguste Viktoria' von oben hinter die losgelösten Hälften meines T-Schnittes. In der linken Hand habe ich mein Messer, um damit die losgelöste Rinde immer wieder zu öffnen, wenn sie sich schließen will. Das Edelauge, mit Daumen und Zeigefinger der rechten Hand an Knospe und Blattstiel gefaßt, läßt sich gut halten und so weit nach unten ziehen, bis es sich zwischen den beiden Rindenlappen befindet. Falls der obere Teil der Rindenzunge, auf der sich Edelauge und Blattstiel befinden, über den Querschnitt in der Rinde des Wildlings, des Rosenstammes also, hinausragt, wird er abgeschnitten. Und nun, so heißt es in modernen Gartenbüchern, wird die Veredlungsstelle mit einem Schnellverschluß dichtgemacht. Ich habe noch nie einen Schnellverschluß in Händen gehabt. Man verwendet diese Schnellverschlüsse in Baumschulen. Selbst in kleineren Baumschulen veredelt man im Sommer wenigstens sechstausend Rosen. Wie viele waren es eigentlich bei mir im vergangenen Jahr, zwei oder drei? Ich habe doch Zeit, meine Veredlungen fest mit Bast zu umwickeln. Hinterher guckt außer dem

Blattstiel nur noch das Auge heraus; es bleibt noch ein Weilchen Sommer, und es bleibt die Hoffnung, daß es anwächst, das Auge der 'Kaiserin Auguste Viktoria'. Irgendwann im September betupft man den Blattstiel mit einem Finger. Ich selbst mache das nie. Weshalb schon im Herbst enttäuscht sein, wenn meine Vorfreude auf die neue Rose doch wenigstens bis Ostern andauern kann? Wenn ich den Blattstiel im Herbst antupfe, und er bricht nicht sofort ab, dann ist es aus mit der 'Kaiserin Auguste Viktoria'. Doch wenn er abbricht, dann ist sie angewachsen.

Alles zurück, sagt das Kambium zu seinen Holzzellen, man hat uns die Kaiserin Auguste Viktoria eingepflanzt, die muß wachsen.

Unter dem Bast fängt nun das Kambium an, neue Zellen aufzublasen, daß die zerschnittene Rinde über dem eingeschobenen Schildchen wieder zusammenwächst. Dieses Schildchen hat selbst ein schmales, grünes Oval an Kambium eingebracht. Sehen wir uns nochmals so einen Rindenstreifen, auf dem das Edelauge sitzt, von unten an. Das taugliche Oval besteht aus einem hölzernen Span, er ist weiß, hier und da etwas gelblich, hart. Um diesen Span zieht sich eine verhältnismäßig dicke Linie herum, sie ist innen, dem Holz anliegend, hellgrau, auch gelblich, und nach außen hin wird sie grün. Das also ist die Rinde mit dem darunterliegenden Bildungsgewebe, dem wachsenden, sich nach außen und nach innen vermehrendem Wachstumsring, dem Kambium. Aber dieses Oval des Kambiums, dessen Form an eine Büroklammer denken läßt, liegt doch auf dem blanken Holz des Wildlings, der *Rosa canina*. Wie können denn die lebendigen Zellen dieses Gewebes mit älteren Zellen zusammenwachsen, die nichts als Holz sind? Gewiß, man kann den hölzernen Span vorsichtig, letztlich mit einem kleinen Ruck, herauslösen. Nun besteht die ganze Unterseite des Rindenschildchens, auf dem sich das Edelauge befindet, aus lebendem Kambium. Aber liegt es nicht ebenfalls auf dem blanken nackten Holz? Wo kommt eigentlich das Kambium der Unterlage mit demjenigen des Edelauges, damit sie zusammenwachsen können, in Berührung? Ja, wozu hat man Bücher? Wozu gibt es Bibliotheken? Vergebens. Nach drei Tagen rief ich in Freiburg Professor Dieter Vogellehner an; von ihm habe ich ein Buch, es heißt »Baupläne der Pflanzen«. Er konnte meine Frage nicht auf Anhieb beantworten, aber nach zwei Tagen rief abends Dieter Vogellehner bei mir an: Es scheine ihm so, daß manche Pflanzen bereits differenzierte Zellen wieder zurückdifferenzieren könnten, wenn dies aus irgendwelchen Gründen zweckmäßig sei.

Ach du liebe Natur der Rose! Sie bringt es fertig, in manchen Hagebutten der Canina fruchtbare Samen wachsen zu lassen, ohne daß die Blüten befruchtet worden sind. Da wird es auch mit der Zurückdiffe-

'Alchymist' ist eine gut duftende, sommerblühende Strauchrose, man sieht sie oft in der Schweiz.

Starkwüchsige, dauerblühende Kletterrose 'Karlsruhe',
die dicht gefüllten Blüten duften.

renzierung von bereits differenzierten Zellen klappen. Aber was ist das wohl? Differenzieren heißt Unterschiede machen, Eigenarten, Aufgaben teilen. Das Kambium muß ja den Rosenstamm von Jahr zu Jahr dicker machen. Das ist die eigentliche Schöpfungsidee für dieses lebende Gewebe. So sagt das Kambium eines Tages zu seinen dicht am Holz des Rosenstammes liegenden Zellen: Ihr dort hinten werdet jetzt Siebröhren, die nächsten machen zwei Harzkanäle, und die übrigen Zellen werden Wasserleitung, Markstrahlen und Tüpfel. Auf diese Weise entstehen die phantastischen Bilder von Wolkenkratzern, die Wand an Wand zusammengebaut und teilweise aus Glas sind, daß man die Feuerleitern, Treppen und Fahrstühle, Paternoster und U-Bahnschächte sehen kann, alles aus Holz, auch das Glas. Kaum haben die Verwandlungen angefangen, heißt es wieder kehrt, alles zurück, lebendig werden, sich vermehren, man hat uns die 'Kaiserin Auguste Viktoria' eingesetzt, die muß wachsen.

Die Rosengärtnerei ist schon voller Erlebnisse! Und nun weiß ich auch, was mit den Canina-Stämmen zu machen ist, deren Kronen erfroren sind. Unter der alten Veredlung säge ich die erfrorene Krone ab. Die Schnittstelle wird mit dem Messer glattgeschnitten. Nun schneide ich von oben her und mit ziehendem Schnitt in den Stamm hinein; ich spalte ihn also. Der Spalt soll so tief sein wie ein Bleistift lang ist. Alsdann nehme ich zwei mit Knospen, mit Augen besetzte Zweigstücke der Rose, die auf dem Stamm wachsen soll, ebenfalls in der Länge eines Bleistiftes, ein bißchen mehr oder ein bißchen weniger ist unwichtig. Wiederum mit dem scharfen Messer schneide ich den unteren Teil der Zweige jeweils zu einer langen Spitze; nein, es wird keine lange Spitze, es wird ein Keil. Die beiden Keile schiebe ich nun so in den Spalt, daß jeweils an der äußeren Seite ihr Kambium demjenigen des gespaltenen Stammes aufliegt. Ganz fest wird Bast herumgewickelt, Bienenwachs, Baumwachs, irgendetwas Wasserabweisendes über den Bast und die Schnittfläche geschmiert, fertig!

Nein, noch einen Bügel aus Weidenholz darüberbinden, Hasel geht ebenso. Die Amseln, zu Goethes Zeiten noch scheue Waldvögel, sind geradezu dick und hühnerähnlich geworden. Nicht daß sich so eine Amselhenne auf das Edelreis setzt, ehe es angewachsen ist. Das tut sie nun auch nicht, sie respektiert den Rosengärtner, der eigens ihretwegen den Sitzbügel aus einer Weidenrute gebunden hat.

8. Kapitel

wandert sie mit den Wurzeln?

Um in die Botanik einzudringen, braucht ihr eine Nadel mit Holzgriff, eine Pinzette und eine Lupe.« Meistens wurde die Lupe dann dazu benutzt, die Sonne einem Mitschüler in der Pause, wenn er nicht aufpaßte, von hinten in den Hals stechen zu lassen. Wenn ich mich richtig erinnere, hieß das kleine Buch, mit welchem einschließlich Nadel, Pinzette und Lupe die Pflanzen zu bestimmen waren, Schmeil-Norrenberg. Das war 1925 in der Sexta des Realgymnasiums von Potsdam.

Jetzt habe ich einen Schmeil-Fitschen, 1950 erschienen. Es beginnt auf Seite 12. In jedem Abschnitt muß zwischen zwei Möglichkeiten entschieden werden. Zuerst steht da: Pflanzen ohne Blüten und Samen; Vermehrung durch einzellige, staubfeine Körner; Bärlappe, Schachtelhalme usw.; Kryptogamen, Blütenlose oder Sporenpflanzen, Seite 76. Dazu aber gehört die Rose nicht. Sie trägt zwar ebenfalls Sporen, leider, meist an den Blattunterseiten, aber die gehören zum Sternrußtau, einem Pilz, oder es hat sich Rost angesiedelt, gleichfalls ein Pilz, doch noch gefährlicher; beide sind unerwünscht.

Bei jeder Zahl in diesem Schmeil-Fitschen gibt es zwei Möglichkeiten. Die eine Möglichkeit waren soeben die Kryptogamen. Aber die Pflanze, deren Namen ich bestimmen will, hat Blüten, sie kann also nicht zu den Blütenlosen oder den Sporenpflanzen zählen. Bei der zweiten Möglichkeit im ersten Absatz heißt es: Pflanzen mit samenerzeugenden Blüten, die entweder Staubbeutel oder Stempel oder beide enthalten; Phanaerogamae; Samen- oder Blütenpflanzen. Weil der Zweig in meiner Hand eine Blüte hat, und weil sich in dieser Blüte sowohl Staubbeutel als auch Stempel befinden, bin ich auf dem richtigen Weg.

Es gilt nun, im nächsten Absatz nachzusehen, was es da für Möglichkeiten gibt. Die erste Möglichkeit lautet: Samenknospe frei, nicht von einem Fruchtknoten eingeschlossen, Bäume oder Sträucher mit nadel- oder schuppenförmigen, meist immergrünen Blättern. Das sind die Nadelbäume, denke ich, weiterlesen in dieser Rubrik lohnt sich nicht, es handelt sich um Gymnospermae, um Nacktsamige Pflanzen; nicht zu verwechseln mit dem nacktsamigen Jasmin, der keine Kelchblätter zum Schutz seiner gelben Blüten hat, die trotz ihrer Nacktheit mitten im kalten Winter aufgehen und weithin leuchten; in den Zeitungen steht dann häufig: »Die Forsythien an der Bergstraße blühen bereits.« Aber es sind natürlich gar keine Forsythien, die sehr viel später kommen, sondern es ist der Nacktsamige Jasmin, der von weitem den Blüten der Forsythie ähnelt.

Die andere Möglichkeit dieses Abschnittes lautet: Samen, von einem Fruchtknoten eingeschlossen, Bedecktsamige Pflanzen. Es gibt abermals wieder zwei Möglichkeiten, und hier lautet die erste: Laubblätter in der Regel mit parallel oder bogig verlaufenden, unverzweigten Hauptnerven. Ja, ja, denke ich, das sind die Gräser, die Lilien, die Einkeimblättrigen, weil sie nur ein einziges Keimblatt haben. Doch meine Pflanze, die ich bestimmen will, gehört nicht dazu. Also muß sie zur zweiten Möglichkeit dieses Abschnitts gehören, und das stimmt auch. Denn sie hat fiederig oder fingerig angeordnete Hauptnerven. Daß der Keimling zwei Blätter hat, ist dem Zweig zwar nicht anzusehen, doch läßt die Netzartigkeit der Blattadern keinen Zweifel zu, mein Blütenzweig gehört zu den Zweikeimblättrigen.

Es ist doch nützlich, etwas über die Eigenarten zu erfahren, die den Wildarten der Rose von Anfang an mitgegeben worden sind. Muß Botanik langweilig sein?

Der Abschnitt, auf den mich nunmehr der Schmeil-Fitschen verweist, bietet wiederum zwei Möglichkeiten an. Meine Pflanze gehört aber eindeutig nicht zu den Kräutern, sondern zu den Bäumen und Sträuchern, so daß ich auf Tabelle II verwiesen werde, die auf Seite 16 beginnt. Nun geht es mit den beiden Möglichkeiten jedes Absatzes weiter, und so komme ich auf die Familie der Rosaceae, der Rosenartigen Gewächse, Seite 262. Da gibt es viele Bekannte, die Kirsche, den Apfel, die Erdbeere. Mich führen jedoch die jeweils zwei Möglichkeiten zu Absatz 14: Blütenboden krugförmig, den gestielten Fruchtknoten einschließend, zur Fruchtzeit fleischig, Blätter gefiedert. *Rosa*, Seite 272. Schließlich komme ich von dieser Seite an mit den Alternativen der einzelnen Abschnitte zu folgendem Ergebnis: Weil die Griffel aus dem Blütenbecher nur wenig hervorragen, die äußeren Kelchblätter fiederspaltig, die Stacheln der Schößlinge gleichartig oder nur am Grunde des Stammes mit kleineren Stacheln untermischt sind; weil die Blätter meist siebenzählig, die Blättchen an den Blättern unterseits meist drüsenlos, duftlos, seltener mit vereinzelten Drüsen, aber auch dann stets ohne Weingeruch sind; . . . weil die Blättchen kahl, die Blattstiele kahl, seltener behaart, die Griffel selten verlängert und die Pflanzen häufig anzutreffen sind, handelt es sich um die Hundsrose, *Rosa canina* L. Dieses L. besagt, daß der Botaniker Linné die Rose wissenschaftlich gültig beschrieben und in das System der Pflanzen eingeordnet hat; aber er mochte sich mit dieser Gattung nur ungern anfreunden. Sie war ihm in ihrer Verwandlungslust allzu launenhaft. Der Schmeil-Fitschen von 1950 führt insgesamt 22 Wildrosen unserer heimischen Flora auf.

Unser Lehrer in Naturkunde in der Sexta hieß Timm. Studienrat Timm war 1925 schon alt, über vierzig, er hätte beinahe nicht mehr als Freiwilliger am Ersten Weltkrieg teilnehmen können. Als die Heckenrosen anfingen zu blühen, sollten wir Blüten mitbringen, jeder eine Blüte, sie wachsen überall im Krähenbusch, am Bahndamm nach Geltow, auf dem Kiewitt, überall. Und wir sollten die Nadel mit dem Holzgriff, die Pinzette und die Lupe nicht vergessen. Vor allem aber Rosenblüten! Das brachten wir dann auch alles. Es sah richtig feierlich aus, als wir am Donnerstag ankamen, jeder eine Rose mit Daumen und Zeigefinger vor sich hertragend, denn sie durfte ja nicht kaputtgehen, in der Schultasche wäre sie zerquetscht worden.

So sehr man darüber lacht, ist sie für das Erlernen der Botanik ganz wichtig, die auseinandernehmbare, rosa, gelb und grün angestrichene Rosenblüte nebst Kelchblättern aus Holz.

Doch Studienrat Timm, dem die grauen Haare wie Borsten einer Bürste auf dem Kopf standen, beachtete unsere Rosen gar nicht. Als das Klingeln aufgehört hatte, war er hereingekommen und erst einmal, nachdem er »Morgen« gesagt hatte, zu den fünf Aquarien am wandbreiten Fenster gegangen. In den Aquarien, außerdem noch in runden, merkwürdig breiten und oben grün gerandeten Gläsern wuchsen Pflanzen und lebten Tiere, kleine Fische, buntgefleckte Molche und Schnecken. Doch der Lehrer in Naturkunde hatte eine ganz besondere Liebe, und das waren die Gelbrandkäfer. *Dytiscus marginalis* ist, was die Tierkunde angeht, der einzige wissenschaftliche Name, den ich behalten habe. Dann sah er aber doch, wie es schien, mit größter Zufriedenheit, die Heckenrosen auf unseren Pulten.

»Heute ist die Rose dran«, sagte Studienrat Timm, »und nächste Woche nehmen wir die Walderdbeere durch, die gehört zur Rosenfamilie, bringt mal ein paar Pflanzen, vor allem Blüten, mit. Sie wachsen im Wildpark, wo in den grünen Tümpeln der *Dytiscus marginalis* lebt, er frißt auch kleine Molche.«

Wir mußten dem Studienrat Timm stets kleine Molche und Stichlinge für die Gelbrandkäfer mitbringen.

»Aber keine so großen Stichlinge, die stechen zu sehr, genau wie die Hundsrose mit ihren Stacheln, aber darauf kommen wir gleich. Erst der Name, er lautet *Rosa canina*, von dem lateinischen Wort für Hund abgeleitet, von canis also, die Hundsrose. Wir wollen uns jetzt mal eine Blüte ansehen.«

Die mitgebrachten Rosen, Nadeln mit Holzgriff, Pinzetten und Lupen waren noch nicht gefragt. Timm ging in den Nebenraum, wo sich ausgestopfte Eulen, Füchse, andere Tiere und das Skelett eines Menschen aufhielten, und er kam mit einer wunderschönen Rose wieder; sie hatte hellgrüne Kelchblätter, rosaschimmernde Blütenblätter sowie goldgelbe Staubblätter, ich werde das nie vergessen. Die Blüte war groß, nicht so groß wie das Rad eines Motorrollers, eher wie ein Suppenteller. Noch von der letzten Reihe aus konnte man Staubbeutelchen und Narben unterscheiden. Mit Ausnahme des viereckigen Fußes, der aus Eisen und schwarz angestrichen war, bestand unsere *Rosa canina*, schön angemalt und lackiert, aus Holz.

Dann nahm Timm die Rose auseinander, wobei es jedesmal etwas knallte, wenn er ein Blütenblatt oder ein Staubblatt auf den hölzernen Tisch legte. Die Aufmerksamkeit war groß, denn wir wußten, daß jeder von uns hinterher die hölzerne Rose auseinandernehmen oder zusammensetzen können mußte; selbstverständlich waren dabei die einzelnen Teile zu erklären.

»Wichtig bei der Rose ist eine Zahl, die Fünf. Merkt euch immer fünf verschiedene Teile von der Blüte. Einmal sind es die Blumenblätter, fünf an der Zahl; sie sind rosa, jedes von ihnen sieht wie ein Herz aus. Dann kommen da mittendrin die Griffel mit den Narben, das Weibliche der Rose. Und ganz da unten, rund, hart, sehr hart sogar, das sind die Früchte, die Samen. Anfangs ist jede Frucht nur ein Blatt gewesen, ein Fruchtblatt, die Anzahl ist unterschiedlich, hier haben wir acht. Dazwischen, von oben gesehen, das Gelbe und Niedliche, das sind die Staubblätter, das Männliche. Wenn ein Staubkorn auf die feuchte Narbe fällt, dann wächst es mit einem Faden da ganz herunter in das Dickere rein, und dann ist die Rose befruchtet. Das alles sitzt in einem Kelch, der wie eine Vase aussieht, wie ein Krug, wie ein kleiner, runder Bottich, eine bottiglia, eine Buddel. Weil die Rosen vielfach in einer Hecke, in einem Hag zu finden waren, erhielten diese kleinen Kelche den Namen Hagebutte. Fünf Teile also: Blütenblätter, Narben, Früchtchen, Staubbeutel und die Hagebutte. Dann kommen die Kelchblätter, es sind immer fünf, und sie sind immer gefiedert, irgendwie aufgeschlitzt, als hätten es normale Blätter werden wollen, wofür die Zeit nicht mehr gereicht hat. Kelchblätter und Rose werden von dem grünen Blütenstiel getragen, der Blätter hat, wir haben hier nur ein einziges Blatt an dem Modell, aber die anderen sind genauso. Das Blatt besteht aus Fiedern, hier sind es sieben, und außerdem befinden sich unten am Blattstiel noch Nebenblätter, sie sehen wie die Lanzenschuhe der Ulanen aus, aber die gibt es nicht mehr, leider.«

Nachdem wir das alles mit immer anderen Worten heruntergeschnurrt hatten, sollten wir mit der Nadel, die einen hölzernen Griff hatte, mit der Pinzette und der Lupe unsere mitgebrachten Blüten auseinandernehmen. Ich staunte nur immer, was für dicke Finger ich hatte. Ich polkte mit der Nadel in der geöffneten Buddel herum, aber es war mir nicht möglich, etwas Dickes, Hartes, ein Nüßchen auszumachen, denn ich war mit der Lupe entweder zu dicht dran oder zu weit weg. Manchmal war es, als ob ich einen Lichtschalter in einer einzigen Umdrehung anknipste und wieder abschaltete, da sah ich etwas. Das kam mir wie ein liederliches Knäuel von weißgrünem Garn vor, irgendwo auch ein bißchen gelblich. Ich habe es nie gelernt, mich mit Lupe, Pinzette und der Nadel im Inneren fremder Blüten zurechtzufinden; doch die bemalte, lackierte und auseinandernehmbare Rosenblüte aus Holz habe ich nie vergessen.

Ist das, was bei der Rose von unten aufwächst, ein Trieb, wie immer gesagt wird, oder ist es eine Rute, oder ist es ein Stamm?

Bei dieser unserer bekanntesten heimischen Wildrose ist alles einfach, die Blüte mit ihren rosa Herzblättern und auch ihre Beschreibung. Denn was da alljährlich grün aus dem Boden herauswächst und bis zum Sommer meterlang oder länger wird, das nennen wir kurz und bündig eine Rute. Eine Rute ist trotz einer gewissen Steifheit, die sie erlangen kann, immer beweglich, elastisch, wie wir das von der Angelrute und vom Schwanz des Fuchses her kennen. Bekannter und verbreiteter als die Rute der Wildrose ist die Himbeerrute, weil sie in beinahe jedem Garten wächst; wer pflanzt sich schon eine Hundsrose auf sein Blumenbeet.

Im zweiten Jahr, genauso wie die Himbeere, macht die *Rosa canina* im oberen Teil der Ruten einige Verzweigungen, und an denen blüht sie. Die Ruten neigen sich dann etwas, denn die Verzweigungen mit ihren vielen Blättern und Blüten, besonders bei Regenwetter, sind schwer. Es ist etwas Leichtes, etwas Schwebendes an den Blüten dieser Rose; als holzigen Strauch, gar als Baum könnte man sie kaum ernst nehmen, aber krautartig wie eine Waldblume ist sie ganz und gar nicht.

Der Förster läßt die Rosen am Waldrand gewähren, sie machen es von alleine richtig. Und der Stadtgärtner merkt schon, wenn der*Rosa canina* im Park das alte, ohnehin nicht mehr blühende Holz lästig wird. Er schneidet es so tief ab, wie er mit der langarmigen Astschere greifen kann. Aber auch von allein zerfällt das alte Rosenholz recht schnell, wenn es vom Strauch nicht mehr gebraucht wird. In jedem Jahr wachsen neue Ruten heran. Ruten? Wenn wir an die Ruten der Füchse denken, der Rot- und Silberfüchse, scheint dieser Ausdruck nicht ohne weiteres zu passen; er paßt auch durchaus nicht bei jeder Rosensorte, aber bei der *Rosa canina* ist »Rute« genau der richtige Ausdruck.

Statt von Ruten ist selbst bei Professor S. G. Saakow in Leningrad, der von den »höheren« Gärtnern das meiste über Wildrosen geschrieben hat, nur immer von Trieben die Rede. Es kann aber sein, daß der berühmte Rosen-Gelehrte sich im Russischen anders ausgedrückt hat und die Triebe von den deutschen Übersetzern eingeschmuggelt worden sind.

Wo man auch hinguckt und hinhört, immer ist dasjenige an einer Rose, das aus dem Boden herauskommt, um sich weiter oben zu verzweigen, ein Trieb. Mir gefällt das nicht. Wenn ich die Kühe im Frühling nach oben in die Bergwelt der Almen treibe, dann ist das ein Auftrieb. Diesem Auftrieb folgt im Herbst, wenn der Winter naht, der Abtrieb. Wenn die Tannenbäume im Frühling wieder zu wachsen anfangen, daß es aussieht, als hätten sie helle Lichter aufgesteckt, dann spricht man von Maitrieb. Ein Brotteig, der unter dem karierten Küchentuch auf der Ofenbank liegt, weil die Kacheln noch warm sind, treibt. Eine Ente auf dem See, die sich ein paar Minuten ausruhen will, treibt auf den Wellen dahin. Ein Bussard, der über dem Hof kreist, treibt die Hühner unter den Heuwagen und in den Stall. Die ausgesäten Samen des Knollenselleries keimen und treiben. Auch von einem Schößling kann man sagen, er treibt. Treiben hat immer etwas mit Bewegung zu tun. Doch am Mittelstück der üblichen Rose, also an dem Stück zwischen der Veredlung und dem ersten Seitenzweig, »guck mal genau hin«, da treibt doch nichts. Darunter, aus dem Wurzelhals heraus, kann es mal einen Wildtrieb geben, der sich leicht an helleren Blättern erkennen läßt, als sie die Edelrose hat: das ist ein wirklicher Trieb; man läßt ihn nicht weiterwachsen, sondern man reißt ihn mit einem scharfen Ruck heraus.

Um klare Beschreibungen der Rosen drückt man sich gern herum. Im Schmeil-Fitschen finden sich in den Beschreibungen der heimischen zweiundzwanzig Arten folgende Wörter: »Nicht, wenig, meist, selten, leicht, etwas, groß, klein, dicht, wohl nur, ziemlich groß, sehr zerstreut, mehr oder weniger, fast stets, stark, schwach, schmal oder breitelliptisch, häufig.«

Man sagt von den Rosen, die rote 'Cocorico' bleibe niedrig, und 'Käthe Duvigneau' ginge hoch hinaus, aber womit eigentlich 'Cocorico' niedrig bleibt und 'Käthe Duvigneau' hoch hinaus geht, das sagt man nicht. Allenfalls heißt es, daß 'Cocorico' kurze und 'Käthe Duvigneau' lange Triebe hat. In der Rosenfibel des Vereins deutscher Rosenfreunde, an der ich nicht unschuldig bin, befindet sich eine gezeichnete Rosenpflanze. Vierzehn Punkte sind links unten auf dieser Doppelseite namentlich ausgewiesen, es geht vom Schlafenden Auge bis zur Hagebutte. Doch das dicke, oben vorschriftsmäßig schräg abgeschnittene Stück zwischen Wurzeln und der dritten Verzweigung hat keinen Namen. Wenigstens ist es kein Trieb.

Nun las ich den Text über die Gattung *Rosa* im Schmeil-Fitschen. Von kleinen Stacheln am Grunde des Stammes der *Rosa canina* ist da die Rede, und einen Stamm hat auch die Verwachsenblättrige Rose, *Rosa stylosa* Desv. Diese Rose ist mit der Abkürzung Desv. benannt nach August Nicaise Desvaux (1784–1856), er war Direktor des Botanischen Gartens von Angers.

Mich regte der Schmeil-Fitschen schließlich an, bei dem berühmtesten Gelehrten der Pflanzenkunde in Europa nachzusehen, bei Gustav Hegi. Da steht unter *Rosa canina*, daß es sich um einen Strauch mit überhängenden Stämmen und Ästen handelt.

Aber auch die *Rosa canina*, munter, ideenreich, wagemutig und fortschrittlich eingestellt, denkt gar nicht daran, sich nach den Beschreibungen des Hegi, des Schmeil, des Fitschen und des Norrenberg zu richten. Sie wächst durchaus nicht immer mit überhängenden Stämmen. So ein Stamm kann auch ganz schön dick und fest werden. Siehe Seite 76.

Man sagt auch von Topf-Bäumen, der Zimmerlinde etwa, der Azalea, der Fuchsie, und auch von Gartengehölzen wie Buchsbaum, Kirschlorbeer und *Ilex*, daß sie Stämme haben, warum sagt man es nicht auch von den Rosen?

Habe ich nicht mehrfach erfahren, wie Rosen keine Lust am Leben hatten, weil irgendetwas mit den Wurzeln nicht stimmte? Kann man aus botanischen Büchern etwas darüber lernen?

Endlich, zuletzt in diesem Kapitel, sie können sich ja nicht vordrängen, Erde hält sie im Verborgnen fest: die Wurzeln der Rosen. Es wird oft gesagt, die Rose steht auf fremden Wurzeln. Dann handelt es sich um eine veredelte Rose, die auf den fremden Wurzeln eines Wildlings steht. Ist die Edelrose aber aus einem Steckling, einem Steckholz, einem Ableger oder einem Wurzelsproß herangewachsen, dann steht sie auf eigenen Wurzeln. Ich habe selbst vor Jahren zwei Dutzend verschiedene Rosen aus Steckhölzern herangezogen. Darunter befand sich die weiße 'Virgo'. 'Virgo' ist bei mir niemals ein Strauch geworden, sondern sie blieb immer schwächlich und klein, eines Tages war sie ganz verschwunden. Da fragte ich Hans Hemauer, er war damals einer der obersten Stadtgärtner von München, nach den vermutlichen Ursachen. Seine Antwort lautete:

»Bei dieser Frage muß ich an meine Obstbaumschulen-Zeit denken. Da standen die jeweiligen Obstarten mit ihren Sorten in strengen Reihen. In Wintern mit hartgefrorenem Schnee konnte es passieren, daß Feldhasen durch ein Loch im Zaun schlüpften, um in den Quartieren der jungen Obstbäume ihren Hunger zu stillen. Sie schälten dabei die Rinde von den jungen Bäumchen bis auf vierzig Zentimeter Höhe rundherum ab. Das taten sie jedoch nicht wahllos auf einer bestimmten Fläche, auf der sie sich gerade befanden. Nein, zuerst waren die Apfelbäume dran, und sie fraßen da – wiederum schön sortenweise – die Reihen durch. Haben sie als erstes meinetwegen den 'Boskoop' ganz durchgenagt, kam eine Reihe mit der für sie zweitbesten Sorte dran. Falls diese Untat nicht bald entdeckt worden wäre, hätten die Hasen sicher keinen Baum einer anderen Obstart angerührt, solange noch heile Apfelbäume standen. Sicher hätten sie dann bei den Birnen weitergeschält und hier ebenso eine Sortenwahl getroffen.

Zurück zu Ihrer schwächer wachsenden 'Virgo' auf eigener Wurzel. Im Boden gibt es viele Lebewesen. Manche von diesen, wie die Larven des Dickmaulrüßlers bis hin zu den Älchen, ernähren sich gerne auch von den Saug- und Haarwurzeln der Rosen. Warum sollten diese Tierchen nicht auch Sortenkenntnisse haben, wie die Feldhasen in einer Obstbaumschule? Ganz sicher hat die Sorte 'Virgo' schmackhaftere Würzelchen als andere. Wenn alle Rosen im Garten auf Wildlingswurzeln stünden, hätten diese Zehrer keine Auswahl. Die Nahrungsaufnahme würde sich mehr verteilen und daher nicht so auffallend erscheinen.«

Die Hasen sind also Feinschmecker, die Tiere überhaupt, selbst die Älchen im Boden, Fadenwürmer also, so klein, daß man sie nicht sieht. Die Schlüsse, die Hans Hemauer aus seinen Beobachtungen zieht, sind schon einleuchtend, ja, aber . . .

Ich kenne die Wurzeln von Stecklingsrosen kaum, weil sie sich immer in Topfballen befanden, wenn ich mit ihnen zu tun hatte, nur die äußeren Enden waren zu sehen; bei Hortensien, Alpenveilchen und Blumentopfprimeln ist es nicht anders. Abgesehen von ausgegrabenen Ausläufern der Provinsrose und der Damascener kenne ich nur die Wurzeln der *Rosa canina* und der *Rosa multiflora.*

Es gibt sicherlich keinen Menschen, dem die angeborene Gesundheit einer Rose wichtiger als deren Schönheit ist. Oder doch? Die Botanik könnte ihm helfen.

Wir haben neben unserem Haus einen nichtsnutzigen Hang. Er ist nun mal da, nicht sehr hoch, aber steil, man kann ihn nicht wegmachen. Und da pflanzte ich, noch bevor wir einzogen, drei oder vier Multiflora-Rosen hin. »Nun tobt euch aus«, dachte ich mir, »macht alles schön dicht, daß kein Hund mehr durchkommt, wenn der Maschendrahtzaun mal verrostet.« Und das haben die Multiflora wörtlich genommen. Nachdem ich den halbeisernen Rodespaten verbogen und die Kreuzhacke abgebrochen hatte, habe ich die Multiflora herausgekriegt. Was für Wurzeln! Als wollten sie durch den Erdball in ihre Heimat zurückwachsen, nach China oder in ähnliche Gegenden.

Als wir dann in unser Haus eingezogen waren, bekam ich es viel mit Tulpen, überhaupt mit Blumenzwiebeln – echt holländischen Bloembollen – zu tun. Ich habe damals wenigstens fünfundzwanzig Sorten gepflanzt, den 'Roten Kaiser' ('Red Emperor') gibt es heute noch; zumindest im letzten Frühling waren noch ein paar da. Mit Etiketten, die man in den Boden steckt, hatte ich schlechte Erfahrungen gemacht, sie sind nämlich immer weg, wenn man nachsehen will, um was für eine Tulpe es sich handelt; bei anderen Pflanzen ist es dasselbe. Also schrieb ich die Sortennamen der über fünfundzwanzig Tulpensorten auf Etiketten, die man mit einem Draht festbinden kann. Das ist bei Rosen möglich, weil sie Zweige haben, nicht aber bei holländischen Tulpenzwiebeln, die sich in der Erde befinden; jeweils doppelt so tief als sie hoch sind! Also schnitt ich mir ein paar Ruten der *Rosa multiflora* ab; sie waren, obwohl sie erst ein Jahr an dem nichtsnutzigen Hang standen, zwei oder drei Meter lang geworden. An halbmeterlange Stücke dieser Ruten, manche mögen auch etwas kürzer gewesen sein, drahtete ich dann die Etiketten mit den Tulpennamen fest. Ich steckte die Multiflora-Stücke recht tief in den Boden, denn wir hatten einen Hund, jede Menge Wildkaninchen, zwei Kinder, zu denen Freunde kamen, die noch einen Hund mitbrachten, der mit unserem Hund, auch mit den Kaninchen, wilde Spiele veranstaltete.

Im nächsten Frühjahr, im Mai, als von den Tulpensorten alles notiert und das grüne Laub vergilbt war, nahm ich die Zwiebeln heraus, hinterher wollte ich auch die Multiflora-Stücke herausziehen. Aber das ging schwer. Bei den meisten der fünfundzwanzig Stücke gelang es nur mit dem Spaten. So dichtgewirkte, lange Wurzelbärte hatten sich über den Winter gebildet! Wer einfach und schnell Rosen-Hochstämme ziehen will, braucht im Herbst nur Stücke der Multiflora in die Erde zu stecken. Im nächsten Frühjahr wird bis auf das unterste Auge alles weggeschnitten, aus diesem Auge wächst bis zum August ein fingerdicker Stamm heraus; er ist zwar weich, schwach auf den Beinen und man muß ihn an einen Stab binden, es mag auch nicht immer und in jedem Jahr klappen, aber es ist möglich.

Soll man die Wurzeln mit der zweizinkigen Gabel schonen oder soll man sie, im Frühling zumal, mit dem Spaten öfter abstechen?

Die Wurzeln der Wildlinge, die von den Caninas abstammen, wirken genauso kräftig, sind ebenso zahlreich, womöglich noch länger, denn sie sind es gewohnt, in die Tiefe zu wachsen, wo die Wahrscheinlichkeit, selbst in trockenen Sommerzeiten etwas Wasser zu finden, am größten ist. Wo die Tiefe durch Gestein versperrt wird, gedeihen die Rosen nicht, sie kränkeln leicht, bekommen Mehltau, Blattläuse gar, und irgendwann gehen sie ein. Ich habe das an einem anderen, in diesem Fall schön gelegenen Hang im Garten erfahren, den ich anfangs dicht mit Rosen bepflanzt hatte, die aber trotz guter Pflege nur vor sich hinmickerten, bis mir klar wurde, daß in der Tiefe eines Spatenblattes bereits Fels anstand, roter Sandstein, und in einer so dünnen Erdschicht wachsen keine Rosen. Ich pflanzte stattdessen Glockenheide und ein paar Rhododendronsträucher von den niedrigbleibenden Arten; inzwischen ist keine Glockenheide mehr da, sondern der ganze Hang steht voller Rhododendron; er wächst gut hier, hat nie eine Krankheit gehabt und ist noch nie gedüngt worden, jedenfalls nicht von mir.

Beim Pflanzen von Rosen soll man die Wurzeln um ein Drittel oder gar um die Hälfte zurückschneiden, was praktisch und einleuchtend ist. Praktisch ist dieser Rückschnitt, weil die Wurzelbärte so lang sind, daß man sich sehr mühen müßte, ein entsprechend tiefes Loch zu graben. (Und wer bringt es schon übers Herz, die zu langen Wurzeln unten umzubiegen?) Einleuchtend ist es, weil überall dort, wo man eine Pflanze beschneidet, ein umso stärkerer Neuwuchs erfolgt, auch an den Wurzeln. Es gibt sogar Gärtner, die wüten im Frühjahr mit dem Spaten im Rosengarten, als wollten sie unsichtbare Wühlmäuse und Maulwürfe erstechen. »Was für die Zweige gut ist, muß auch für die Wurzeln gut sein«, sagen sie. Unter den Anhängern dieser Theorie befindet sich ein ganz berühmter Baumschul-Gärtner, der allerdings seinen Spaten gegen eine Schreibmaschine eingetauscht hat; seinen Profi-Spaten meine ich, denn einen Garten, der umgegraben werden muß und wo es im Frühjahr bei den Rosen so aussieht, als stäche er mit dem Spaten nach unsichtbaren Wühlmäusen und Maulwürfen, den hat er noch.

Futtern sich die Wurzeln am Humus der Bodenoberfläche so satt, daß sie es bleibenlassen, in die Tiefe zu wachsen, was an sich ihre Aufgabe wäre?

In der Schweiz haben sie einen Schweizerischen Rosenvater. Er war lange Lehrer an einer Gärtnerschule, ist inzwischen über achtzig Jahre alt, weißhaarig, manchmal grimmig, meistens aber sehr freundlich; er heißt Dietrich Woessner, ich bin mit ihm befreundet. Er schreibt und spricht immer vom Ackerboden, als sei das Heilerde für die Rosen. Will man ein altes Rosenbeet erneut mit Rosen bepflanzen, dann – bitteschön – die rosenermüdete Erde heraus, mindestens vierzig Zentimeter tief, und frische Ackererde hinein. Ende November oder auch erst Anfang Dezember, damit das Holz recht lange an Luft und Licht ausreifen kann, die zu überwinternden Rosen anhäufeln, aber bitte mit Ackererde! Kompost findet bei dem erfahrenen Schweizerischen Rosenvater keine besondere Wertschätzung, im Gegenteil. Er sagt, daß der Kompost nur die oberen Faserwurzeln fördert, nicht aber diejenigen Wurzeln, denen die Aufgabe zugekommen ist, in die Tiefe zu wachsen. Die Rosenwurzeln denken also: »Warum in die Ferne schweifen, sieh, das Gute liegt so nah.« Die oberen Faserwurzeln futtern sich an dem schwarzen, wohlriechenden, nahrhaften Kompost der Anhäufelung satt. Der Vorrat reicht fast für ein Jahr, weil es im März und Juli noch Zwischenmahlzeiten aus der Düngertüte gibt; im nächsten November und auch noch im Dezember wird erneut so ein schwarzer, krümeliger Maulwurfshaufen um die Rosenstämme ausgebreitet. Ob die tief ins Erdreich gehenden Wurzeln wirklich verkümmern, weil der gut ernährte und getränkte Rosenstrauch sie überhaupt nicht braucht? Weshalb sind dann aber auf meinem Hang, unter dessen oberster Bodenschicht der rote Sandstein ansteht, die Rosen alle eingegangen? Hatten sie etwa keinen guten Boden? War die Gartenerde nicht mit Kompost, Torf und mit übergepudertem Kalk vermengt worden? War diese nicht besonders krümelige, eher bröckelige, gut durchlüftete, immer wieder aufgehackte Bodenschicht nicht immerhin so tief, wie ein Spatenblatt lang ist? Hat er also recht, der Schweizerische Rosenvater? Die Antwort kann nur wieder einmal lauten: Ja, aber ...

Kommen Rosenbäumchen, die man nicht mehr umbiegen kann, einigermaßen sicher durch den Winter, wenn man sie mit der Gabel anlupft, daß die Faserwurzeln abreißen?

Im Winter 1984/85 sind viele Rosen erfroren. Eigenartig war nur, daß die im Herbst 1984 neu gepflanzten Rosen sehr viel weniger, meistens überhaupt nicht, vom Frost beschädigt worden sind.

Unsere Freundin Gretel hat ihren Garten auf der anderen Seite des Gunzenbachtals, nur zehn Spaziergängerminuten von uns entfernt. Die Strecke ist zu kurz, als daß sich der Winter, vom Schwarzwald herunterkommend, über den Dächern im Tal etwas aufwärmen könnte; Gretel hatte daher den gleichen Frost wie wir, ungefähr zwanzig Grad unter dem Gefrierpunkt. Nun sind im Herbst 1984 in Gretels Garten fünf neue Hochstämmchen gepflanzt worden. Man hatte nicht daran gedacht, die Bäumchen umzubiegen, damit man die Krone in die Erde betten konnte. Da standen sie also in dem Polarwinter, die neuen Hochstammrosen mit ihren nackten Zweigen. Doch der Frost hat ihnen gar nichts ausgemacht, die Hochstämmchen haben im April alle ihre Augen aufgeschlagen, und bis Sommeranfang haben sie geblüht. Hängt das mit den Wurzeln zusammen? Ich glaube, schon!

In dem Sommer, als bei Gretel die Hochstämmchen erstmals geblüht haben, war ich in Berlin, und da kam ich auch in die Nähe der Siegessäule, wo es einen schon etwas älteren öffentlichen Rosengarten gibt, und die älteren Hochstämme blühten dort ganz wunderschön. »Ach Jott«, sagte der Gärtner, der dort arbeitete, »die dicken Dinger kann man ja nich mehr umbiejen, nur umlejen, und da muß ick die im November mit ihre Wurzeln losreißen, so mit eim scharfen Ruck, und dann kugle ick den Ballen einfach so um, dieset Jahr uf die und det nächste Jahr uf die andere Seite.« Er reißt also die äußersten Wurzeln los, der Rosengärtner an der Siegessäule in Berlin; gibt es da Zusammenhänge? Die fünf Hochstämmchen bei unserer Freundin, die den kalten Winter so gut überstanden haben, waren vermutlich im

September in der Baumschule ausgegraben worden, worauf sie in einen Kühlraum kamen. Irgendwann ging dann die Reise in den Süden los. Ich weiß nicht, wo sie hergeholt worden sind, aber man wird auf allen Stationen ihrer Reise dafür gesorgt haben, daß sie weiterschliefen und nicht auf die Idee kommen konnten, etwa die Augen aufzuschlagen. Was sich da noch an Feuchtigkeit in den Zellen des Stammes und der Zweige befand, das war nicht der Rede wert. Noch dazu sind die Wurzeln beim Einpflanzen zu einem Drittel, vielleicht auch zur Hälfte eingekürzt worden, die Saugwurzeln waren weg, der Wasserhahn zugedreht, kein Frost konnte den Zweigen etwas anhaben. War es so? Ich denke, ja. Und es kann durchaus einen Zusammenhang mit den Rosenwurzeln neben der Siegessäule in Berlin geben.

Verbreitet und erhält sich manche Rosenart durch Wanderungen ihrer Wurzeln, weil die jungen Sämlinge vom Wild gefressen werden?

Von der *Rosa gallica* heißt es im Hegi, daß sie weithin kriechende, unterirdische Stämme habe. Bei mir steht eine Gallica im Garten, und zwar die alte Apothekerrose, aber für diese Beobachtung noch nicht lange genug. 'Jacques Cartier' macht ebenfalls diese weithin kriechenden, unterirdischen Stämme; es heißt, daß es sich bei 'Jacques Cartier' um eine Bourbonrose handle, dann wieder um eine Damaszener; ich weiß ganz genau nur, daß sie wunderschöne Blüten hat, solange das Wetter nicht feucht und klebrig wird, und daß sie außerdem diese bewurzelten, unterirdischen Stämme hat; sie sind übrigens ziemlich lästig, weil man den Spaten erst schärfen müßte, wollte man sie durchstechen. Die guten Freunde sagen zwar immer, sie wollen alte Rosen haben, aber wenn man ihnen eine anbietet, selbstverständlich umsonst, dann wollen sie keine.

Daß meine 'Jacques Cartier' mit ihren unterirdischen Stämmen schnell kriecht, kann ich nicht bestätigen – noch nicht. Gustav Hegi meint aber wohl kaum, daß die Rose mit ihrem unterirdischen Stamm unter den Apfelspindelbüschen, unter Malias Irisbeet und unter dem Werkzeugschuppen hinweg zum Nachbarn Unger wächst, wo sie dann, vorsichtig zunächst, abwartend, ob keine spielenden Kinder da sind, und ob es sich nicht um einen Rasen handelt, der dauernd gemäht wird, allmählich auftaucht, heranwächst und blüht. Sicher denkt der Hegi in längeren Zeiträumen: daß 'Jacques Cartier' in diesem Jahr einen Meter mit seinem unterirdischen Stamm kriecht, woraufhin dieser Meter sich in zwei oder drei Jahren um einen weiteren bewurzelten Meter verlängert, bis der schöne Rosenstrauch als eine ganze Blütenkette in Erscheinung tritt.

Viele Wildrosen machen diese unterirdischen Stämme. Wenn Tiere die Blüten und Blätter der Sträucher abfressen oder wenn der Wald abbrennt, dann kommen sie aus den Stämmen, denen Hasen und Flammen nichts zuleide tun können, immer wieder hervor. Leider macht es ihnen aber auch nichts aus, wenn der arme Rosengärtner sie jedes Jahr abschneidet; alle sieht er sowieso nicht, es bleiben immer ein paar stehen, wenigstens bei mir.

Als besonders gefährlich erweist sich in meinem Garten die Virginische Rose, der neuerdings ein anderer Name gegeben worden ist: *Rosa virginiana* wurde als veraltet in Klammern gesetzt. Aber ich weiß den neuen Namen nicht, und ich will überhaupt von der ganzen Rose nichts wissen. Vor einigen Tagen las ich, daß die Virginische Rose zur näheren Verwandtschaft unserer Dünenrose gehört; die hat einen Namen, den ich nicht gerne ausspreche, weil er mir peinlich klingt, aber schreiben kann ich ihn ja, er lautet *Rosa pimpinellifolia.* Diese Dünenrose hat selbstverständlich das Recht, nach allen Seiten hin weitgreifende Wurzelausläufer wachsen zu lassen, denn sie muß verhindern, daß die Düne zur Wanderdüne wird; daß nicht der Wind den Sand der Düne wegweht. Doch aus meinem Garten hier am Berghang, umgeben von Lindenbäumen, Weißbuchen und oben am Waldrand Fichten, weht der Wind keine Erde weg. Da hat es keine Rose nötig, sich zu ängstigen, daß sie eines schönen Tages mit den Wurzeln nackt auf dem Rotsandstein liegen würde. Unsinnig also von der Virginiana, derart ungestüm zu wuchern; ich habe sie seinerzeit zusammen mit der Multiflora an den unnützen Hang gepflanzt, aber nun ist sie überall. Es gibt drei Pflanzen in meinem Garten, die ich ihrer Wurzelausläufer wegen nicht wieder loswerde: Das ist außer der *Rosa virginiana* der wintergrüne, hübsche Zwergbambus, *Sasa pumila*, seine Wurzelausläufer schaffen es glatt, eine meterbreite Betontreppe zu unterwandern. Auch das Reiherfedergras, ein wirkliches Schmuckstück im Herbst, ist unterirdisch ein wilder Wucherer, bei dem die Spitzen der dicken Wurzelausläufer wie Angriffswaffen aussehen.

Es sind also die Wurzelausläufer, die unterirdischen Stämme, mit denen sich viele Wildrosen vermehren; bei Gartenrosen, die unmittelbar von ihnen abstammen, etwa bei meiner 'Jacques Cartier', ist es ebenso. Eigenartig ist allerdings, daß die *Rosa gallica*, von welcher die meisten Edelrosen abstammen, dem Hegi zufolge nicht nur unterirdische, sondern auch oberirdische Stämme hat. Bei der *Rosa tomentosa* wiederum kommen keine oberirdischen Stämme aus dem Boden, sondern ausgebreitete Äste, was ja eigentlich das Vorhandensein unterirdischer Stämme zur Voraussetzung hat, wovon aber nirgendwo etwas geschrieben steht. Und eine andere Rose verfügt über Äste, die überhängen, und auch bei ihr fehlt jeder Hinweis auf einen Stamm.

Auseinandernehmbare, bunt bemalte und lackierte Wurzeln mit Wurzelausläufern, auch unterirdische Stämme genannt, hat unser Studienrat Timm übrigens nicht gehabt.

9. Kapitel

Das Licht und das Wunder einer Rose, die Niphétos heisst

Es klingt ungewöhnlich, aber jeder Mensch ist letzten Endes ein Vegetarier; auch die Tiere sind es selbst dann, wenn sie Fleisch fressen wie der Wolf oder der Goldfisch, wenn er Ameiseneier zu sich nimmt. Denn eigentlich lebt alles von der Pflanzenwelt, ob es nun Missionare sind, Kirgisen, Feuersalamander oder Mondfahrer.

Lebewesen, die keine grünen Blätter haben, brauchen organische Stoffe; sie entstehen aus Kohlenstoff, Stickstoff und Sauerstoff, aus Schwefel, Phosphor, aus Eisen und aus anderen Elementen.

Nur die grünen Pflanzen können diese Salze und Minerale so verwandeln, daß die Kuh den Klee fressen kann, damit wir Milch, Butter und Fleisch bekommen. Doch kann sie dies nur mit ihren grünen Blättern, die Pflanze, woraus hervorgeht, daß es unsinnig ist, blätterlose Pflanzen mit einem Dünger zu versorgen, der sofort wirkt. Leider machen das manche Menschen, und dann wird darüber geklagt, daß sich im Grundwasser das gefürchtete Nitrat befindet. Die Verwandlung der Urstoffe erfolgt nur bei Licht, und weil das Licht im Griechischen phos heißt, bezeichnet man die Assimiliation auch als Photosynthese.

Stimmt es eigentlich, daß die Rose sehr viel Licht braucht, um austreiben, Stengel und Blätter wachsen lassen und blühen zu können?

Die kleinste Einheit des Lichtes ist ein Lumen. Nehmen wir an, der von einem brennenden Streichholz ausgehende Lichtstrom sei ein Lumen stark. Nun gelingt es mit Hilfe eines Reflektors, diese Lichtmenge ohne jeden Verlust aus einem Meter Höhe gleichmäßig auf die Fläche von einem Quadratmeter zu lenken. Dann würde die Beleuchtungsstärke an jedem Punkt dieser Fläche ein Lux betragen. Am Sommeranfang blühen die Rosen im Garten am reichsten. Da kann man selbst bei mir zur Mittagszeit in der Sonne 70000 Lux messen.

Neben meinem weißen Arbeitstisch ist ein beinahe zwei Meter breites Fenster. Dahinter führt ein schmaler Weg am Haus entlang, jenseits des Weges glänzen an einem Hang die dunkelgrünen Blätter von Rhododendronsträuchern. Wenn ich an der Schreibmaschine sitze, sehe ich hinter und über den Rhododendronsträuchern nur Fichtenwald, den die obere Fensterkante waagerecht abzuschneiden scheint, vom Himmel sehe ich so gut wie nichts. Im Dezember und Januar scheint die Sonne nicht in dieses Fenster hinein: ich habe das Licht im Januar gemessen, es waren keine 200 Lux.

Kurz vor Weihnachten 1986 kam ein Päckchen mit zwei angewachsenen Veredlungen von 'Niphétos'; das ist eine Teerose, die nach einer Ägyptischen Göttin heißt. Sie stammt von Bougère aus dem Jahr 1843; ich weiß, daß sie empfindlich gegen Nässe und Kälte ist. Manfred Klose hatte mir das Päckchen geschickt. Er kommt immer im Juni nach Baden-Baden, wenn die Rosen blühen, und so würde er mich dann auch fragen: »Nun, was macht die 'Niphétos'?« Klose ist der einzige Gärtner, der den Namen dieser Teerose so ausspricht, daß die Betonung auf dem e liegt. Ich müßte ihm auf jeden Fall antworten können: »Manfred, die 'Niphétos' hat wunderbar geblüht«, oder »sie wird bald blühen.« Ich pflanzte die beiden Veredlungen in Zwölfer-Töpfe und stellte sie in den Vorraum des Gewächshauses. Dort steht der kleine Heizkessel, das Dachfenster ist immer geöffnet, die Temperatur liegt bei etwa 12 Grad, Licht gibt es allerdings im Winter wenig, sagen wir 300 Lux.

Anfang Januar, als sie noch gar nicht richtig eingewurzelt sein konnten, fingen die beiden Rosen an, auszutreiben. Ganz dünne, grüne Triebe wuchsen heran, sie hatten etwa die Stärke von Wollfäden. Auch die kleinen Fiederblätter an diesen Wollfäden breiteten sich aus, sie waren ganz besonders zart und klein, dunkelgrün und ohne Glanz. Trotz dem Mangel an Licht wuchsen die Rosen ziemlich schnell, und zur Monatsmitte war bereits die erste, ganz kleine Blütenknospe zu sehen.

Ich weiß noch genau, daß wir um den 20. Februar herum, als es auf Fastnacht zuging, Tauwetter bekamen. Da war es möglich, Rosenpflanzen aus dem Einschlag zu nehmen, denn ich wollte ein paar vorzeitig blühende Büsche heranziehen, was auch gelang.

Zu dieser Zeit hatten die beiden Weihnachtsrosen von Manfred Klose bereits mehrere Knospen, von denen diejenige, die sich schon im Januar gezeigt hatte, so groß wie eine Eßkastanie war. Doch nickte die Blütenknospe ein wenig, als ob sie müde wäre; die Stiele waren noch immer so dünn wie Wollfäden, ich mußte sie mit Bast an kleine Stäbe binden. Die 'Niphétos' schaffte es nicht, die nickende Blüte zu öffnen; vielleicht lag es an dem schwachen Licht? In der ersten Märzwoche stellte ich den Topf mit der nickenden Blüte aus dem Vorraum ins Gewächshaus; er kam auf das Hängebrett unmittelbar unter dem Glasdach, dort ist das Licht besser. Aber die Blüte fiel ab, ehe sie sich öffnen konnte; morgens lag sie wie ein abgestürzter weißer Vogel auf den nassen Steinplatten des Weges; wie ein Vogel, dessen Federn vom Aufprall auf den harten Stein rundherum abgespreizt waren.

Aber die beiden Rosen hatten ja noch mehr grüne Wollfäden, und auch Knospen konnte man schon sehen.

Das ist die in diesem Buch öfter lobend erwähnte,
gut duftende Sorte 'Schwarzwaldmädel'.

Um so hochgewachsene blühende Kletterrosen zu haben,
muß man im Weinbauklima leben.

Später, als ich ihm dies erzählt hatte, hat Claus Jürgen Strobel gesagt, man müsse Topfrosen, wenn sie erblühen wollen, am gleichen Platz, im gleichen Licht und in der gewohnten Temperatur belassen, weil sie sonst leicht ihre Blüten abwerfen.

Genau am 2. April war dann die erste, voll entwickelte Blüte da.

Da es nun von Tag zu Tag heller wurde, wuchsen auch die beiden kleinen Büsche der 'Niphétos' so heran, daß der Vergleich ihrer Triebe mit einem stärkeren Wollfaden nicht mehr paßte, doch Bast und dünne Stäbe mußten immer in Bereitschaft liegen. Und dann dauerte es doch bis Mitte Juni, ehe sie richtig blühten; es waren insgesamt fünf weiße, zarte, leicht duftige, gefüllte Blüten, jede von ihnen so groß wie eine Mokkatasse. Doch alle Blüten nickten etwas, als wären sie zu schwer für den grünen Stiel; ich mußte die Pflanzen etwas höher stellen, um sie gut betrachten zu können.

Übrigens hatte ich die beiden Rosen, nachdem die erste Blüte im März abgefallen war, in meine Schreibstube ans Fenster gestellt.

Es kann gar nicht anders sein, als daß es bei weißen Teerosen, was deren Bedürfnisse nach viel Licht angeht, Ausnahmen gibt.

Die Zeit von Anfang Juli bis in den späten Herbst hinein verbrachte 'Niphétos' im Garten, doch sind die ersten heißen Tage und die Wochen, die dann mit Regen, Stürmen und Kälte folgten, von unserer Rose nicht wahrgenommen worden, denn sie schlief. Es rührte sich überhaupt nichts. Kein noch so kleines Blatt häkelte sich aus einem Auge heraus. Die Pflanzen bekamen ihr Wasser, wenn es nötig war, und weil ich über ihnen wie auch über den anderen Gewächsen auf dem Tisch, ein engmaschiges Netz ausgespannt hatte, blieben sie vom Sonnenbrand, den es auch noch gab, verschont. Im Lauf des November stellte ich die beiden noch vom Schlaf befangenen Rosen wieder auf das Fensterbrett gleich neben meinem Arbeitstisch.

Am 8. Dezember, an Malias Geburtstag, begann die eine der beiden Rosen auszutreiben. Ganz ohne Bast und Stab wuchs zunächst ein dünner, jedoch kräftiger Stiel heran, der es bis auf 35 Zentimeter brachte und sieben Blätter hatte; dünn, zart, grün, stumpf und ohne Glanz. Am 20. Januar begann die Knospe aufzublühen. Langsam hob sich ein Blütenblatt um das andere vom darunterliegenden Blütenblatt ab, wobei die äußeren Ränder etwas umgedreht wurden. Dieses leichte Umdrehen der Blütenblattränder hat einen bestimmten Reiz, weil die Blüte, wenn man ihr ins Gesicht sieht, mit doppelt so vielen Linien ihre Mitte umkreist. Draußen war es grau, regnerisch, leider nicht kalt, aber die Rosenblüte war von Helligkeit umgeben, von einer warmen, beinahe anfaßbaren Helligkeit. Sie kam wohl daher, daß die Blüte, gegen das graue, vom Rhododendronlaub grünstichige Licht betrachtet, nicht kalkweiß war, sondern man konnte in dem Weiß noch schwache Spuren einer anderen Farbe vermuten, die weder weiß noch grau noch gelb noch grün war. Ich vermag sie nicht zu beschreiben.

Daneben in der Fensterecke stand, steht übrigens immer noch, ein fünfstämmiger, aber niedriger Weihnachtsstern. Ich mag die Weihnachtssterne wegen ihrer wochen- und monatelangen Ausdauer nicht so sehr, aber sie sind nun mal da. Malia meinte, ich sollte die weiße Rose zusammen mit dem roten Weihnachtsstern fotografieren, weil das ein Dokument wäre: Seht mal, mitten im Winter, und fast ohne Licht! Aber ich fürchtete, das Foto würde nicht so schön wie diese Rose vom Januar 1988 in meiner Erinnerung bleiben wird. Immerhin konnte ich noch Frau Jacob aus der Weststadt holen, damit sie sich die 'Niphétos' ansah. Sie ist eine gute Zeugin. Einen Steckling, wenn im Frühjahr das stärkere Wachstum eingesetzt hat, habe ich ihr versprochen.

Daß die weiße Teerose so wenig Licht beansprucht: Hat es damit zu tun, daß ihre Vorfahren aus China stammen?

Nun höre ich schon die Erklärung: Die 'Niphétos' ist eine Teerose, in der sich bereits Erbgut der Chinarose befindet, und die Rosen in China brauchen vielleicht nicht so viel Helligkeit. Aus reiner Spielerei wie das bei unserer Buche der Fall ist, mögen manche Pflanzen auch in China rote Blätter haben. Aber in dem Rot ist trotzdem Blattgrün enthalten, nur weniger, und deswegen wachsen die rotblättrigen Bäume, Sträucher und Kräuter langsamer. Die chinesischen Rosen haben keine roten Blätter, sondern sie sind allenfalls rot oder rötlich, wenn sie sich aus den Knospen herausfalten. Dann sind sie nämlich weich und ängstlich, daß die scharfe Sonne sie stechen könnte, wovor sie die rote Farbe schützt. Später, wie auch bei uns, ergrünen die Blätter, so daß sich ohne Zweifel sagen läßt: Die Blätter der chinesischen Rosen sind grün. Viele von ihnen bleiben aber auch im Winter grün, sie sind mindestens zwei Jahre lang grün, so daß es erlaubt ist zu sagen, sie sind immergrün. Tatsächlich hat auch meine 'Niphétos' ihre grünen Blätter, die an den letztjährigen Verzweigungen gewachsen sind, nicht abgeworfen. Vielleicht liegt es daran, daß diese Teerose so willig mitten im Winter wächst und blüht. Daß sie es mit so wenig Licht tut, ist für mich ein Wunder.

Habe ich nicht schon ganz ohne Quecksilberdampfhochleistungslampen viele Edelrosen bis Ostern zum Blühen gebracht?

Es gibt Sonnenlicht, das wir nicht sehen können, weil die Wellen, auf denen es ankommt, entweder zu kurz oder zu lang sind; im letzteren Fall sprechen wir von Infrarot, und wenn die Wellen zu kurz sind, von Ultraviolett. Die grünen Pflanzen brauchen nicht das ganze Spektrum, das wir sehen, sondern nur dasjenige aus dem Licht, was rot und blau ist. Deshalb hängen in den Gärtnereien oft lilarosa Lampen; sie haben die Blütenfarbe der Erika. Aus diesen Lampen haben findige Elektriker alles herausgefiltert, was gelb und grün leuchtet und vom Blattgrün ohnehin nicht aufgenommen wird, so spart man Strom. Mit diesem erikarosa Licht, wenn es stark genug ist, lassen sich manche Rosen tatsächlich im Winter zur Blüte bringen. Schöner, allerdings auch teurer im Stromverbrauch, ist elektrisches Tageslicht; man muß sich von einem Elektriker einmal die Quecksilberdampfhochleistungslampensysteme erklären lassen.

Mit einer solchen Lampe brachte es Erwin Schüttler in Sindelfingen mehrere Jahre hindurch fertig, 'Ludwigshafen am Rhein' und 'The Fairy' bereits im Februar blühen zu lassen. Er schrieb damals im Mitteilungsblatt der Rosenfreunde, daß eine Lichtstärke von 1000 lx ausgereicht hat. Ich war skeptisch, ich konnte das nicht glauben, denn selbst bei einer Belichtungsdauer von zwölf Stunden wären das nur 12000 lx gewesen. Dr. Gustav Schoser, der darüber viel nachgedacht und geforscht hat, schreibt: »Die Rose reagiert also in ihrer Wachstumsreaktion auf die Lichtmenge, besser gesagt: auf die Tages-Lichtmenge. Soweit sich aus den bekannt gewordenen Untersuchungen ableiten läßt, beläuft sich die Tageslichtmenge auf 75000 bis 100000 lx/h (Luxstunden). Im extremen Falle könnte also eine Bestrahlung von einer Stunde mit einer Intensität von 100000 lx ausreichen.«

Mit einer Stunde geht das nicht, und es braucht auch nicht zu gehen, wir haben ja Zeit. Ich weiß aber nun, daß die Rose zu ihrer Entwicklung insgesamt 100000 lx am Tage braucht oder wenigstens 75000 lx.

Fast immer beginnt der Augenaufschlag unserer Rosen schon im April. Es gibt in diesem Monat aus Wärme, Regen und Sonne gemischte Wetterlagen, die so fruchtbar sind, daß man meinen könnte, selbst die Straßenlaternen müßten Blätter bekommen. Die Knospen und Blüten bilden sich an den Rosen im Juni, wenn der Jasmin duftet und die Wiesen gemäht werden. Nun scheint die Sonne ja weiter, auch wenn sich zwischen ihr und der Erde vorübergehend Wolken gebildet haben. Es ist auch schon hell, ehe die Sonne aufgeht, und wenn sie untergeht, kann man noch lange im Garten sitzen; es gibt allerdings feuchte Gegenden, in denen man mit dem Zeitunglesen bald aufhört, um nicht mit dem Umblättern die Nachtigall zu stören. Alles in allem kommen selbst in meinem Garten, der vom Wald, von Linden, Vogelkirschen und Weißbuchen bedrängt wird, den silbergrünen Turm der Douglastanne nicht zu vergessen, täglich 75000 lx bis 100000 lx zusammen; wenn auch nicht überall.

Am besten belichtet scheint mir der Platz gegenüber der Haustür zu sein, wo bis vor kurzem die Williams-Christ-Birne stand, die wegen zu geringer Bodentiefe nicht wachsen wollte und nur immer kränkelte. Wird der Boden aber für Rosen tief genug sein?

Da kommen mir schon wieder Zweifel. Genau an dieser Stelle hat vor zwanzig Jahren vorübergehend ein Kleingewächshaus gestanden; als Fundamente dienten alte Eisenbahnschwellen, geheizt wurde schwach mit Propangas. Als dieses Treibhaus da stand, kam mir die Idee, einen Versuch mit eingetopften Rosen zu machen. In die Container hatte ich frühzeitig, noch im September, zwölf Edelrosen gepflanzt; was es für Sorten waren, weiß ich nicht mehr. Die Container mit den eingepflanzten Rosen, leicht feucht gehalten, blieben draußen in der Sonne stehen. Als es im Dezember so schien, als sollten wir Frost bekommen, brachte ich die Rosen in die Garage. Dort ließ ich sie einfach stehen, Gießwasser gab es keines mehr. An Maria Lichtmeß im Februar kamen die zwölf Rosentöpfe ins Gewächshaus, und im April, drei schon zu Ostern, haben sie geblüht; da hatten sie bestimmt noch keine 100000 lx an jedem Tag gehabt. Diese Beobachtung zeigt wieder einmal, daß wir vieles nicht wissen und daß manche Behauptungen auf schwachen Füßen stehen.

Richtig ist, daß Rosen hell, recht hell und möglichst sonnig stehen wollen. Wenn Rosen zu dicht an einer Buchsbaumkugel stehen, dann bekommen sie Angst vor dem dunklen Grün und machen krumme Hälse wie Gänse, wenn man sie erschreckt. Doch die Mittagshitze im Sommer ist den Rosen unerwünscht. Einfach ist es in Gegenden wie zum Beispiel Ostfriesland. Da geht fast immer Wind, und die Luft findet genug Wasser, um feucht zu sein. Da hält sogar der Rhododendron die Mittagssonne aus, erst recht die Rose. Doch im trockenen Binnenland, gar in den Städten, ist es anders. Da wäre es gut, das Rosenbeet in den Mittagsschatten eines Birnbaumes zu legen, der eine hohe, schmale Krone hat.

10. Kapitel

Rosenerde, Margaret Merril und der Mist

Meine beiden Großväter waren Bauernsöhne, der eine stammte aus Liegnitz in Niederschlesien, der andere aus einem Dorf bei Soldin in der Neumark nördlich von Küstrin. Vater und Mutter haben immer einen Garten gehabt, erst in Potsdam am Werderschen Weg, dann in der Stadtheide, dann in Neubabelsberg, und als der Vater 1936 nach Essen versetzt wurde, pachtete er gleich einen Kleingarten. Dort machte er eine Beobachtung, die ihn aufregte: Er sah, daß die anderen Kleingärtner gleich mit Graben aufhörten, wenn es zu regnen begann; sie stellten die Spaten unter Dach und gingen in eine Wirtschaft, die hieß Feldhaushof, und dort tranken sie Bier. Wenn es in Potsdam zu regnen anfing, dann wurde weiter das Land umgegraben, allenfalls hängte man sich einen Sack oder eine alte Zeltbahn über. Das war Vaters erste Begegnung mit einem anderen Gartenboden. Den leichten sandigen Boden an der Havel kann man freilich umgraben, wenn er naß ist, aber nicht den lehmigen Boden an der Ruhr.

Müll hat in der Geschichte unserer Sprache durchaus etwas mit Mühle und Mehl zu tun, und der Sand ist nichts anderes als zermahlener Stein.

Mein erster Gartenboden war märkischer Sand, zur Hälfte vermischt mit Asche, Schlacke und Scherben vom einstigen Müllplatz von Potsdam. Manchmal, je nach Sonnenstand, vor allem aber nach Regen, wenn aller Staub abgewaschen war, funkelte die Erde so, als wären Sterne vom Himmel gefallen. Alle Pflanzen, auch Rosen, die mittags im schmalen Schatten eines noch jungen Birnbaumes standen, sind wunderbar gewachsen. An der anderen Seite des Bahndammes, über den heute der Zug nach Potsdam einfährt, lag ein noch benutzter Müllplatz. Da wuchsen vor allem Sonnenblumen und Meerrettich. Auf diesem Müll ist später die vornehme Siedlung Sonnenland entstanden: sie ist immer noch schön, und wer einmal hinkommt, der wird staunen, wie gut alles dort wächst. Sind es die Minerale aus dem Müll? Die winzigen Scherben wären ja im märkischen Sand gar nicht nötig gewesen. Durch den märkischen Sand lief das Wasser ohnehin wie durch ein Sieb.

Später in Kassel bekam ich abermals mit Müll zu tun. Die Fliegerbomben hatten im Krieg die Innenstadt in Schutt und Asche gelegt. Diesen Schutt der Stadt hat man, um ihn erst einmal los zu sein, über einen nahen Steilhang gekippt. Die straßenartige Terrasse über dem Steilhang, der in die Karlsaue an der Fulda hinabstürzt, heißt Schöne Aussicht. Man konnte alles mit Loren und auf Schienen hinfahren, denn Lastwagen gab es dafür im Krieg nicht. Für Ratten war die Kippe wohl ein Paradies, doch die Menschen hätten allmählich davon krank werden können.

»Aber den Schutt fahren wir nicht weg«, hat 1952 Hermann Mattern, Gärtner, Architekt, Landschaftsgestalter und Professor, zum Bürgermeister von Kassel gesagt, »da pflanzen wir Rosen hin.« Das ist wirklich wahr, ich bin beim Pflanzen dabei gewesen, und so entstand der berühmte Rosenhang für die Bundesgartenschau 1955 in Kassel. Bis dahin nicht und danach nie wieder habe ich erlebt, daß Rosen mit solcher Kraft wachsen wie in Kassel auf diesem Hang.

Aber in der Altstadt von Kassel hatte es noch kein Eternit, keinen Kunststoff, sondern nur Backstein, Holz, Lehm, Eisen und Glas gegeben, und das ist alles zu Erde geworden.

In meinen Kinder- und Lehrjahren ging es um Sand. Sand kann schwarz, kann fettig werden, aber er bleibt immer Sand. Auch Kompost nützt auf die Dauer nichts, die Pflanzen scheinen ihn aufzufressen, hinterher ist alles wohl etwas schwärzer, aber es ist Sand geblieben.

Wir hatten in meiner ersten Gartenzeit auf dem früheren Müllplatz eine Ziege, einen Hahn und ungefähr zwanzig Hennen, Dreifarbige Italiener hieß die Rasse, und so hatten wir immer viel Mist, der auf den Kompost kam. Solange es Gärtner gibt, ist Komposterde gemacht worden. Heute tun manche Leute so, als hätten sie diese gute Erde gerade erst erfunden. In Potsdam, in meiner Lehrgärtnerei in Sanssouci, aber auch zu Hause, hatten wir immer Pferdemist; manchmal war er weiß gebrannt, aber immer dampfte er noch, wenn wir ihn abluden. Warmer Pferdemist ist gut für Mistbeete, wenn noch trockenes Laub beigemischt wird. Für den märkischen Sandboden wäre wohl Rindermist besser gewesen, aber keiner der vielen Soldaten in der Garnisonstadt Potsdam ist auf einer Kuh geritten.

In einem Mistbeet, wenn die Sonne es von oben erwärmt, entsteht immer gute Erde, nämlich Mistbeeterde. In dem Kapitel über Bücher habe ich von meinem Lehr-Tagebuch erzählt. Eine der Eintragungen im Frühjahr beschreibt eine Erdmischung: 8 Karren Lauberde, 4 Karren Misterde, 2 Karren gedüngter Torfmull, 1 Karre ungedüngter Torfmull, 1 Karre Sand. Dazu kamen ein Zwölfer-Topf Hornspäne, ein Siebener-Topf Knochenmehl und jeweils ein Sechser-Topf Kali, Kalk und Superphosphat. Wofür die Mischung war, ist nicht mehr zu lesen, ich glaube: für Alpenveilchen.

Im schwarzgewordenen Sand, davor in dem Garten, der aus einem Müllplatz entstanden war, habe ich das Pflanzen von Rosen gelernt; so wie man als Kind Schwimmen und Radfahren lernt, ganz von allein und selbstverständlich.

Im Sommer 1986 wurde eine neue Rose auf meinen Namen getauft. »Es ist schon eigenartig«, sagte ich in meiner kleinen Taufrede, »daß es fortan zwei Lebewesen in der Welt gibt, die denselben Namen tragen. Auch ist mir etwas unbehaglich zumute,« sagte ich damals in Dortmund, »denn nach zwei Jahren kann es womöglich heißen, 'Karl Heinz Hanisch' tauge nichts, das Wachstum sei schlecht, die Blühfaulheit falle allgemein auf, hinzu kämen die Empfindlichkeiten für Frost, Mehltau, Sternrußtau, gar für Rost.« Trotzdem habe ich mich sehr gefreut, besonders weil die neue Rose von den Meillands stammt; deren Geschichte und die Geschichte ihrer schönsten Rose habe ich schon erzählt.

Im November kam nun ein Paket mit den neuen Rosen an, es waren dreißig starke Pflanzen, die zusammengedrückten Wurzelbärte konnte ich mit meiner Hand gar nicht umfassen. Die vier bis fünf Stämme der neuen Rosen waren immer fingerdick, ihre obersten Knospen hatten schon winzige, noch zusammengefaltete Blätter.

»Aber ich habe doch gar keinen Platz für dreißig Rosen«, dachte ich, außerdem war es viel zu schattig im Garten geworden, wenigstens oben, unten am Haus nicht so sehr. »Kommt Zeit, kommt Rat!« Die dreißig Rosen mußten erst einmal durch den Winter gebracht werden, das Platzproblem würden wir dann im Frühjahr lösen.

Muß ich, was Licht und Erde betrifft, nicht nach Kräften dafür sorgen, daß es dreißig neue Rosen, noch dazu sie meinen Namen tragen, gut haben?

Sie sollten es gut haben, die neuen Rosen; der beste Platz, den ich ihnen bieten konnte, war das Mistbeet. Nirgendwo sonst in dem großen Garten ist die Erde so krümelig, so schwarz, so leicht. Es machte mir nicht allzuviel Mühe, die großen Fenster herunterzuschieben, gelernt ist gelernt. Der Graben, um die Pflanzen dicht nebeneinander mit den Wurzeln hineinzulegen, war schnell ausgehoben; man könnte es mit den Händen machen, doch mit dem Spaten ist es einfacher. Soll ich nun die langen Wurzelbärte schon jetzt im Spätherbst einkürzen? Sicher könnte man das, denn über Winter, noch dazu im Mistbeet, wachsen schon die neuen Faserwurzeln an den Schnittstellen. Andererseits kann es ja sein, daß diese dünnen Wurzeln beim endgültigen Pflanzen im Frühjahr abbrechen. Wer sagt, daß Wühlmäuse keinen Hunger auf Rosenwurzeln haben? Also wird der Wurzelschnitt auf das Frühjahr verschoben, erst einmal müssen die neuen Rosen durch den Winter gebracht werden. Ich lege die Pflanzen der Länge nach hinein, decke alles wieder mit Erde zu, daß nur die oberen Enden der grünen Stämmchen herausgucken.

Hinterher plagte mich die Frage, ob die Wurzeln auch, da das Paket doch mehrere Tage unterwegs gewesen sein mußte, feucht genug waren. Das hatte einen guten Grund:

Zwei Jahre zuvor hatte ich meine Liebe zu 'Margaret Merril' entdeckt, einer vielblütigen Schönheit, reinweiß gefüllt und mit rosigem Herzen, vor allem aber mit einem Duft, wie ihn nur wenige Rosen der neuen Züchtungen haben. Doch ist die 'Margaret Merril' bei mir nicht gediehen, obwohl die zwölf Pflanzen ausgesucht gute Plätze bekamen: Zwei Stunden hatte ich gebraucht, um die Pflanzlöcher auszuheben, vierzig Zentimeter tief; den wilden Boden mußte ich mit dem Schubkarren wegfahren und draußen unter den städtischen Schneeballsträuchern verstecken. Ebenso lange dauerte es, um den im Frühjahr etwas nassen Kompost für die zwölf Pflanzlöcher durchzusieben, ihn mit Sand, mit Hornspänen und mit Kalk zu vermischen, der umständliche Transport mit dem Schubkarren kam dazu. Doch die Margaret Merril-Rosen, sorgfältig und tief genug gepflanzt, reichlich gewässert und selbstverständlich auf wenige Augen zurückgeschnitten, wollten nicht. Gewiß, sie sind gewachsen, aber lustlos, gekränkt irgendwie, und die wenigen Blüten schienen sich vereinsamt zu fühlen. Im Jahr darauf, im Frühling, nachdem der Schnee getaut war, waren fünf von den zwölf Rosen nicht mehr da.

»Es kommt oft vor, daß die 'Margaret Merril' nicht will, nicht wächst, daß sie schmollt, und dann weiß auch niemand, warum«, sagte Herr Ludwig. Der Schweizer Rosenvater meinte, daß man mit der 'Margaret Merril' viel Geduld haben müsse, irgendwann komme sie schon und zwar gewaltig. Jeder Rosengärtner erklärte es auf seine Weise.

Auch von Freunden in Baden-Baden hörte ich, daß es nicht so einfach mit der 'Margaret Merril' sei. Ich hörte die kritischen Bemerkungen über diese Rose ganz gern, sie trösteten mich, obwohl ich eigentlich längst wußte, weshalb die neuen Rosen in meinem Garten keine Lust hatten. Wie die Musikanten in der Abschiedssymphonie von Haydn verließ eine nach der anderen die schöne Welt; Sonne, gesiebte Komposterde und aller Luxus hatten nichts genützt.

Es war meine Schuld, daß die schöne Margaret Merril jahrelang leiden mußte, und deshalb will ich bei den dreißig neuen, weißen Rosen alles richtig machen.

Etwas ganz Wichtiges hatte ich vergessen: ich hätte die Pflanzen, bevor sie in den Einschlag kamen, mit den Wurzeln zwei Stunden lang in die Wassertonne legen müssen. Im Frühjahr, als sie aus dem Einschlag kamen, schienen mir die Wurzeln feucht genug zu sein, aber sie waren es offensichtlich nicht. Das haben die Rosen niemals verwunden.

Also plagte mich nach diesen Erfahrungen die Frage, ob die Wurzeln der neuen Rosen auch naß genug waren, als ich sie in den Einschlag brachte. Wahrscheinlich nicht, also: besser ist besser, ich schob die Fenster vom Mistbeetkasten, zog die Rosen heraus, legte sie mit den Wurzeln über Nacht ins Wasser, um den Einschlag dann am nächsten Tag zu wiederholen.

Zusätzlich breitete ich über der Mistbeeterde und den herausgukkenden Rosenstielen noch eine Noppenfolie aus; das war gut, denn wir bekamen bald Frost, bis ungefähr zwanzig Grad. Allerdings hatten wir viel Schnee, auf den hochgelüfteten Fenstern des Mistbeetes lagen über dreißig Zentimeter. Aber immerhin war die Öffnung zwischen dem Fenster und dem Schnee, der auf dem Boden lag, groß genug; der Frost konnte an die Pflanzen heran, und das ist im Grunde genommen, solange er keine Rekorde aufstellen will, ganz gut.

Bei mir werfen der Wald und die Gartenbäume über Winter Schatten auf das Mistbeet, und erst im März wird ganz allmählich abschattiert. Würde das Beet von der Sonne aufgeheizt, hätte ich die Rosen woanders überwintern müssen.

Im März, als die Forsythien anfingen zu blühen, ging es ans Pflanzen. Es kamen noch rotgefüllte Duftrosen, nämlich 'Hidalgo' und 'Senator Burda' hinzu; außerdem zwei Hochstämme, 'Schwarzwaldmädel' und 'Rouge Meilland'. Aber dieser Boden!

Gibt es zwischen gefrorener Erde und dem Rotliegenden, wenn es darum geht, mit der Kreuzhacke ein Loch hineinzuschlagen, einen Unterschied?

Wir befinden uns hier auf dem Rotliegenden, und das liegt wirklich fest. Von oben ist das Rotliegende durchnäßt, morsch geworden, denn steter Tropfen höhlt den Stein, und in zweihundert Millionen Jahren tropft schon allerhand zusammen. Ich habe einmal gelesen, das Rotliegende verhalte sich so ähnlich wie Milch, die überkocht: Sie ergießt sich zuerst in alle Ritzen und Rillen, die sie vorfindet. Deshalb spricht man von Ergußgestein, wenn man das aus feuerspeienden Bergen leicht überkochende Magma meint. Die glühende Flut hatte keine Zeit, Kristalle entstehen zu lassen, sie erkaltete viel zu schnell. Es gab »bald« schon Nadelgehölze in den Gegenden des Rotliegenden. *Araucarien*, von denn unsere Zimmertannen abstammen sollen; dies war aber erst zwei Millionen Jahre später.

Von oben war das Rotliegende also morsch; doch dann mußte bald der Pickel her. Es war nicht einfach, aus dem porphyrischen Rotliegenden rote Brocken zu machen, die sich herausschaufeln ließen. Gut, daß Said damals noch da war, und mir half; ich konnte mich bei einer Tiefe von dreißig Zentimetern nicht selber bemogeln, weil ich Said am Zollstock die erwünschte Tiefe gezeigt hatte, aber bei vierzig Zentimetern gaben wir beide gern auf. »Das Wasser wird schon abfließen, wir liegen ja an einem Hang.«

Die Fläche des neuen Rosengartens beträgt mehr als sechs Quadratmeter. Unten in die Grube, die wir in das Rotliegende hineingehackt hatten, kam Pferdemist, der noch dampfte; nicht viel, nur so viel, wie in den Kofferraum meines Autos hineingegangen war. Es ist im Winter angenehm, an die Rosen im Garten zu denken, und daß sie der Pferdemist von unten her wärmt. Darüber kam die vorher abgehobene Muttererde; sie ist zusammen mit Kompost, Torf, Sand und Kalk während der letzten dreißig Jahren entstanden. Außerdem mischte ich drei Schubkarren rohen Kompost ein, zwei Säcke Florahum, Muschelkalk und viel Sand.

Die Erde war so krümelig, daß sie gleich wieder ins Loch zurückrollte, wenn ich meinte, das Pflanzloch tief genug ausgehoben zu haben. Es half also nichts, ich mußte mich vor jedes Loch hinknien, mit der Hand so schnell wie ein Maulwurf die immerfort ins Loch zurückkrümelnde Erde herausscharren und den günstigsten Augenblick ausnutzen, um die Rosenwurzeln in die richtige Tiefe zu bringen. Ich hatte sie vorher schon um mehr als ein Drittel zurückgeschnitten. Mit beiden Fäusten festdrücken, wässern mit der Gießkanne, hinterher alles mit dem Krail glattmachen, das war einfach. Sieht aus wie von einem richtigen Gärtner, sagte Malia. Du liebe Güte: siebenundzwanzigmal hinknien bei siebenundzwanzig neuen Rosen.

Vom Schneiden habe ich schon erzählt. Trotzdem sei gesagt, daß die neugepflanzten Rosen stark zurückgeschnitten wurden. Jeden der grünen, fingerdicken Sprosse schnitt ich so weit zurück, daß nur zwei sichtbare ausgebildete Knospen, Augen, verblieben.

Eine Strophe von Ringelnatz lautet: Freut sich da ein Regenwürmchen, weil die Amsel vor ihm flieht? Hohe Türme sind nur Türmchen, wenn ein Adlerauge sieht.

Nach einer Woche bereits waren die Veredlungsstellen der neugepflanzten Rosen, die Hochstämme ausgenommen, wieder aufgetaucht. Obwohl sie vorschriftsmäßig zweifingerbreit, gar dreifingerbreit in der Erde gesteckt hatten, waren sie wieder da. Aber nicht die Rosen hatten sich in die Höhe gereckt, sondern der Boden war eingesunken, er hatte sich gesetzt. Mir war das ganz recht, denn mir hat die Oberfläche – trotz Florahum – nicht verwöhnt genug ausgesehen. Richtig gute Erde mußte da noch her, aber was ist das?

Irgendwer in der Rosenrunde im »Bären« hat mir erzählt, daß er im Kofferraum seines Autos eine tropensichere, verschraubbare Samen-Versandbüchse mit sich führt. Wenn er öffentlich zugängliche Maulwurfshaufen sieht, dann sammelt er mit einem kleinen Pflanzspaten

Erde von Maulwurfshaufen ein. Als wir neulich einen Spaziergang an Schloß Stroh vorbei und dann hinunter nach Lichtental machten, fragte ich Malia, weshalb man immer sagt, die Erde von Maulwurfshaufen sei so besonders gut. »Das ist sie«, antwortete Malia, »weil der Maulwurf sie mit seinen kurzen Fingern, seinen Fingernägeln an diesen Fingern, loskratzt, wenn er seinen Gang gräbt. Die losgekratzte Erde schiebt er dann mit seinem dicken Kopf nach oben.« Am nächsten Vormittag rief ich Elsbeth Jacob an und fragte sie dasselbe. »Das ist eine alte Sache«, sagte Frau Jacob, »weil alles dasjenige, was der Maulwurf mit seinem Maul frißt, hinten als gute Erde wieder herauskommt, und weil ein Maulwurf täglich das Doppelte seines Eigengewichts fressen muß, kommt da so viel Erde heraus, daß er sie zum Maulwurfshaufen hochschiebt.«

Beide hatten irgendwie recht, und wenn der Maulwurf mit dem Regenwurm verwechselt wurde, so kommt doch beides auf dasselbe heraus.

Von Alwin Seifert habe ich gelernt, daß die Schwarzerde der Ukraine von Regenwürmern gemacht worden ist.

Es gibt andere Gelehrte, die sagen, daß die Schwarzerde der Ukraine vom Wind aus Kirgisien herangeweht wurde. Das muß Professor Seifert nicht widersprechen, denn dann haben eben kirgisische Regenwürmer die Schwarzerde gemacht, bevor sie der Wind über die Wolga hinweg bis zum Donez, zum Dnjepr und zum Bug getragen hat. Regenwürmer fressen trockene Blätter, Reste von Heu und Stroh, mürbe gewordenes dünnes Holz, im Boden umherirrende, abgerissene Wurzeln; und bei mir im Garten schätzen sie den harzigen Geschmack der trockenen Nadeln der Österreichischen Schwarzkiefer offenbar ungemein. Immer dann, wenn diese langen gelben Nadeln gegen ihre Gewohnheit senkrecht im Rasen stehen, ist unten ein Regenwurm damit beschäftigt, sie vollends in den Boden hineinzuziehen. Und da entsteht dann wirklich gute Erde. Der Regenwurm wirft ebenfalls Erde auf, aber im Vergleich zu dem Maulwurfhaufen sind das nur ein paar Krümel. Ich habe eine Lupe, die zwanzigfach vergrößert; unter der sieht die Erde von einem Regenwurm wie ein Mosaik aus, wie eine Schuppenhaut, wie eine junge Eidechse im Gesicht. Die einzelnen Steinchen, Schuppen, Krümel sind mal olivgrün, mal ockerfarbig, dann wieder gelblich, grau, schwarz, groß, klein, matt glänzend, stumpf, blitzend wie Sand; wenn ich nur mit dem Bleistift versuche, die in zwanzigfacher Vergrößerung gut erkennbaren Krümelchen zu zerteilen, so geht das gar nicht; sie kleben wie süßer, fettiger Streusel fest zusammen.

Bei starken Regenfällen, wenn im Erdboden die Luft ausgeht, begibt sich der Regenwurm in die Gefahr, von einer Amsel gesehen zu werden. Auf der Suche nach neuen Weidegründen dringt er aber auch in Neuland vor, das zuweilen hart ist. Auch der Frost veranlaßt ihn dazu. In der Hoffnung, daß sich auch in diesem harten Boden etwas befindet, was ihn nährt, frißt der Regenwurm die harte Erde vorn in sich hinein, um sie hinten als gute Erde wieder herauszulassen. Große Lust auf Neuland haben die Regenwürmer nicht. Am liebsten halten sie sich in einem Gebiet auf, wo sie viele Bekannte, Verwandte und Freunde haben, wo sie die Steine, die Wurzeln des 'Cox Orange' und des Mirabellenbaums kennen, und wo es nach Möglichkeit keine Angler und Amseln gibt. Der Boden muß nur etwas feucht, aber niemals ganz naß, er muß immer luftig und möglichst auch locker sein, weil es ja anstrengend ist, sich so nackt und bloß hindurchzubohren. Im Wald und auf der Heide finden die Regenwürmer wenig, auf dem gemisteten Bauernfeld finden sie viel Nahrung, doch am meisten finden sie auf Viehweiden und im Garten, besonders auf dem Kompostplatz. Denn jeder erfahrene Gärtner weiß, daß gute Komposterde überhaupt nur entstehen kann, wenn sich zwischen den aufgestapelten Unkräutern, Kohlstrünken, Kartoffelschalen und Federn der Martinsgans genug Atemluft für die Zauberer befindet, die daraus gute Erde herstellen; die meisten von ihnen sind so klein, daß man sie nicht sehen kann. Das winzigste Regenwürmchen ist ein Riese dagegen.

Die Anwesenheit von vielen Regenwürmern läßt immer darauf schließen, daß der Boden locker, nahrhaft, also gut ist. Wenn jemand sich jahrelang um seine Gartenerde bemüht, ohne daß ihm beim Umgraben ein Regenwurm begegnet, muß er entweder zum Augenarzt gehen – oder er muß eine Fuhre Kuhmist kaufen, wenn es sich um sandigen, leichten Boden handelt; wenn es schwerer, lehmiger Boden ist, dann kauft er besser eine Fuhre Pferdemist. Im günstigsten Fall findet man ganze Knäuel von ineinandergeschlungenen Regenwürmern, dann muß man sich allerdings fragen, ob man das Land überhaupt umzugraben braucht.

Muß ich mich der Rosen wegen darüber freuen, wenn ein Maulwurf in meinem Garten wühlt, weil er so gerne Regenwürmer zu sich nimmt?

Daß sich Regenwürmer in meiner Gartenerde aufhalten, weiß ich vom Maulwurf; leider – aber es ist bei vielen Dingen so, daß sie zwei Seiten haben. Der Maulwurf ist doch viel zu schlau, um jenseits meines oberen Zaunes in den Schwarzwald zu gehen. Da wird womöglich der Pelz räudig, im steinigen Boden schleifen sich die Fingernägel zu schnell ab, nur wenn er Glück hat, findet er hoch oben am Berg sieben Meter vor der Gelben Eiche einen Engerling; ein weicher, roter Regenwurm, der sich durch die schöne Erde gleich nebenan gräbt, ist ihm lieber.

Der Maulwurf kratzelt und kratzelt mit seinen Händen, während er sich dabei wie ein dicker Holzbohrer umdreht und somit weiter ins fremde Erdreich eindringt; er versteht etwas vom Tiefbau, denn die Röhre ist immer kreisrund und glattgeputzt von dem dichten Pelz.

Es ist schwer, über gute Erde zu reden. Sie besteht erstens aus zermahlenen Steinen; als Mühle dienten die Zeit von Jahrmillionen, der Wind, das Wasser, der Frost. Was gibt es, angefangen vom Buntsandstein und dem Rotliegenden bis zum Diamanten, der am teuersten ist, obwohl er nur aus Kohlenstoff besteht, für viele Steine in der Welt! Hinzu kommt, daß viele Steine aus dem Knochenmehl von Meerestieren entstanden sind, also aus Krabben, Muscheln, Schnekken, Fischen. Gute Erde besteht zweitens aus abgestorbenen Tieren und unterschiedlichsten Pflanzen: man bekommt vom Laub der Walnuß zum Beispiel gar keine gute Erde, und jeder Gärtner-Lehrling weiß, daß Heideerde ganz etwas anderes als Lauberde ist, die man wiederum nicht mit Rasenerde oder Misterde verwechseln darf.

Ich hole mir schwarze Erde für meine Rosen aus einem Dorf. Ist es nicht sinnreich, daß man diese Erde dort weder Erde noch Boden nennt, sondern Grund?

In meiner Heimat gibt es nur Sandboden, dann und wann aber auch Lehm im Sand, wie zum Beispiel in Ketzin an der Havel und in Britz bei Berlin, wo auch die großen Rosengärtnereien entstanden sind. Es läßt sich aber nicht so einfach sagen: »Mann, du hast ja Lehm, das ist ja hervorragend, vor allem für Rosen.«

Lehm ist nicht gleich Lehm, und mancher Lehm ist so störrisch, daß er keine Lauberde an sich heranläßt, auch keinen Sand. Nur über den Komposthaufen geht alles, da gibt auch der störrische Lehm seinen Widerstand auf, und es entsteht mit Hilfe des Regenwurms jene Erde, die unter der zwanzigfach vergrößernden Lupe wie die Gesichtshaut junger Eidechsen aussieht.

In einer Erde, die fast nur aus Ton besteht, wie man ihn für Blumentöpfe und gebrannte Gartenzwerge benötigt, wächst überhaupt nichts. Andererseits kann man Blumenerde kaufen, in der außer Blumen auch Radieschen und andere Gemüsearten gut wachsen; wenn sie dreißig Volumenprozent Tonanteile hat, ist sie am teuersten und am besten.

Das mit der guten Erde läßt sich nicht aus Büchern erlernen. Es ist erst zu begreifen, wenn man jahrelang viel Erde mit den Händen angefaßt, befühlt und daran gerochen hat.

Nun wollte ich sieben von den neuen weißen Duftrosen, die auf meinen Namen getauft worden sind, in Töpfe pflanzen. Es kann ja sein, daß der März mildes Wetter bringt, so daß die Rosen schon austreiben können, und wenn plötzlich Frost angesagt wird, stelle ich die Töpfe schnell ins Gewächshaus. Auf diese Weise müßte es zu erreichen sein, daß die Rosen bereits im Mai, gegen Ende des Monats etwa, blühen. Im Juni kommen nämlich zwei Geburtstage, und da wäre es schön, so einen blühenden Rosentopf mitnehmen zu können. Es gibt inzwischen schon Container-Rosen, die man in voller Blüte kaufen kann, auch regelrechte Container-Baumschulen gibt es. Ich hatte in meinen sieben schwarzen Containern zuletzt Frühkartoffeln gezogen, und zwar Holländische Erstling, daher sahen sie ziemlich dreckig aus. Vor allem den inneren Dreck wollte ich meinen Rosen nicht zumuten, so daß ich die Töpfe in der Wassertonne wusch, der Scheuerlappen genügte dazu, die Bürste wurde nicht gebraucht. Die vom Wasser blanken Töpfe stellte ich zum Abtrocknen kopfüber auf den Drahttisch, und es sah so aus, als hätten Riesen vorübergehend ihre Zylinderhüte abgelegt.

Hilda ist eine Bäuerin, sie hat schwarze Erde in ihrem Bauerngarten. Solange man Zigarren oder Krüllschnitt in der Pfeife rauchte, wurden in diesem Garten, früher unter Glas, neuerdings unter einem halbkreisförmigen Dach aus Folie, die jungen Pflanzen für die Tabakfelder herangezogen. Ob unter Folie, unter Glas oder unter freien Himmel, dieser Garten ist in jedem Herbst umgegraben worden. Umgraben heißt, daß man einen um den anderen Graben aufwirft, und hier kommt in jeden Graben noch Mist hinein, viel Mist. Als ich 1938 erstmals für vier Wochen auf den Hof kam, gab es dort Pferde, Kühe, Schweine, Gänse und Hühner, die allesamt viel Mist machten; heute sind leider keine Pferde mehr da, aber die Zahl der übrigen Tiere hat zugenommen. In jedem Jahr wird Mist untergegraben, sicherlich schon zwei Jahrhunderte lang, wahrscheinlich länger. Man spricht in diesem Bauerngarten nicht von Boden, nicht von Erde, sondern nur von Grund; vom Grund des Wohlergehens der Menschen auf dem Hof: Schwarzer, eher leichter als schwerer, sich fettig anfühlender Boden, durchblitzt von winzigen Sandkörnern, also genau das, was man unter guter Erde versteht.

Ich habe mir eine Wanne gekauft, sie ist ganz leicht, braun wie Erde, und mit dieser Wanne im Kofferraum bin ich zu Hilda gefahren, um mir Erde aus ihrem Bauerngarten zu holen. Wir hatten nach dem 20. Februar eine Tauwetterperiode, so daß man denken konnte, der Frühling habe begonnen. Auch der Einschlag war aufgetaut, ich konnte die sieben Rosen gut herausnehmen. Die Wurzeln waren wirklich naß, ich brauchte sie nur um die Hälfte zu kürzen. Unten in die schwarzen Container kamen Scherben von Tonblumentöpfen, damit das überschüssige Wasser herauslaufen kann. Trotz des starken Rückschnitts der Wurzeln gingen die Rosen nicht so tief in die Töpfe hinein, daß die Veredlungsstellen mit Erde bedeckt waren. Die Erde aus Hildas Bauerngarten reichte nicht. Hin und zurück nach Dundenheim sind es etwas über hundert Kilometer. Ich mußte diese Strecke mit dem Auto fahren. Doch bekam ich eine Flasche vom selbstgebrannten Topinambur, der mich trösten sollte – aber erst zu Hause!

Mich hat mal ein Radioreporter gefragt, welches Tier außer der Katze gern Feldmäuse frißt, und meine Antwort war: der Uhu. Sieben Tage später, vom Süddeutschen Rundfunk an mich weitergeleitet, wurde ich auf einer Postkarte gebeten, möglichst umgehend Bezugsquellen für Uhus mitzuteilen. Tatsächlich meint man oft, per Postkarte oder Telefon alles und jedes bestellen und kaufen zu können, sogar das Glück.

Die für meine Rosen lebenswichtigen Stoffe kann ich ihnen mit einer Vielzahl von Düngern geben, doch mit Kuhmist werden sie, auch andere Blumen, schöner. Kann es nicht sein, daß sich in diesem Kuhmist wichtige Stoffe befinden, die wir nur noch nicht kennen? Aber auch Pferdemist bekommt den Rosen gut.

Das gilt auch für den Mist. Wer heutzutage, gar noch in einem Buch, etwas Gutes über Kuhmist schreibt, wird sogleich beschimpft: Ich kann doch hier auf dem Jungfernstieg in Hamburg, vor der Alten Wache in Frankfurt am Main oder auf dem Stachus in München keinen Kuhmist bekommen! Ich bin überzeugt, daß sich im Kuhmist Wirkstoffe befinden, die noch nicht wissenschaftlich beschrieben sind. Diese Stoffe bewirken, daß die Farben der Blätter und Blüten einen Glanz bekommen, wie er sich ohne diesen Kuhmist nicht einzustellen pflegt.

Beziehungen, auch wegen der Erde, muß man haben. Wer fährt schon gern in ein fremdes Dorf, um an der Tür des ersten Bauernhauses zu klopfen: »Verzeihen Sie, ich komme aus Baden-Baden, da gibt es kein Rindvieh, können Sie mir eine Plastiktüte voll Kuhmist verkaufen? Aber ich habe auch eine Wanne im Kofferraum stehen, die ist größer, aber so viel geht da auch nicht rein.«

In fast jedem Dorf gibt es eine Gastwirtschaft. In jeder Gastwirtschaft kann man ein Glas Bier oder Wein trinken. Wenn die Wirtin gerade mal etwas Zeit zu haben scheint, spricht man mit ihr. Auf diese Weise ist es immer möglich, Bauern kennenzulernen, die Kuhmist abgeben; wenn es so wenig ist, daß dieser Mist, ohne viel Stroh dazwischen, in den Kofferraum hineingeht, dann nimmt kein Bauer Geld dafür, aber man kann ihm, wenn er raucht, eine Zigarre mitbringen, auch eine Flasche Wein, auch ein Taschenbuch.

Man kann übrigens neuerdings auch in Städten getrockneten Rindermist kaufen, der angeblich aus Kalifornien stammt. Ich wollte einmal Jauche aus diesem kalifornischen Rindermist machen, aber sie hat nicht zu gären angefangen, obwohl das kleine Faß in der Sonne stand.

Übrigens reicht mir der Kofferraum voll Kuhmist das ganze Jahr; er reicht für alle Pflanzen im Gewächshaus, den Lorbeerbaum vor der Haustür zähle ich dazu und für alle Rosen draußen im Garten, es sind trotz Schatten, die immer länger werden, weil die Waldbäume zu sehr wachsen, immerhin mehr als siebzig Stück. Zwei Söhne von Hilda, die auf dem Hof helfen, füllen den nassen Mist, in dem sich kaum Stroh befindet, in Papiersäcke. Das Papier dieser Säcke besteht aus mehreren Schichten, vorher war Kraftfutter in den Säcken, das wiegt viel. Im letzten Frühjahr wurden die Kraftfuttersäcke, nachdem der Mist eingefüllt war, mit zitronengelben Bändern zugebunden und mit ordentlichen Schleifen verziert. Dann wurden die vier Säcke in die beiden Wannen gehoben, ich hatte sie vorsorglich mitgenommen, aber der Kofferraum hat trotzdem wochenlang gestunken. Wer weiß schon, daß man über den kleinen Knopf, der beim Schließen des Kofferraums das elektrische Licht ausschaltet, nur einen Tesafilm zu kleben braucht? Ich wußte das jedenfalls nicht und hatte Angst, die Batterie sei leer, wenn ich den Kofferraum über Nacht offen lasse. Also, man muß den kleinen Knopf mit Hilfe des Tesafilms hineindrücken, dann geht das Glühbirnchen aus und der Deckel kann hochgeklappt bleiben, damit der Gestank bald verduftet. Doch so weit sind wir noch nicht, weil ich die Säcke zuerst hinauf in den Garten schleppen muß, und sie sind ziemlich schwer. Dann muß ich die Säcke auskippen, damit der Mist trocknen kann, das geht gar nicht so leicht und stinkt ungeheuer. Wenn man schließlich die Papiersäcke zusammengepreßt hat, daß sie noch in die Mülltonne hineingehen, stinkt man selber von oben bis unten nach Kuhmist. Es gibt eben nichts umsonst.

Einen Teil von dem Kuhmist, wenn er einige Wochen in der Sonne abgetrocknet ist, zerzupfe ich mit den Fingern, und die grünlichen Flocken streue ich dann in die Pflanzerde, oben auf die Fuchsientöpfe, die Kamelien, die Clivien und die Amaryllis. Auch Orchideen haben Kuhmist gern.

»Handelsklasse 1 A«, das wäre der Maßstab für die grünen Bulben meiner *Coelogyne cristata*, die im Februar mit vierzehn Blütentrauben vor dem Fenster unseres Wohnzimmers hing. Die Luft war süß vom Duft der über vierzig weißen, zarten Blüten. Ich hatte im vergangenen Frühjahr aber auch, als unten an den alten Bulben die Neutriebe angesetzt wurden, in alle erreichbaren Fugen und Ritzen der Pflanze grüngelben kleisterigen Kuhmist hineingeschmiert. Vor allem aber mache ich Jauche aus dem Kuhmist, wozu ich noch Hornspäne und Guano schütte, mal mehr, mal weniger, und bald freut es mich, wenn es gärt und blubbert. Zumindest bilde ich mir ein, daß die Pflanzen, besonders die Rosen, gut gedeihen, wenn sie diese Jauche, wasserverdünnt auf die Farbe eines ostfriesischen Tees, in Abständen von vierzehn Tagen bis zur Monatsmitte des Juli bekommen.

Das ist die 'Gloria Dei', lebensstark in jeder Hinsicht,
unsere wohl berühmteste Rose.

Man darf die reichblühende,
gut duftende 'Erotica' als Schnittrose und für
den Garten empfehlen.

Daß es früher in Potsdam jede Menge Pferdemist gab, habe ich schon geschrieben. Nach dem Krieg hatten wir in der Heidelberger Gärtnerei ebenfalls keinen Mangel an Mist; es gab Pferdemist, Rindermist, Mistgemische von allen möglichen Tieren. Auch auf dem Peterhof, auf dem Malia und ich von 1948 bis 1954 wohnten, hatten wir ein Pferd; Herr und Frau Naugokat waren mit ihm aus Ostpreußen geflüchtet und an den Neckar gekommen. Das Pferd stand nachts im Pferdestall, und weil sich darin auch noch Schafe aufhielten, gab es Mist genug.

Das Problem mit dem Mist stellte sich erst hier auf dem Leisberg in Baden-Baden. Denn außer zahlreichen Wildkaninchen, die uns in den ersten Jahren geplagt haben, hatten wir kein Vieh; den Hund zählt man ja nicht zum Vieh, und die Marder, die nachts auf dem Dachboden über unserem Schlafzimmer eine Art von Preiskegeln veranstalten, ebenfalls nicht.

Zweimal habe ich Stallmist gekauft, aber die Rosen sind danach nicht so großartig gewachsen, wie wir gehofft hatten. Man weiß nie, was alles ins Futter gemischt wird, damit Kälber schneller schlachtreif werden, Schweinefleisch schön hell aussieht und sich keine Krankheiten einstellen. Wenn Antibiotika in den Mist gelangen, gibt es leblose, tote Erde. Bei Schweinefleisch muß ich daran denken, daß Ingwer Jensen in Flensburg, berühmt durch seine historischen Rosen, in den Katalogen zwischen reinweißen, perlweißen, auch fleischweißen Sorten unterscheidet.

Das Erdemachen auf dem Kompostplatz ist für die Rosen wichtig. Aber so poesievoll, wie es oft beschrieben wird, finde ich das keineswegs, und Spaß hat mir auch diese Arbeit nie gemacht.

Was für uns Menschen Kartoffeln und Brot sind, das ist für meine Rosen – Dietrich Woessner möge mir verzeihen – der Kompost. Neuerdings wird über das Komposten geschrieben, daß es eine nahezu elegante Arbeit sein kann; das trifft nach meiner Erfahrung nicht einmal für die einschlägigen Haufen in der sandigen Mark Brandenburg zu, geschweige denn für die in meinem jetzigen Garten über dem Rotliegenden. Wir sind nur noch zu zweit im Haus, von den kegelspielenden Mardern auf dem Dachboden abgesehen. Doch trage ich jeden Tag unsere Küchenabfälle auf den Kompostplatz, jeden Tag einen halben Eimer voll: Kartoffelschalen, Kohlstrünke, vertrocknete Apfelsinen, harte Brotkanten, Schalen von Frühstückseiern, zerhackte Nußschalen, Filtertüten mit Kaffee und Tee, Knochen vom Hasenbraten, äußere Blätter vom Kopfsalat und Sellerieschnitze. Das schütte ich zunächst nur so hin, es gibt dafür ein umgattertes Geviert. Viele Tiere meinen, es sei ihr Futterplatz; unser Nachbar Emmerich Barth wunderte sich immer, daß sein schwarzweißer Hund kein Futter annahm, aber nicht abmagerte, im Gegenteil, er hat sich hier bei uns sattgefressen. Auch einen Fuchs habe ich schon gesehen, und leider hat es sich bei den schwarzen Saatkrähen herumgesprochen, daß sich neben dem Werkzeugschuppen der Versuch eines Schlaraffenlandes für Tiere befindet. Deshalb also das Gatter, die Abfälle können nicht ringsum verscharrt werden.

Nun muß ich das alte Holz aus den Haselbüschen herausschneiden, die vergreiste und vereinsamte Bühler Frühzwetschge umsägen, fünf verwilderte Eiben bändigen; ich muß vorsichtig, denn es ist Winter, also nicht mit dem Schlauch, sondern mit der Zweiliterkanne die Gewächshauspflanzen gießen; dabei ist jeder Topf hochzuheben, damit am Gewicht geschätzt werden kann, ob die Pflanze Wasser braucht oder nicht. Außerdem muß ich noch etwas Geld verdienen. So rede ich mir ein, für den vorläufigen Kompost aus Küchenabfällen der letzten drei Monate keine Zeit zu haben. In Wahrheit hätte ich sie schon, aber mir fehlt die Lust, denn jede Mistgabel voll angefaulter Küchenabfälle ist schwer wie Blei.

Das soll eine Arbeit sein, die nahezu elegant ist? Aber nur aus den Küchenabfällen entsteht keine Komposterde. Irgendwann einmal, sicher, wird auch dieser nasse Dreck zu Erde, doch vorläufig bleibt es nur stinkender Matsch. Ich muß einen erst halberdigen Haufen umsetzen, dann kann ich auf jede Schicht dieser halben Erde etwas von dem angefaulten Küchenberg streuen, dazu jedesmal Sand und Muschelkalk: So wird daraus, was für uns die Kartoffel und das Brot sind, die Grundnahrung für meine Rosen.

Sehr viel Nährwert hat diese Erde nicht. Sie stellt eine Magerkost dar, mag sie auch schwarz sein wie die Nacht. In manchen Jahren habe ich mit eingemischten Hornspänen oder mit Hornmehl nachgeholfen, aber es ist am einfachsten, im April und dann nochmals im Juni einen Volldünger auszustreuen, wie man ihn in Papiertüten kaufen kann. Ich nehme nie Spezialdünger, die nur teuer sind, weil die bunten Aufdrucke auf den Packungen so viel kosten; manchmal meine ich sogar, daß die Verpackungen mehr wert sind als der Inhalt. Einfache Mischungen aus Harnstoff, Kali und Phosphor, wie sie auch in den Gärtnereien verwendet werden, sind am preiswertesten und am besten. Davon streue ich Anfang April und im Juni eine Handvoll um jeden Rosenstock herum; gerade so weit im Kreis, wie die Wurzeln gehen. Hinterher wird der weiße Dünger mit dem Krail eingekratzt, und dann hoffe ich, daß es bald regnet, weil sich jeder Gärtner einbildet, der Boden sei nicht feucht genug, die Wasserlöslichkeit des Düngers in Gang zu bringen. Ich kenne allerdings einen Rosengärtner, der das sehr viel sorgfältiger macht. Da wird erst ein Tisch in den Garten gestellt, auf den Tisch kommt eine Platte, wahrscheinlich Kunststoff. Auf die weiße Platte kommen fünf saubere Gläser, Glastrichter in dreierlei Größen, Meßbecher, Pinzette und Lupe, außerdem ein Notizbuch, ein Kalender zum Eintragen der Termine und ein Bleistift. Neben dem Tisch auf einem breiten Hocker stehen die Büchsen und Tüten mit den Mineraldüngern und den erwünschten Zusätzen, unter denen sich vor allem Vitamine befinden. Nur gut, daß dieser Rosengärtner nicht zuguckt, wenn bei mir gedüngt oder gespritzt wird, denn er kommt nur gelegentlich am Sonntag, und der Sonntag ist bei mir immer der siebte Tag in der Woche.

11. Kapitel

Neue Gedanken zum alten Sternrusstau

Aus dem Sommer 1987 gibt es eine Notiz vom 16. Juli. Wir hatten sehr heiße Tage, das Thermometer stieg im Schatten manchmal auf 35 Grad, auch nachts war es warm. An einem strahlenden Morgen nach einem der schweren Gewitter, die uns meistens nachts überfielen, sagte unsere Nachbarin: »Ich stand wie im Feuer«. – Die Rosen sahen gut aus, frisch und kräftig, die Blätter ohne Fehl, edel in ihrem stillen Grün.

Das kam vom vielen Regen im Mai und Juni, es hatte eigentlich ununterbrochen geregnet, so daß die Erde durch und durch naß war, die Maulwürfe hätten am liebsten Flügel bekommen, während die Drosseln von den Regenwürmern, die nach Luft schnappen mußten, Fett angesetzt hatten. Wohin man auch hörte, ob im »Bären«, ob im Penta-Hotel in München, überall war der Jubel groß: »Endlich sind die Rosen überall mal ganz richtig gewachsen, und was haben sie für gesundes Laub.«

Es stand in der Zeitung, daß Mineraldünger stets zu reichlich ausgestreut werden, weil die Meinung vorherrscht, daß viel auch viel hilft. Wenn es heißt, man soll je Rosenbusch eine Handvoll ausstreuen, dann nimmt man zwei. Und nun wäre endlich, so meinten auch die Rosenfreunde, so viel Regenwasser in den Boden eingesickert, daß die Nässe ausreichte, die deponierten Dünger aufzulösen. Ob das richtig oder falsch ist, ist mir ziemlich gleichgültig. Für mich gibt es aus den Wetterbeobachtungen vom Mai und Juni 1987 nur einen Schluß: Ich muß meine Rosen in diesen beiden Monaten, wenn es nicht so oft regnet, sehr viel mehr wässern als bisher, es scheint ihnen gut zu tun.

Es sind Löcher in ein Rosenblatt gefressen worden, wobei die Frage auftaucht, ob der Blattschneider das Männchen der Tapezierbiene ist, da beide denselben zoologischen Namen haben.

»Die ersten Blüten sind vorbei«, so steht in meinen Notizen; »bei manchen Rosen sind die zweiten Blüten schon da, es ist nicht so genau zu verfolgen und sortenmäßig auch unterschiedlich. Vorn im neuen Beet ist eine Blüte von 'Senator Burda' aufgegangen, sie duftet stark und ist rot, ganz rot; trotz der Hitze sind die Blütenblätter noch nicht blau geworden. Aber die Blume kann man kaum sehen, denn sie ist unten in einem Trichter eingeklemmt, den sechs bleistiftlange Triebe gebildet haben, und die Blütenknospen am Ende dieser Triebe zeigen bereits Farbe. 'Rouge Meilland' hat ebenfalls junge Triebe, sogar neun, sie sind rot, doch an den Enden befinden sich noch keine Knospen, sie sind zu jung.«

Dann heißt es in meinem Schreibheft weiter: »'Schwarzwaldmädel' hat an neun neuen Trieben neun Knospen, die bald erblühen werden. An den Blättern knabbert irgendein Tier von den Rändern her kleine Stücke heraus.«

Mehr habe ich darüber nicht geschrieben, aber ich weiß ganz genau, daß diese Rose, ein Hochstämmchen, zwei derartig angefressene Blätter hatte. Den Schnecken ist ja alles zuzutrauen. Eine Weinbergschnecke, die immer und überall zu Hause ist, hat im letzten Sommer offensichtlich Lust auf Malias neues Irisbeet gehabt. So erkletterte sie die westliche Stehwand meines Treibhauses; sie kam aus der Dekkung dicht beieinander stehender Christrosen heraus. Am ersten Tag schaffte es die Schnecke, ihr hübsches Schneckenhaus bis unter die Regenrinne zu schleppen. Mit bewundernswerter Geduld schritt die Weinbergschnecke sodann das schräge Glasdach hinauf, ohne daß ich sagen könnte, wie lange sie dafür gebraucht hat. Es dauerte jedenfalls drei Tage, bis die Schnecke an der Ostseite des Gewächshauses beim Abstieg war; der fiel ihr sichtlich leichter, was sich durch die Schwerkraft der Erde und das Gewicht des mitgeschleppten Hauses leicht erklären läßt. Wäre die Weinbergschnecke am Boden geblieben, - der Landweg ist nur halb so lang ist wie derjenige über das Dach -, hätte vielleicht unser Igel sie erwischt.

Die schönste Schnecken-Geschichte kenne ich von dem Physik-Professor Rieke, seine Tochter hat sie mir erst vor wenigen Tagen erzählt: Weil die Schneckenplage gar zu groß geworden ist, geht der Vater abends, bei Dunkelheit, wenn das lichtscheue Gesindel aus den Verstecken gekommen ist, in den Garten. Mit der Taschenlampe und seinen guten Augen jagt der Professor jeden Abend so viele Schnekken, daß ein Wassereimer zur Hälfte voll ist. Über Nacht kommt, von zwei roten Mauersteinen beschwert, ein hölzerner Deckel auf den Eimer. Am nächsten Morgen bringt der Professor die nächtliche Beute mit dem Auto auf den Güterbahnhof nach Baden-Oos; das ist eine Strecke von ungefähr sieben Kilometern. Ich fragte die Tochter, warum der Vater die Schnecken so weit wegbringt. »Er meint«, antwortete das Mädchen, »daß sie, vom Güterbahnhof verwirrt, nicht mehr zurückfinden.«

Den Schnecken ist alles zuzutrauen, aber an Rosen habe ich sie noch nicht erlebt. Die angefressenen Blätter haben mich nicht sehr beunruhigt, denn es frißt sich allerlei Getier durch den Garten.

Es gibt ein Buch von Dietrich Woessner, ein Buch, wie es besser gar nicht sein kann, es hieß zuerst »Probleme mit Rosen«, jetzt »Rosenkrankheiten«. Man soll dieses Buch kaufen, es ins Bücherregal stellen, aber nicht darin blättern, keine Bilder angucken und vor allem nicht darin lesen; zumindest soll man das nicht tun, wenn man die Absicht hat, sich ein paar Rosen in den Garten zu pflanzen. Der Schweizerische Rosenvater stellt nämlich mit vielen Bildern dar, was den Rosen alles passieren kann. Es kann sein, daß jemand, der das alles anguckt, lieber ganz auf Rosen verzichtet.

Der Inhalt erstreckt sich über 158 Seiten, fast auf jeder Seite ist ein Farbbild, und der Text beschreibt die Rose in ihren Leidenszeiten, die von geheimnisvollen Viren, Bakterien, Pilzen, Insekten und vom Unverstand der Menschen verursacht werden.

Soll man das Buch von Dietrich Woessner über die Krankheiten und Plagegeister der Rosen kaufen und lesen? Oder soll man es kaufen und nur in Bereitschaft halten, bis es gebraucht wird?

Man soll das Buch nur aufschlagen, wenn man etwas Bestimmtes wissen will. In meinem Fall lautet die Frage an den Schweizerischen Rosenvater, wer oder was da von den Rändern her zwei Blätter von meinem 'Schwarzwaldmädel' angefressen hat. Wer es war, das habe ich schnell in dem Absatz über Blattschäden an einem Farbbild festgestellt, es befindet sich auf Seite 143. Das grünbraune Farbfoto ist genauso angefressen, wie die beiden Rosenblätter in meinem Garten angefressen sind; als Täter kommt nur die Tapezierbiene, auch Blattschneider genannt, in Frage, *Megachile centuncularis*. Dietrich Woessner scheint aber diese *Megachile* nicht sehr ernst zu nehmen, die gern in der Nähe von verwachsenen Sträuchern und von Baumgruppen vorkommt. Sie benutzen das herausgeschnittene Blattgrün, um daraus ihr Nest zu bauen. Weil sie damit irgendwann fertig sein müssen, nehme ich den Kampf nicht erst auf.

Von den tierischen Rosenschädlingen fürchte ich die Rehe am meisten, weniger als die Hirsche, die lieber oben im Hochwald bleiben, ganz abgesehen davon, daß sie schon sehr geschickt sein müßten, um mit den ausladenden Geweihen durch meine Zaunlöcher zu kommen. Vielleicht haben die Rehe von den Wildschweinen erfahren, wo sich beim Nachbarn Unger und bei mir Löcher im Maschendrahtzaun befinden. Ich werde etwas tun müssen, aber es hat noch Zeit, denn erst wenn sie Blütenknospen haben, sind Rosen, vor allem gefüllte und duftende Sorten, für Rehe interessant; für die Waldhasen und für die Feldhasen gilt das gleiche, wogegen die Kaninchen, auch wenn sie sich auf die Zehenspitzen stellen, an die Rosenknospen nicht herankommen.

Außer dem Rehwild scheinen die Blattläuse besondere Lust auf Rosenknospen zu haben; übrigens nicht nur auf Rosen, sondern auch auf Knospen anderer Pflanzen, zum Beispiel einer bestimmten Orchideenart bei mir im Gewächshaus, dem *Zygopetalum*, das seine weißgestrichelten, dunkelblauen, süß duftenden Blüten im Februar nur dann bekommt, wenn ich spätestens an Epiphanias die Blattläuse entdeckt habe. Die Blattläuse sind am *Zygopetalum* und an den Rosen genauso grün wie die Knospen – man muß gut aufpassen, damit man sie überhaupt findet.

Es ist doch kinderleicht, von den Knospenstielen der Rosen, zweiundsiebzig an der Zahl, die Blattläuse wegzubekommen.

Neuerdings ist es kein Problem mehr, den gepeinigten Rosenknospen wieder Hoffnung zu machen, weil nämlich das praktische Kapselsprüh-System erfunden worden ist. Bislang gab es Sprays, die man nicht mehr benutzen soll, weil davon das Ozonloch über der Antarktis immer größer wird; außerdem ist ein Spray eiskalt, daß es den Pflanzen schadet, wenn man die Spraydose nicht so hält, daß sich zwischen ihr und der Blattlaus oder dem Mehltau ein Abstand von siebenunddreißig Zentimetern befindet. Das moderne Kapselsystem hat den Nachteil, daß es nicht auf Knopfdruck sprüht, sondern ich muß mit den vier Fingern derjenigen Hand, die das Sprühgerät hält, den zuständigen Hebel ständig bewegen wie eine Pumpe. Ich fülle das Kapsel-Sprühgerät mit Wasser, woraufhin die Öffnung mit einer Kapsel zugeschraubt wird, bis es klick macht: In demselben Augenblick befindet sich das Gift gegen die Blattlaus oder gegen den Mehltau im Wasser, und man kann anfangen. Die Kapseln sind nicht größer als ein Zweimarkstück, nur dicker: etwa wie fünf Zweimarkstücke, wenn man sie übereinanderlegt. Es gibt grüne Kapseln gegen Blattläuse, auch gegen die *Megachile centuncularis* und andere Tiere, wenn sie sich denn einstellen und erkannt werden. Außerdem gibt es Kapseln in der Farbe von Orangen gegen den Mehltau, den Sternrußtau. Am besten ist es, wenn man gleich zwei Kapsel-Sprühgeräte kauft, denn sie sind leicht, man kann sie in etwas größere Manteltaschen stecken. Die Flasche faßt einen Liter Wasser, und wenn es beim Aufschrauben der Kapsel klick gemacht hat, lassen sich damit die Läuse von hundertzwei Rosenknospen vertreiben. Sollte es nicht reichen, so füllt man erneut einen Liter Wasser ein und dreht die neue Kapsel, bis es klick macht.

Ich bin ganz von den Notizen abgekommen, die ich im vorigen Jahr am 16. Juli gemacht habe. »Bei 'Karl Heinz Hanisch' in Töpfen«, lese ich da, »sind die untersten Blätter schon seit Tagen schwarz betupft gewesen, und nun werden sie gelb.« Ich meinte damit nicht, daß die schwarzen Tupfer gelb wurden, sondern es waren die Blätter, die sich um die immer größer gewordenen Flecken herum gelb verfärbten, und bald fielen sie ab. Das war keine Überraschung, sondern der Sternrußtau.

Man sagt, die Sporen dieses Pilzes verkrabbeln sich in der Erde, weil ihnen da über den Winter nicht allzuviel passieren kann. Deswegen heißt es ja auch, abgefallene Blätter sofort aufsammeln, besonders im Herbst, und in die Mülltonne werfen, keinesfalls also auf den Kompost, wo sich die Sporen des Mehltaus und besonders des Sternrußtaus sicher wohlfühlen.

Wenn Rosenfreunde sich treffen, um drei Stunden über die Rose in der Kulturgeschichte zu sprechen, so dauert das zwanzig Minuten, und den Rest der Zeit reden sie über den Sternrußtau.

Wir haben im letzten Herbst beraten, wie es möglich und einigermaßen ungefährlich wäre, die gelben Blätter mit den schwarzen Tupfen aus einem vorschriftsmäßig dicht bepflanzten und entsprechend bestachelten Rosenbeet herauszubekommen. Die richtige Idee hatte Elsbeth Jacob: sie nimmt dafür eine Gabel. Richtig wäre es, die Gabel an einen längeren Stock zu drahten, und am allerbesten wäre eine zweizinkige Fleischgabel, die schon einen langen Griff hat. Damit piekst sie ein Blatt nach dem andern auf, und wenn kein Blatt mehr von der Gabel aufgegriffen werden kann, weil sie voll ist, streift man die durchbohrten Blätter ab und wirft sie ins Feuer. Denn: Beim Sternrußtau fängt der Ernst des Rosenlebens an.

Nachdem ich die weißen, roten, gefüllten und duftenden Rosen gepflanzt hatte, die sich in der vierzig Zentimeter tiefen Luxuserde offensichtlich wohlfühlten, wollte ich sie gesund durch den Sommer bringen. Also holte ich, nachdem sie jahrelang still vor sich hinrosten durfte, die Spritze aus dem Werkzeugschuppen. Es ist so eine alte Holder-Spritze, die fünf Liter faßt, man muß sie immer mal wieder aufpumpen, wenn der Druck nachläßt. Wir hatten diese Spritzen schon in meiner Lehrzeit in Sanssouci, wo sie allerdings wenig gebraucht wurden. Es kommen beinahe alljährlich neue Spritzen auf den Markt, weil man ganz allgemein der Auffassung ist, das Neue sei zugleich das Bessere, aber bei den Spritzen, um damit Pflanzenschutzmittel auszusprühen, ist dies nicht der Fall.

Am meisten hatte ich mir noch von einer Spritze versprochen, die man nicht von Hand aufzupumpen braucht; sie funktioniert elektrisch. Man muß nur den dafür vorgesehenen Stecker in eine Steckdose hineinstecken, und am anderen Morgen ist die Spritze geladen und voller Kraft.

Man spritzt aber niemals am Morgen, sondern immer nur abends, wenn es windstill ist und kein Regen zu erwarten ist. Die Brühe soll so lange wie möglich an beiden, besonders den unteren Seiten der Blätter haften, damit sie den schwarzen Sternrußtau auch wirklich trifft. Es dauert ein Weilchen, bis ein mittelgroßer Rosenstrauch richtig eingesprüht ist. Ich muß dabei die Lesebrille aufsetzen, um nicht ein einziges Blatt zu übersehen, weil der Sternrußtau damit einen Brükkenkopf hätte, um sofort nach dem Verdunsten der Spritzflüssigkeit auf den anderen Blättern zum erneuten Angriff anzutreten. Von oben trifft man das grüne Laub leichter, aber es nutzt alles nichts, ich brauche die Lesebrille, ich muß mich immerfort bücken, muß in die Knie gehen und aufpassen, daß jedes Blatt von unten her richtig eingeseift wird. Das dauert und dauert, Malia ist schon längst von ihrer Zeichenstunde zurück, der leichte Riesling von Eltville ist lange genug gekühlt, um Viertel nach Neun wollten wir den Edgar Wallace im Fernsehen angucken; morgen ist auch noch ein Tag, da wird es auch wieder Abend, aber am nächsten Abend ist kein Strom in der Spritze. Man wird leicht vergeßlich, wenn es Nacht wird, wenn der leichte Riesling kühl genug ist und die schöne Aussicht besteht, beim Edgar Wallace nicht selbst denken zu müssen. Im übrigen war die Elektro-Spritze bald kaputt.

Für kleinere Mengen hat sich bei mir ein Gerät bewährt, das im Malerhandwerk bekannt ist, nämlich die Spritzpistole. Sie schießt freilich auch nur mit Hilfe der Elektrizität, man muß sie immer an den Strom angeschlossen haben. Sie läßt sich auf verschiedene Breiten einstellen; leider macht die Spritzpistole großen Krach.

Doch meine alte, leicht angerostete Holder-Spritze ging noch. Ich mußte nur den Kolben der Pumpe mit Butter glatter machen, nicht einmal die Sprühdüse war verstopft. Die Düse einer solchen Spritze ist wie bei einer Kette das schwächste Glied, weil sie nämlich nicht mehr spritzt, wenn ein Sandkörnchen, das sich im Wasser befinden kann, die Öffnung verstopft. Am besten man hat Flaschenzange und Draht in der Tasche, um eine Düse gleich reinigen zu können.

Woher kommt es eigentlich, daß es im Mai und im Juni bis zur ersten Blüte wenig Sternrußtau gibt und daß bei den nachfolgenden Austrieben die jungen Blätter selten befallen werden?

Ich habe alle Rosen gespritzt, immer am Abend bei Windstille, Blatt um Blatt von oben und unten habe ich die Rosen so lange gespritzt, bis sie tropften, bis von diesen Tropfen auch die Sporen des Sternrußtaus, die möglicherweise im Erdboden nur auf eine Gelegenheit warteten, an die Blätter zu gelangen, getroffen worden sein mußten. Ich stand aufrecht, als ich spritzte, gebeugt zuweilen, ging auch von dann und wann auf die Knie, weil es wegen der Lesebrille unmöglich war, mich derart tief zu bücken, um auch die untersten Rosenblätter an der Unterseite zu erwischen. Das dauerte drei Abende Anfang Juni, nochmal drei Mitte des Monats, zuletzt dann Anfang Juli, bevor Malia und ich zu den Rosentagen nach München fuhren. Trotzdem steht in meinen Notizen vom 16. Juli: »Die untersten Blätter haben schwarze Tupfer und werden gelb.«

Die überwinterten Sporen warten auf den Mairegen, sagt man, und wenn der Regen stark genug ist, spritzen die Regentropfen die Sporen des Sternrußtaus von unten gegen die unteren Blätter. Wie aber kann das eigentlich gehen? Meine schwarze Erde auf dem Rosenbeet ist doch kein Asphalt, sie ist doch weich und krümelig, wie soll da ein aufprallender Regentropfen wieder hochspritzen, und dies zusammen mit der Spore des Sternrußtaus und gleich bis unter das unterste Blatt? Dreißig Zentimeter hoch, das wäre ja ein Rekord im Hochspritzen von Regentropfen.

Andere sagen, daß sich bei starkem Regenwetter eine Wasserhaut um den Rosenstamm, seine Zweige, Blattstiele und Blätter legt. Sobald das Regenwetter die Wasserhaut gebildet hat, schwimmt die Spore von dem Sternrußtau hurtig in dieser Haut den Stamm empor, an der Verzweigung und dem ersten Blattstiel entlang unmittelbar ins Chlorophyll des Rosenblattes hinein. Es mag stimmen, aber ich kann mir das nicht so recht vorstellen.

Malia hat eine Rose geschenkt bekommen, ein hübsches Rosenbäumchen im Blumentopf; aufveredelt ist eine der modernen, weißen, sogenannten Bodendeckerrosen, ich finde das wenig sinnvoll. Dieses Bäumchen mit seiner beinahe kugelrunden Krone hat im Mai nur wenige Wochen seine blanken, grünen Blätter. Dann, wenn die niedrigen Rosenbüsche bis zum untersten Blatt gesund sind, befällt der Sternrußtau die Rosenkrone auf dem Hochstamm. Gut, in der Erde in dem großen Blumentopf haben sich vielleicht ein paar Sporen dieses Sternrußtaus über den Winter gerettet. Aber kann ein Regentropfen meterhoch springen? Kann die Pilzspore einen Meter nach oben durch die Wasserhaut schwimmen, die sich bei Regenwetter um den Stamm herum bilden soll? Wie sind die Sporen des Sternrußtaus auf meinen Balkon in Offenburg gekommen? Mir scheint eher, daß sie, ebenso wie die Blattläuse und Weißen Fliegen, allgegenwärtig sind; auch die Sporen des Mehltaus sind allgegenwärtig, aber den kriegt man von den Rosenblättern wieder weg.

Macht manche Rose nicht zwei, zuweilen auch drei Vegetationsperioden in einem einzigen Sommer mit?

Meistens stellen sich die gefürchteten schwarzen Tupfer erst im Juli ein, vielfach erst im August. Im Frühling, wenn die Rosen kräftig wachsen, zeigen sich keine Blattkrankheiten; Malias Bodendeckerrose auf Hochstamm bildet eine Ausnahme. Auch bei Tieren und Menschen stellen sich Krankheiten nicht so schnell ein, wenn sie gut ernährt und von innen heraus gesund und kräftig sind.

Ich möchte mich hier auf die Rosen beschränken, die zweimal, oft dreimal in einem Sommer und Herbst blühen. Oft ist schon Ende Juni die erste Blüte vorbei, und damit sich die Rose nicht unnütz plagt,

Hagebutten wachsen zu lassen, was ihr Kraft nimmt, schneidet man die welken Blüten ab. Es gilt die Regel, daß man den Stiel über dem dritten Blatt, von der Blüte aus gezählt, abschneiden soll. Man kann freilich auch etwas tiefer abschneiden, wo die Augen noch kleiner sind, dann dauert es etwas länger, bis der zweite Flor da ist; es kommt auf den Wuchs der jeweiligen Sorte an. Die 'Queen Elizabeth' und 'Europawelle Saar' wird man etwas tiefer schneiden, da sie ohnehin hoch hinaus wollen. Der Stiel unter dem obersten verbleibenden Auge muß nur kräftig genug sein, denn es wächst, genau gesehen, ein neuer Rosenbusch aus ihm heraus, und so ein Busch mit Verzweigungen, mit hoffentlich vielen Blättern und gefüllten Blüten ist schwer, besonders bei Regenwetter.

Es sei nochmals darauf hingewiesen, daß dies alles nur für Rosen gilt, die mehrmals im Sommer und Herbst blühen. Für diejenigen Arten und Sorten, die nur eine einzige Blütezeit haben, gilt dies nicht; im Gegenteil, man wird ihnen, wenn sie welche ansetzen, alle Hagebutten lassen, weil sie im Herbst schön aussehen mit ihrem leuchtenden Rot zwischen den gelben Blättern, weil die Vögel mit den Hagebutten gutes Futter bekommen, vor allem aber, weil das Heranwachsen und Reifen der Samen einige Kräfte des Rosenstrauches verbraucht; er wächst dann nicht mehr, kommt zur Ruhe, verholzt und wird unverletzbar durch den Frost.

Ich möchte nochmals an die Idee erinnern, Triebknospen als Samenkörner anzusehen. Immer am jüngsten Holz, das im vorhergegangenen Sommer gewachsen ist, befinden sich über den Ansatzstellen der im Herbst abgefallenen Blätter diese Knospen, auch Augen genannt. Aus ihnen wachsen, wenn der Winter vorbei ist, neue beblätterte Sprosse heran. An den Enden dieser Sprosse, wenn sie kräftig genug sind, erscheinen die Blüten.

Normalerweise, auch bei den abendländischen Rosen, die Herbstdamaszener einmal ausgenommen, erfolgt dies alles einmal im Jahr. Aber bei den modernen, öfter im Sommer und im Herbst blühenden Gartenrosen ist das anders. Bei gutem Wetter und guter Pflege blühen diese Sorten wenigstens zweimal, meistens dreimal, gelegentlich aber auch, wie mein 'Schwarzwaldmädel' im vergangenen Jahr, viermal. Wenn diese Sorte nun viermal im Jahr blüht, dann darf ich doch, ohne zu übertreiben, sagen, daß sie wenigstens dreimal im Jahr aus ihrem jungen Holz das sogenannte alte Holz werden läßt. Es ist richtig, daß die Blätter an diesem alten Holz, aus dem im Juli die Triebe für den zweiten Flor herauswachsen, grün bleiben. Es ist noch längst kein Kartoffelfeuer zu riechen, die Schwalben denken noch nicht an die Cyrenaika im fernen Süden, und selbst der Sommerschlußverkauf ist noch in weiter Ferne. Weshalb also sollen die Blätter der Rosen schon gelb werden und abfallen! Es dauert ja noch lange bis zum Herbst.

Aus diesem alten Holz, das noch immer seine grünen Blätter hat, wächst es nun kraftvoll heraus. Jeden Tag streckt sich der grüne Stiel, den ich mit Daumennagel und Zeigefinger abpflücken könnte, ein Stückchen weiter. Immer wieder, in kurzen Abständen, wächst aus diesem krautigen Stiel ein Blatt heraus, ein Blatt mit fünf oder sieben Fiedern, ganz unterschiedlich. Schließlich, wenn sich die zweite Blütenknospe zu bilden beginnt, hat der zweite Rosenstiel so viele grüne Blätter, wie auch der erste Rosenstiel gehabt hat. Er ist im April aus einer Überwinterungsknospe des alten Holzes herausgewachsen und hat zu Sommeranfang geblüht. Was die Blätter von Mitte April bis Mitte Juli geschafft haben, nämlich eine Rosenblüte oder gar einen ganzen Strauß von Blüten heranwachsen zu lassen, das werden ebenso viele, junge, kräftige und gesunde Blätter von Anfang Juli bis Anfang September ebenfalls schaffen.

Im September, wenn die zweite Blütenzeit vorbei ist, wiederholt sich das alles, und es wächst mit ebenso vielen grünen Blättern der dritte Rosenstrauch des Jahres heran; die Blüte ist für Ende Oktober, auch noch für den November, zu erwarten, in Gegenden mit günstigem Klima kann man den Heiligen Nikolaus noch mit frisch geschnittenen Rosen willkommen heißen.

Kann es nicht sein, daß die Rose ihre alten, vom Sternrußtau befallenen Blätter für die neuen Blüten nicht mehr braucht?

Jede aufwachsende Pflanze hat von ihrer innersten Natur her das Bestreben, groß, blütenreich, fruchtbar zu werden, damit ein Samenkorn heranreift und für ein Weiterleben der Art das Möglichste getan ist. Dies gilt für die Rotbuche, die verschwenderisch viele Samen in der Gestalt von Bucheckern heranreifen läßt, ebenso wie für die Rose. Gewiß gibt es ein paar Sorten unter den Rosen, den Centifolien zumal, die keine Samen bekommen. Trotzdem ist der Drang dazu, wie in jedem Lebewesen, solange es jung ist, vorhanden. Damit sie gesund heranwachsen kann, braucht die dem Stamm der abgeblühten Rose aufsitzende junge Pflanze den Atem und die Kraft des Chlorophylls ihrer jungen Blätter. Dieses grüne Laub, von der andauernden Tätigkeit im Training gehalten, ist stark genug, die Bosheiten des Sternrußtaus abzuwehren.

Könnte es nicht sein, daß die darunter am abgeblühten, älteren Holz sitzenden Blätter, weil der junge, kraftvolle, aus dem obersten der verbliebenen Augen austreibende Sproß sie kaum noch benötigt, zu schwach werden, um dem schwarzfleckigen Pilz zu widerstehen? Es ist doch unbestreitbar, daß diesen modernen Rosen in der Zeit von April bis Ende November, manchmal noch in den Dezember hinein, dreimal ein ganzer Jahresablauf vergönnt ist, der unseren heimischen Pflanzen, auch den Rosen des Abendlandes, wiederum die Herbstdamaszener ausgenommen, in derselben Zeitspanne nur einmal zur Verfügung steht. Die öfter blühende moderne Gartenrose erlebt also dreimal im Jahr den Frühling, den Sommer und den Herbst. Und gehört der Blätterfall nicht zum Herbst dazu?

Man kann bei Rosen nichts, gar nichts über einen Kamm scheren, hat Herr Schuhmacher im »Bären« gesagt. Ich habe schon von der Bodendeckerrose erzählt, die paradoxerweise auf einen Hochstamm gepfropft worden ist. Bei ihr ging im letzten Jahr der Sternrußtau bereits an die grünen Blätter, als sich bei den Edelrosen noch keine Blütenknospen beobachten ließen. Der böse Pilz mit seinen schwarzen Flecken erwischt also auch junges Laub. Im allgemeinen sind es jedoch die alten Blätter an dem alten, längst nicht mehr krautigen Holz, die der Sternrußtau zuerst trifft und die er lebensunfähig macht, so daß sie vergilben und abfallen.

Bei mir hat alles Spritzen, stehend, vorgebeugt, aus der Hocke, immer von unten, Blatt um Blatt, Stunde um Stunde, nichts genützt. Geblüht haben die Rosen bis in den November hinein, und an den jungen Blütenstielen blieben die grünen Blätter gesund.

Mir tun die Rosen leid. Wir haben es falsch gemacht, indem wir immer bequemer, immer verwöhnter leben, nicht mehr arbeiten, nicht mehr denken wollen: Es gibt genug Tips, Rezepte, Pillen, Säftlein, Pasten, Sprays und Spritzen, um jedes Problem zu lösen; von den Maschinen ganz zu schweigen. Auch die Rose hat gefälligst gesund zu sein; man spricht von ihr, als ob sie giftsüchtig wäre. Ich habe noch nie auf der Gartenseite der Tageszeitung gelesen, daß es Zeit sei, gegen den Mehltau des Rittersporns zu spritzen! »Ohne diese Giftspritze alle vierzehn Tage, und dies den ganzen Sommer über, geht eine Rose ein!« Das ist die weit verbreitete Meinung. Ich muß sinngemäß Paracelsus zitieren, der einmal gesagt hat: Alle Dinge sind Gift und alle Dinge sind kein Gift, auf das Maß kommt es an.

Gift, in diesem Fall Parexan, befindet sich in den grünen Kapseln des Sprühsystems, über das ich berichtet habe. Mein Verbrauch an diesen grünen Kapseln belief sich im ganzen letzten Jahr auf vier Stück, ich habe also, jeweils in einem Liter Wasser aufgelöst, gegen die Blattläuse an den Knospen von über siebzig Rosensträuchern, außerdem am *Zygopetalum* der Sorte 'Arthur Elle' im Gewächshaus, fünf Liter einer giftigen Spritzflüssigkeit verbraucht; giftig für grüne Blattläuse; Tapezierbiene und Blattschneider hätten darüber gelacht.

Es ist unsinnig, einfach zu sagen, daß jede Rose vorbeugend gespritzt werden muß. Die schönste rote Sorte unter den modernen, öfter im Sommer blühenden, duftenden Edelrosen ist 'Papa Meilland'. Von dieser Rose heißt es, sie sei anfällig für Mehltau. Das darf man so nicht sagen. Richtig ist, daß 'Papa Meilland' hohe Ansprüche an rosengerechte Standorte stellt.

12. Kapitel

Immergrün oder immer grün

Wenn ich morgen plötzlich nach Alaska käme, begrüßte mich auf dem Flughafen vielleicht ein Eskimo in Hemdsärmeln. Ich bin aber dankbar, daß der freundliche, im Umgang mit Mitteleuropäern wahrscheinlich erfahrene Mann mir einen Mantel aus Lammfell mitgebracht hat, denn mir ist fürchterlich kalt. Ob ich mich, wollte ich für immer in Alaska bleiben, an die Kälte, die lange Winternacht und die im Sommer niemals untergehende Sonne gewöhnen könnte, bleibt abzuwarten. Ein Baum jedenfalls könnte das nicht.

Steckt auch in den Rosen eine unsichtbare Weckuhr, die klingelt, wenn es bald Herbst und dann Winter wird?

Wenn ich eine Deutsche Eiche nach Katovic verpflanze, dann erfriert sie schnell. In dieser Eiche steckt eine unsichtbare Weckeruhr. Ob in Alaska oder in Tunesien, diese Weckuhr schreckt den Baum im April aus dem Winterschlaf: Fertigmachen zum Knospenaufbruch. Es kann auch in Alaska ausnahmsweise mal mit dem Frost im April nicht so schlimm sein, so daß der Eichbaum wachsen kann. Aber dann trifft ihn der Frost bestimmt im September, weil bei ihm die innere Weckuhr erst etwa Mitte Oktober klingelt, daß nunmehr alles Grüne aus den Blättern herauszuholen ist, damit die völlige Winterruhe in kürzester Zeit beginnen kann. An den ganz anderen Verlauf des Jahres in Alaska gewöhnt sich die Deutsche Eiche nie; andere Laubbäume auch nicht. Wir kennen in unserer Flora nur einen einzigen Laubbaum, der über Winter seine Blätter behält, nämlich den *Ilex aquifolium*; aber es gibt bei ihm auch oftmals Winterschäden.

Auch die europäischen Rosen, einschließlich der Damaszener und der wilden Centifolien aus dem Kaukasus, schleppen diese unsichtbare Weckuhr mit sich herum. Rechtzeitig vor dem ersten Frost werfen sie im Herbst die Blätter ab. Zurück bleibt nur die schon öfter von mir erwähnte kleine Überwinterungsknospe, das Auge, in dem bereits die Idee für die nächstjährige Blüte sitzt.

Eine der schönsten Rosen, die in letzter Zeit gezüchtet worden sind, heißt 'Westerland'. Die Farbe der großen, leicht gefüllten Blüten leuchtet gelb und gold, wie manchmal der Himmel über dem Meer leuchtet, wenn es Abend wird. Häufig ist in das Gelb noch etwas Rot hineingewaschen; die Farben sind so ineinandergeflossen wie auf Aquarellbildern, die naß in naß gemalt sind. Es ist nicht nur die Größe der Blüte, nicht nur die Frische und das Aquarellhafte der Farben, die

'Westerland' begehrt gemacht haben, sondern auch der angenehme, ausgeprägte Wohlgeruch. Hinzu kommt, daß sich die Blüten in dichten Büscheln entfalten, so daß man sie an einem ausgewachsenen Strauch, bei dem Durchmesser und Höhe gleichermaßen zwei bis drei Meter betragen können, nicht zu zählen vermag. Bernd Weigel, Stadtgärtner von Baden-Baden, hat mehrere Sträucher dieser Sorte an den Rand des neuen Augustaplatzes gepflanzt, und das war klug. Dieser Platz liegt mitten in der Stadt. Es gibt keine Rose, der die Badener und ihre Kurgäste öfter begegnen, öfter am Tag und öfter im Jahr; am blütenreichsten ist sie in der zweiten Hälfte des Juni und dann noch mal zur Rennwoche gegen Ende August. Doch die Blütezeit reicht bis in den September hinein, und manchmal überrascht sie uns im Oktober noch einmal mit Blüten.

Woher kommt es, daß manche wunderschönen Rosen einen Teil ihrer grünen Blätter über Winter behalten?

Bei dieser 'Westerland' allerdings, anders als bei der *Rosa gallica*, der Centifolie, den Alba-Rosen und den übrigen Europäern der Gattung, fehlt die Weckuhr. Sie fehlt nicht nur dieser Sorte, sondern vielen, eigentlich den meisten unserer modernen, mehrmals im Sommer blühenden Rosen. Allerdings ist 'Westerland' ein besonders bemerkenswertes Beispiel. Wir haben heute den 11. Februar 1988, gestern habe ich noch die riesigen Sträucher der 'Westerland' am Augustaplatz angesehen. Zumindest an den Enden der langen, im vergangenen Jahr herangewachsenen Zweige hatten die Sträucher noch ihre grünen, großen Blätter. Der einzige Frost im bisherigen Winter, vor Weihnachten, hat ihnen nichts zuleide getan.

Die viel bewunderte 'Westerland' verfügt über einen »goldigen« Stammbaum. Sie ist von Reimer, dem Sohn von Wilhelm Kordes, gezüchtet worden und 1969 an die Öffentlichkeit gekommen. Zu den Vorfahren gehören berühmte gelbe, goldgelbe, auch duftende Sorten wie 'Claire Grammerstorf', 'Gloria Dei', 'Spek's Yellow' und vor allem 'Geheimrat Duisberg' (nicht nur mein Vater, weil er bei den Gelben Ulanen in Potsdam gedient hatte, sondern jeder Besitzer eines Gartens der Dreißiger Jahre, wenn er etwas auf sich hielt, hatte eine 'Geheimrat Duisberg' im Garten). Es sind noch viele andere Namen am Zustandekommen von 'Westerland' beteiligt, doch so viele verwirrende Linien und Benennungen es auch gibt, sie führen endlich zurück zu einer Zauberin unter den Rosen, nämlich zur echten Teerose, *Rosa odorata*, zur Wohlriechenden aus China, sie ist immergrün. Sie braucht dort ihr grünes Laub im Herbst nicht abzuwerfen, um sich mit all ihren Hoffnungen in kleine Überwinterungsknospen zurückzuziehen, denn es bleibt über Weihnachten und Epiphanias bis über Lichtmeß und die Fastnachtszeit hinaus immer warm. Wir kennen aus diesem Klimagebiet mehrere immergrüne Rosen, am bekanntesten ist die *Rosa banksiae*.

Immergrün heißt immer grün, es heißt aber nicht, daß ein und dasselbe Blatt immer grün bleibt. Es gibt eine Eiche, die man gelegentlich zu den Immergrünen zählt, weil sie ihre grünen Blätter erst im Frühjahr abwirft, wenn die neuen Blätter zu wachsen anfangen. Sie heißt *Quercus turneri* 'Pseudoturneri'. Die immergrünen Eichen stehen hier im Park der Lichtentaler Allee, an der es auch einen riesigen Baum gibt, der *Gleditsia triacanthos* forma *inermis* heißt, zu deutsch also: dreidornige Gleditsie ohne Dornen. Ich habe Johannes Apel wegen der Eiche gefragt, und er hat mir geantwortet, daß man zwischen Immergrünen und zwischen Wintergrünen unterscheidet.

Wintergrün heißt nicht etwa wie bei unserer Falschen Turner-Eiche in der Lichtentaler Allee, daß die Blätter nur im Winter grün sind; sie bleiben vom Sommer her grün, und weil das zu Weihnachten auffällt, bekommt die Eiche das besondere Prädikat »wintergrün«. Das bleibt sie, bis im Frühjahr die jungen Blätter wachsen, dann verzichten die Falschen Turner-Eichen auf das alte Laub. Vielleicht sagt man von Immergrünen besser, daß es sich um Bäume und Sträucher handelt, die immer grün aussehen, solange wenigstens, wie sie gesund sind.

Gibt es überhaupt Pflanzen, die für immer ihre grünen Blätter behalten?

In der Antike sagte man »rhodon«, wenn die Rose gemeint war, so daß die Insel Rhodos von den Rosen ihren Namen hat, und genau übersetzt heißt der Rhododendron (korrekt müßte man *das* Rhododendron sagen) Rosenbaum. Dieser Rosenbaum, der Rhododendronstrauch, gehört zu den Immergrünen, darin sind sich alle einig, auch die, die mit der schönen Gärtnerei nichts zu tun haben.

Ich habe an dem Lärchenhang neben meiner Schreibstube zwölf verschiedene Sorten stehen. Darunter befindet sich kein Strauch, der an dem Holz, das vor drei Jahren gewachsen ist, noch grüne Blätter hat.

Meine beiden Schwarzkiefern bemühen sich, ihre langen Nadeln fünf Jahre lang grün zu halten. Weil aber für irgendwelche Nadeln in jedem Jahr fünf Jahre um sind, müssen Malia und ich in jedem Spätsommer die gelben Nadeln mit dem Fächerbesen vom Rasen wegfegen, was sehr mühsam ist. Zur Freude unserer Regenwürmer gelingt dies nicht ganz, doch bis Weihnachten sind sie verschwunden, wie, das habe ich schon beschrieben.

Ich bin leider kein Schreiber, der ein System in seiner täglichen Arbeit hat, ich habe keine Kartei und keinen Zettelkasten, sondern ich schreibe immer nur nieder, was mir zu dem jeweiligen Thema gerade einfällt. Daher kann ich nicht sagen, wo man nachlesen kann, ob die

Die Abbildung entspricht der
natürlichen Größe, es ist ‘Sylvia’, eine kraftvolle Rose
mit leichtem Duft.

'Maria Callas', eine gut blühende, stark duftende Rose
mit auffallend buschigem Wuchs.

Rosa odorata, die echte Teerose, die Immergrüne, ihre Blätter wirklich zwei Jahre lang behält. Es kann sein, daß ich es von Wilhelm Kordes weiß, den ich öfter in Sparrieshoop besucht habe.

Die Erinnerung an das Immergrüne, an das Zweijährigggrüne, ist in der Rose 'Westerland' noch immer vorhanden. Bei mir im Garten, gleich gegenüber der Haustür, dicht am Zaun, arg bedrängt von der verwilderten, kaum zu bändigenden Grenzhecke, von einer rundgeschnittenen Eibe und einem uralten *Aruncus sylvester*, den irgendwer irgendwann dorthin gepflanzt hat, wächst ein Strauch dieser Sorte; das heißt, eigentlich wächst er gar nicht, wenigstens nicht ganz richtig, weil er oft erfriert. Anders als auf dem Augustaplatz inmitten der Stadt, wo Sonne und Wind an die großen, frei dastehenden Rosensträucher herankommen, steht die Rose 'Westerland' bei mir nicht nur beengt, sondern allseitig, auch durch unser Haus, geschützt; die Sonne kennt sie nur vom Sommer und den Nachmittagen des frühen Herbstes, doch ab Allerseelen steht sie im Schatten. Deshalb geht der Rosenstrauch verweichlicht in den Winter; wenn der streng wird, wie es zwei Jahre lang der Fall war, dann erfriert er. Nur der angehäufelte Boden rettete jeweils ein paar Schlafende Augen.

Warum sind Rosen, die im Winter noch grüne Blätter haben, vom Frost gefährdet?

Im letzten Winter, kaum hatte er sich erholt, ist der Rosenstrauch erneut heruntergefroren. Aus dem Schutz der angehäufelten Erde, im Vergleich zu anderen Rosen um vier Wochen verspätet, weil erst ein Schlafendes Auge aufzuwecken war, wuchs ein neuer Trieb heran. Er war eigentlich recht kräftig, dick wie mein Zeigefinger, im Längenwuchs erreichte er zwei Meter, und dann erschien ein ganzer Strauß mit den bekannten gelborange gefärbten, duftenden großen Blüten. Das Gewicht dieses Blütenstraußes, besonders bei Regenwetter, machte aus dem vorher nur leicht geneigten Stamm einen sich wieder der Erde zuwendenden Bogen. Nachdem die Blütenblätter abgefallen waren und ein Hagebuttenwuchs nicht erfolgte, begannen die oben auf dem Bogen sitzenden Knospen für den zweiten Flor erneut auszutreiben. Diese zweite Blütezeit, weil sich die Verspätung des Frühjahrs auf den Herbst übertrug, kam erst im Oktober. Doch die Zweige, an deren Enden die Rosen leuchteten und dufteten, sind heute noch da. Jedes Blatt ist grün und gesund, es zeigt sich keine Spur vom Sternrußtau, und wir haben heute den 12. Februar.

Ich habe für Malia, weil doch ein wenig die Weiberfastnacht gefeiert werden muß, einen Strauß mit blühenden Zweigen des *Rhododendron praecox* geschnitten, dazu kamen, um bei den Rosen zu bleiben, die roten, grüngelben, weißen und gepunkteten Blüten meiner Sammlung von *Helleborus niger*, der Christrose.

Um noch mal auf 'Westerland' zurückzukommen: Leider ist der Austrieb dieses Frühjahrs schon da, also kalendermäßig noch im Winter. Vor 'Westerland', sehr viel freier und besser, stehen die Kronenbäumchen von ' Schwarzwaldmädel' und 'Rouge Meilland'. Die runden Kronen der beiden Bäumchen sind mehrfach mit Ballenleinen umschlungen, so daß man bei Nebel meinen kann, verbundene Köpfe vor sich zu sehen. Doch nun geschieht etwas, das eigentlich photographiert werden müßte; durch das lockere Gewebe der Jute wachsen rotgrünlich die jungen Triebe der beiden Rosen. Ich kann sie getrost wachsen lassen, denn zurückschneiden muß ich die jungen Zweige ohnehin.

Wenn nun aber noch etwas strengere Fröste kommen, nach der Jahreszeit wäre das durchaus möglich, dann wäre 'Westerland', später Nachkomme der Echten Teerose aus dem wärmeren China, abermals gefährdet und viele andere Rosen desgleichen.

Wie kommt es eigentlich, daß der Frost wohl durch die Erde dringt, dem Rosenholz darunter aber nichts anhaben kann?

Am 7. Dezember des vergangenen Jahres habe ich in mein Heft geschrieben: »Nebel hängt zwischen den Fichten, es fällt dünner, fast nicht sichtbarer Schnee. Als schwaches Morgenlicht durch die Gardinen kam, noch im Bett, hörte ich Radio. Es soll erstmals bis zu fünf Grad kalt werden. Auch gestern am Rosensonntag im »Bären«, nachdem wir lange genug über Ökologie gesprochen hatten, ging es um den Winterschutz.«

Es gehört einfach zu der Beziehung zwischen den beiden Lebewesen, Rose und Mensch, daß der Mensch die Rose, die gemäß ihren Erbanlagen nicht für die Kälte des Nordens gemacht ist, vor dem Winter schützt.

Die wichtigste von allen Lehren lautet, daß man eine Rose tief genug pflanzen muß. Die Qualitätsmerkmale junger Rosen, die gerade ihre Baumschulreife erreicht haben, sind genau geregelt. Für Güteklasse A lautet die Vorschrift: »Die Pflanze muß mindestens drei Triebe haben, von denen zwei aus der Veredlungsstelle kommen müssen.« Ich weiß zwar nicht, wie das möglich sein kann, da üblicherweise bei Okulationen in den Wurzelhals nur ein einziges Auge eingesetzt wird, aber so steht es geschrieben. Das Stück Holz zwischen den grünen Trieben und den Wurzeln, dieses meist knubbelige, erdige, nasse Holz zwischen oben und unten ist der Wurzelhals.

Dieser Wurzelhals soll beim Einpflanzen der Rose so tief in den Boden kommen, daß er sich, wenn das Beet nach der Pflanzung wieder geglättet worden ist, zweifingerbreit, besser dreifingerbreit unter der Oberfläche befindet. Es hat sich nämlich gezeigt, daß Erde, auch wenn sie gefriert, noch immer der beste Winterschutz ist.

Der Frost, sibirischen oder polaren Ursprungs, bringt es zwar fertig, einen Rosenstrauch umzubringen, doch wo die Erde anfängt, hat kein Winter mehr etwas zu melden. Wenn sich der Wurzelhals in der vorschriftsmäßigen Tiefe befindet, dann schützt die Erde auch noch den alleruntersten Teil des grünen Rosenholzes, und wenn er nur so breit ist wie ein Daumennagel. An diesem schmalen Stück sitzen zwar keine Knospen, keine Augen, aus denen der Rosenbusch austreiben könnte, doch verfügt die Rose, wie dies bei allen Gehölzen der Fall ist, über einen starken Lebenswillen. Jedes Leben der Rose muß aus einer Knospe kommen, aber unter Umständen sieht man die nicht. Ich erwähnte schon, daß es zwar widersinnig ist, doch man spricht von einem »Schlafenden Auge«, wenn man gewissermaßen nur die Idee für eine Knospe meint. Sobald nun der Winter vorbei ist, weckt der Rosenstrauch seine Schlafenden Augen auf. Er muß ihnen aber, bei guter Ernährung und ständigem Zuspruch Zeit lassen, sich in Ruhe zu allmählich sichtbaren, starken, hoffnungsvollen und schließlich erwachenden Augen entwickeln zu können. Das kann, wie ich bereits von 'Westerland' erzählt habe, drei bis vier Wochen dauern; die sonst noch im Frühling zu erwartende Blütezeit findet erst im Sommer statt.

Ich habe von meinem neuen Rosenbeet schon berichtet, daß eine vorschriftsmäßig gepflanzte Rose sich nicht für alle Zukunft an die Vorschrift hält, mit dem Wurzelhals dreifingerbreit oder zweifingerbreit unter der Erdoberfläche zu bleiben. Der aufgegrabene Boden setzt sich nämlich, sinkt in sich zusammen, während die Rose mit ihren Wurzeln wie mit hölzernen Stelzen auf dem tieferen, festeren Boden steht.

Ich muß mich doch im Alltag des Gartens daran erinnern, was ich an einem Sonntag gedacht habe: daß die Rose auf den Menschen angewiesen ist und sie nur sein kann, wenn er sie schützt.

Ich komme also um das Anhäufeln mit Erde nicht herum, um die bekannten, zusammengescharrten Maulwurfshaufen, die den unteren, besonders zu schützenden Teil des Rosenstrauches umgeben. Das war früher, als meine Schnittrosen oben im Gemüsegarten in langer Reihe standen, und ist jetzt noch bei vereinzelt stehenden Rosensträuchern, recht einfach. Doch auf den kleinen Beeten gegenüber der Haustür ist das Heranscharren der Erde nicht so einfach. Wenn ich die Rosen auf diesen Beeten so pflanze, daß sie im Sommer mit dem eigenen Laub einen kühlenden Schatten über den Boden werfen, was sehr richtig ist, dann stehen sie ziemlich eng. In dieser Enge ist es schwierig, mit der Hacke, gar mit dem Spaten, zu arbeiten. Und wer mag schon, wenn er meinem Buch bis hierher gefolgt ist, die Rosen im Herbst so weit herunterschneiden, daß der Umgang mit Hacke oder Spaten leicht wäre!

Im »Zerbrochenen Krug« sagt der Dorfrichter Adam: »Man kann Recht so und man kann Recht so erteilen.« Für den Schatten gilt dies allemal, denn er kann Freude bereiten, aber auch Verdruß. Unser abfallender Garten am Waldrand liegt so, daß ihn von Anfang November bis Ende Februar die Sonne nicht sehen kann, weil sie in dieser Zeit zu tief steht, und der Leisberg, der den Schatten wirft, zu hoch ist. Es hat, mit Ausnahme eines Feigenbaumes, der zu verzärtelt war, niemals Ausfälle durch Winterfrost bei uns gegeben, sogar eine 'Maréchal Niel'-Rose konnte jahrelang im Freien aushalten. Lediglich die 'Lyric' und die 'Queen Elizabeth' sind in den beiden strengen Wintern zwischen 1984 und 1986 teilweise heruntergefroren.

Wo im Winter die Sonne hinscheint, da leben die meisten Rosen gefährlich. Vor allem im Februar wird es tagsüber oft so warm, daß man Lust bekommt, schon die Liegestühle vom Speicher herunter zu holen. Da regt sich dann, wie es in diesem Jahr (1988) in beängstigender Eile der Fall ist, das grüne Leben in den Knospen. Oben meine 'Suaveolens', die Duftende, wedelt bereits mit beinahe ausgewachsenen grünen Blättern im Wind. Dazu breitet sich ein Hochdruckgebiet seit gestern über uns aus. Malia ist gerade, wir haben Sonnabend den 13. Februar, aus der Stadt heraufgekommen: »Du hast keine Ahnung, wie warm es da ist, an der Langen Straße und vor der Kettenbrücke sitzen die Leute vor den Cafés auf der Straße und freuen sich, wie warm die Sonne schon scheint.« Doch in der letzten Nacht hatten wir bereits drei Grad unter Null. Das ist noch zu wenig, als daß sich die Rosen um ihre bereits ausgetriebenen Sprosse ängstigen müßten. Wer weiß aber, was noch kommt?

»Die Rosen können vor dem Winter nicht weglaufen, und weil sie hilfsbedürftig und auf mich angewiesen sind, muß ich etwas für sie tun.« Das dachte ich Anfang Dezember, und weil der Sohn vom Rosen-Grimm unten am Gunzenbach den Reitstall bekommen hat, verfügte ich erstmals über viel dampfenden, mit gelblichem Stroh durchsetzten Pferdemist; es war eine beachtliche Fuhre, nicht nur zwei Kartoffelsäcke voll, die sich im Kofferraum meines Autos unterbringen lassen. Nachdem der Mist ein paar Tage lang seine Hitze verdampft hatte, packte ich um alle Rosen eine dicke, mit der Gabel etwas zurechtgeklopfte Matratze, in welcher die Veredlungsstellen allemal geschützt bleiben.

Man soll das dem Schweizerischen Rosenvater zufolge nicht tun, er hat eine merkwürdige Empfindlichkeit gegen Mist und Humuserde im Rosengarten, aber wo sollte ich sonst Erde hernehmen, gar noch die von ihm so empfohlene Ackererde? Erst mit der Schubkarre, dann mit Eimern brachte ich schwarzen, gesund riechenden Kompost, der noch nicht gänzlich verrottet und grobkrümelig war, an die Rosen. Es waren zwei bis drei Eimer für jeden Stock. Über den gelben Pferdemist kam also der schwarze Maulwurfshaufen, aus dem seither jede Rose grün herausguckt. Man fühlt sich doch behaglicher in der warmen Stube, wenn man im Garten draußen das Menschenmögliche getan hat.

Mit Leinen umwickelte, gespenstische Gestalten ziehen durch den Park. Es sieht aus wie ein botanischer Fastnachtsumzug.

Was aber nun mit den beiden Rosenbäumchen 'Schwarzwaldmädel' und 'Rouge Meilland'? Bald nach dem Krieg, jung verheiratet und ohne Geld, habe ich in unserem kleinen Garten selbstveredelte Hochstämme gehabt. Sie wurden im späten Herbst, nachdem Malia mit einer normalen Schere alle grünen Blätter und die noch weichen Enden der Verzweigungen abgeschnitten hatte, umgebogen und mit einem Asthaken an den Erdboden gedrückt. Es geht ganz einfach, wenn man das Stämmchen beim Umbiegen ein wenig um sich selbst dreht. Unterhalb der Veredlungsstelle, die sich in diesem Fall oben am Stämmchen befindet, läßt sich der Rosenbaum am besten an den Boden klammern. Danach die Zweige zuerst vorsichtig, daß sie nicht zerbrechen, dann aber kräftig mit Erde bedecken, bis nur noch die Spitzen herausgucken; es ist alles mühelos zu machen, die Rosen kommen gesund durch den Winter.

Für diese Art des Winterschutzes braucht man aber Platz, und dieser Platz fehlt in vielen Gärten, auch an der Stelle, an der die beiden Rosenbäumchen bei mir stehen. Soll man die schönen Rosen nun hoch über dem Erdboden, jede für sich allein gestellt, einfach so dem Frost, dem eisigen Wind, dem nassen, tagsüber auftauenden und nachts zu Eis gefrierenden Schnee aussetzen?

Meine älteste Erinnerung an Winterschutz bei Rosen reicht in die Kinderzeit zurück: Ich kann nicht älter als sechs Jahre gewesen sein, denn nur bis zum Beginn meiner Schulzeit wohnten wir in der Nähe der Erlöserkirche.

Die Erlöserkirche ist aus roten Rathenower Klinkern gebaut, der hohe und spitze Turm war damals mit Schiefer gedeckt. Vor der Kirche mußten die Pferdekutschen um einen runden, grünen Platz fahren, und am Rande des gepflasterten Fahrweges standen in den Vorgärten von Pfarrhaus und Schwesternhaus, ebenfalls aus roten Klinkern gebaut, viele Rosenbäumchen. Über den Winter waren die Kronen mit Tüten geschützt, mit dunkelgelben, anscheinend dicken, blanken, vor allem bei nassem Wetter weithin glänzenden Tüten aus Ölpapier.

Was ich jetzt erzähle, entstammt sicherlich nicht dem Empfinden eines Sechsjährigen. Irgendwann aber, noch in der Kinderzeit, dachte ich daran, daß die schlafende Rose ihre warme, trockene Tüte aus dunkelgelbem Ölpapier bestimmt gemütlich findet. Nicht nur vor dem Pfarrhaus und dem Schwesternhaus, sondern überall in den Vorgärten der Hofprediger, Stabsveterinäre, Geheimräte und Wirklichen Geheimräte sah man diese dunkelgelben Tüten über den Rosenkronen, auch in Sanssouci.

Doch dann hieß es plötzlich, in den Tüten entstehe Schwitzwasser, das für die Rosen unbekömmlich sei, man solle die Kronen lieber in Heidekraut einwickeln.

Ich habe mir das nun für 'Schwarzwaldmädel' und 'Rouge Meilland' genau überlegt: Heidekraut hat gegenüber den Nadelzweigen meiner Hemlocktanne oder auch der Fichten den Vorteil, leicht zu sein. Andererseits muß ich das Heidekraut doch ziemlich fest schnüren, damit es nicht gleich vom Wind, vom Schnee oder von Vögeln zerpflückt wird, die darin bestimmt Verstecke von schmackhaften Insekten vermuten. Wenn ich aber das Heidekraut zusammen mit den Rosenzweigen fest mit Kokosschnur umwickele, dann kommt kaum der Wind durch. Bei Regenwetter und bei Schnee durchdringt nicht nur die Nässe das Bündel aus Rosenholz und Heidekraut, sondern auch die Kälte. Der Wind, von dem die Nässe immer wieder weggetrocknet werden könnte, dringt in das festgezurrte, dichte Bündel nicht ein. Vor allem aber, wo bekomme ich dieses Kraut her, denn es müßte schon von der Besenheide sein, von der *Calluna vulgaris*, aber die wächst hier nicht, und nach Lüneburg ist es weit.

Da erinnerte ich mich an Fotos, die jemand im Dortmunder Rosarium gemacht hat, auf denen waren von Sackleinen umwickelte, gespenstische Gestalten zu sehen. Es sah aus wie ein botanischer Fastnachtsumzug. Wie später Dr. Otto Bünemann, der Leiter des Rosariums, erzählte, hat sich diese Sackleinwand, Jute, beim Schutz empfindlicher Rosen gut bewährt. Freilich haben sie in Dortmund nicht alte Kartoffelsäcke zerschnitten, sondern Ballentuch genommen, wie es die Baumschulgärtner zum Einballieren benutzen. Woher bekomme ich dreißig Meter Ballentuch? Nun, wozu hat man Freunde in Holstein, wo es viele Baumschulen gibt?

Die bald im Dezember eingetroffene Rolle mit Jute liegt einen halben Meter breit und reicht bestimmt noch fünf Jahre. Nun sehen, zumindest bei diesigem, nebligem Wetter, die umwickelten Kronen der beiden Rosenbäumchen wie Köpfe aus, die verbunden werden mußten. Wenn das Wetter aber klar ist wie heute, dann sieht man schon von der Haustür aus, wie die rotgrünen Blätter des neuen Austriebs durch die netzartige Jute wachsen. Und das heute, am zweiten Sonnabend des Februar, drei Tage vor Fastnacht!

13. Kapitel

Rosen-Skizzenbuch aus Wörtern

Im eigenen Garten am 16. Juni 1987

Ich weiß nicht mehr, wie viele Wochen es bereits regnet. Nicht ein einziges Mal konnten wir draußen im Garten sitzen. Ich weiß, daß am 17. 5. Wendelin Haibt hier war. Soweit ich mich erinnere, schien zwar die Sonne, aber es war kühl. Doch der Rhododendron-Flor war eindrucksvoll. Am 22. Mai waren unsere Namensvettern aus Frankfurt da. Draußen war es immer noch kühl, obgleich die Sonne schien. Aber dann hat es ununterbrochen geregnet. Auch bei der Abreise zur Studienfahrt an die Côte d'Azur regnete es, bei unserer Rückkehr ebenfalls. Zwischendrin hat es mal sonnige Stunden oder auch sonnige halbe Tage gegeben. Aber im großen und ganzen war es viel zu naß. Danach war es wenigstens nicht mehr so kalt, im Gegenteil. Manchmal war es so warm, daß man hätte meinen können, in einem tropischen Regenwald zu sein. Nachttemperaturen habe ich von 12 bis 15 Grad gemessen. Am Tage, wenn auch nur wenige Minuten die Sonne schien, war es so warm wie im Treibhaus.

Heute haben wir nur 12 Grad, und für die Nacht sind Temperaturen von 8 Grad angekündigt. Ich muß morgen zur Vergabe meines Rosenpreises nach Aachen. Im allgemeinen ist festzustellen, daß die übergroße und lang andauernde Nässe den Pflanzen nichts geschadet hat. Sowohl bei uns im Garten wie auch in Ludwigshafen und Karlsruhe, wo wir am Sonntag viele Kleingärten besichtigt haben, stehen die Rosen ausgezeichnet. Zwar machen sich hier und dort ein paar Insekten bemerkbar, die Stücke aus den Blättern herausschneiden, aber es sind keinerlei Spuren von irgendwelchen Pilzerkrankungen zu sehen. Lediglich Blattläuse haben sich eingestellt. Dies aber nicht an den weichen Triebspitzen, wie man vermuten möchte, sondern an den schon etwas härteren Stielen unterhalb der neuen Knospen; jedoch nicht bei allen Rosen. In unserem Garten war es nur an der Kletterrose oben am Schuppen und an den beiden Hochstämmen zu sehen, die ich vor der Haustür gepflanzt habe. Außerdem war noch die 'Dagmar Späth' sehr stark von Läusen befallen. Ich habe Parexan über die Sträucher gesprüht, das machte der Läuseplage hoffentlich für einige Zeit ein Ende.

Die Rose mit meinem Namen hatte bei der Kälte aufgehört zu wachsen. Eines Tages sah ich, daß die Triebe zu einem Abschluß gekommen waren. Es befanden sich an ihrem Ende zwei Blätter. Von krautiger Substanz konnte nicht mehr die Rede sein. Heute kam aus diesem Triebabschluß ein weicher, roter Neuaustrieb, es sind nicht nur Einzeltriebe, sondern gleich mehrere. Als hätten die Rosen ihren ersten Flor hinter sich, und es begänne nunmehr der Austrieb zum zweiten Flor. Einige Knospen waren während der letzten vierzehn Tage schon zu sehen und sind jetzt kurz vor dem Aufgehen. Bis zu unserer Rückkehr aus Aachen wird es so weit sein. Das Laub ist grün, etwas oliv gefärbt, somit in seiner Farbwirkung stumm, aber gerade dadurch edel und schön. Übrigens ist die erste Namensrose in dem neuen Rosenbeet vor der Haustür gestern aufgeblüht. Es ist eine von den kleinsten Pflanzen, an der dieser erste Flor erfolgt. Der Duft ist ausnehmend stark und angenehm, doch ist die Blütenfarbe, in diesem halbknospigen Zustand zumindest, eher als rosa denn als cremeweiß zu bezeichnen.

Hetzels 'Super Dorothy' hat im Freien zu blühen angefangen. Das Laub ist trotz des kalten und nassen Wetters noch gesund. Die 'Super Excelsa' läßt auf sich warten, aber das dunkle Rosa der Blüten ist bereits zu erkennen. Der Regen setzt den Pflanzen arg zu, sie werden es kaum begreifen, warum ich sie nicht ins Gewächshaus bringe. Aber es sollen nun mal die beiden Hetzel-Züchtungen daraufhin geprüft werden, ob sie tatsächlich resistent gegen den Sternrußtau sind.

Die 'Rose de Resht' ist zu einem makellosen meterhohen, schön geformten Busch herangewachsen. Von den edlen Rosen ist sie die erste, die bei uns im Garten blüht. Sie blüht nicht gar so groß, aber fest gefüllt, ein ganz klein wenig Blau ist im Rot und starker Duft. Die Blüten haben etwa die Struktur einer typischen alten Centifolie oder einer Damaszener. Der Busch ist reich mit Knospen besetzt, doch leidet er unter dem Regen beziehungsweise unter dem Gewicht der Feuchtigkeit, das die Zweige niederdrückt. Dasselbe ist übrigens von der 'Jacques Cartier' zu sagen, die ebenfalls angefangen hat zu blühen und voller Knospen sitzt.

Zum ersten Mal scheint die Sorte 'Raubritter' sich erfreulich zu entwickeln. Ich habe sie, wie bereits im letzten Jahr, von den reichlich ausgetriebenen Wildschossen befreit. Auf etwa einen Meter Höhe hat sie es bis jetzt gebracht. Sie hat zahlreiche Knospen. Wenn ich von über hundert spreche, so ist es nicht übertrieben.

Die Sorte 'Lyric', die abermals fast gänzlich zurückgefroren war, kommt wieder. Der Austrieb macht einen erfreulichen Eindruck. Ich glaube, daß die Sorte 'Schneewittchen' hoffnungsvoll aussieht, was in den letzten Jahren nicht der Fall war. Mit dem Flor begonnen hat die *Rosa alba* am Gewächshaus, der inzwischen zwei Meter hohe und anderthalb Meter breite Strauch ist übersät mit Knospen. Das Laub ist bläulichgrün. Die ersten Blüten gingen an der Seite des Strauches auf, die dem Gewächshaus zugewandt ist. Sicherlich hat dies mit den höheren Temperaturen an dieser Seite zu tun. Die danebenstehende Ölrose 'Trigintipetala' hat ebenfalls Knospen, die aber nicht so zahlreich sind wie bei der *Rosa alba.*

Sehr gut ist die Kletterrose über den Winter gekommen, die im vergangenen Jahr fast den First des Gewächshauses erreicht hatte, ihre Blüten sind rot gefüllt. Man hätte meinen können, es handele sich um die Sorte 'Sympathie'. Ich habe den Trieb lang über den Boden gelegt und ihn leicht mit Erde zugedeckt. Jetzt senkrecht aufgerichtet und dann an einer Bohnenstange festgemacht, verzweigt er sich oben reichlich und fängt an, seine Knospen zu bilden.

Auch die unbekannte Kletterrose am Gewächshaus, die dort schon seit vielen Jahren steht, hat die Schäden des Winters überwunden und ist im Austrieb.

Unten sieht ebenfalls alles gut aus, alles mit Knospen, alles mit schönen, gesunden Blättern, nur einige von ihnen sind von den bereits erwähnten Insekten etwas zerfressen. Das würde einem Fremden aber niemals auffallen.

Am schönsten ist das Bild der roten Kletterrose, die wir mal von Aldinger bekommen haben und von der niemand genau weiß, wie sie heißt. Die Blüten sind nicht allzu groß, sie haben etwa den Umfang eines Fünfmarkstückes, sind leicht gefüllt, angenehm rot gefärbt, haben aber keinen wahrnehmbaren Duft. Der harmonisch mit langen Ästen und Zweigen gewachsene Strauch wird etwas zusammengehalten von einem weißen Metallrohr und daran angebundenen Kokosschnüren. Auf dieses weiße Metallrohr hat Malia eine sehr große blaue Spiegelglaskugel gesteckt. Diese blaue Kugel auf dem weißen Rohr wirkt beinahe wie ein umgedrehtes Ausrufungszeichen. Tatsächlich: ein Ausruf, ein Erstauntsein. Das Ganze ist für mich Rosenkunst, wie sie eigentlich besser nicht darstellbar ist.

Gern erinnere ich mich noch an den Spätnachmittag vor unserem Abflug nach Nizza. Das war am 29. Mai 1986. Im Frankfurter Palmengarten zeigte mir Gustav Schoser eine Reihe Strauchrosen, die entlang einem Gewächshaus gepflanzt ist. Mir fiel eine sattrosa, leicht gefüllte Strauchrose auf, die angenehm duftet. Sie trägt den Namen 'Ewald Scholle'. Ich habe mir aber auch noch andere Sortennamen notiert. Auch die hier unten vor unserem Grundstück gegenüber der Straße gepflanzten frühen Strauchrosen haben schon geblüht, darunter abermals eine *Rosa alba.* Diese frühen, meistens schon im Mai aufblühenden Rosen sind von ganz besonderem Reiz.

Letzte Woche war ich bei Eblers in Ottenau. Da blühen die ersten Edelrosen, rot, schön, duftend. Ebenfalls blühen bereits zwei Kletterrosen, zwei verschiedene Sorten in Rot. Die eine davon ist 'Sympathie', die Pflanze haben wir vorzeiten Eblers geschenkt. Neben dem Eingang bei Eblers, halb zum Nachbarn hinüber, steht ein Busch mit

Floribundarosen. Er ist schon dreißig Jahre alt, ich muß demnächst, wenn der Busch blüht, nach dem Sortennamen fragen.

Am Sonntag waren wir in Ludwigshafen, ich mußte dort bei der BASF einen Vortrag halten. Wenn ich bei meinen Spaziergängen auch durch Gespräche abgelenkt war, konnte ich doch überall den reichen Rosenflor sehen. Natürlich war es nicht möglich, Betrachtungen zu einzelnen Sorten anzustellen. Man sieht aber doch, wie in der Rheinebene, die von früh bis spät dem vollen Licht ausgesetzt ist, die Blütenentwicklung schneller vor sich geht. Auch im Garten von Herrn Weisser in Bad Dürkheim blühten die ersten Rosen voll. Sie begleiteten uns dann über die ganze Weinstraße bis nach Landau und zu Habermehls in Karlsruhe, wo sich am Nachmittag die badischen Rosenfreunde trafen; sie konnten uns einen vollständigen Rosengarten vorführen. Es ist übrigens ein wunderbarer Garten, in dem dichtgedrängt Beerensträucher, Gemüsereihen und Rosen stehen. Rosen schlingen sich über eine Pergola, auch über den Eingang.«

Auf dem Beutig beim Internationalen Rosen-Neuheiten-Wettbewerb 26. Juni 1987

Nachdem es gestern Nachmittag sonnig war, hat es heute den ganzen Vormittag in Strömen geregnet. Am oberen Zaun entdecke ich die Kletterrose 'Christine Wright', eine gefülltblühende Sorte, die vom Regen überhaupt nicht mitgenommen ist. Sie steckt voller roter Knospen, die erst im Erblühen das frische auffallende Rosa bekommen. Die Sorte ist in Mannshöhe am Zaun entlang gezogen. Das dauernde Binden in die Waagerechte fördert den Wuchs der Verzweigungen und damit die Blütenbildung sehr. Diese Verzweigungen sind etwa vierzig Zentimeter lang, sie tragen dichte Sträuße von Knospen. Nur die jeweils mittlere Knospe an den vielen Sträußen ist erblüht. Wenn diese Rose in die Höhe gezogen wird, kann sie bis zu vier Metern hoch wachsen.

Von der Kletterrose 'Sympathie' stehen vier Exemplare an den vorderen Säulen eines Laubengangs. Die Wuchslängen betragen vier bis fünf Meter. Der Holzwuchs von den vergangenen Jahren ist stark. Die Austriebe dieses Jahres sind etwa einen halben Meter lang, und sie enden in Büscheln von Knospen, manchmal sind es nur drei, aber auch fünf oder sechs. Auch hier ist jeweils nur die mittlere Knospe aufgeblüht. Das Laub ist gesund, die Blumen sind nicht übermäßig groß, aber doch groß genug. Sie haben ein wunderschönes, angenehmes Rot, und: sie duften!

Die Leute haben mit großer Tapferkeit ihre Rosenbewertungen vorgenommen. Der Rasen ist beinahe aufgepflügt worden von den vielen schlürfenden Füßen. Alles trieft vor Nässe. Man hätte eigentlich Gummistiefel ausgeben müssen. Trotz des Regens, notdürftig geschützt von schwarzen, roten und grünen Schirmen, haben die Preisrichter ihre Punkte notiert, ganz ernst, ganz sachlich, während man im Grunde doch öfter hätte lächeln können.

Erstaunlich, wie gut die Rosen stehen. Ich habe mir in letzter Zeit viele Rosen angeschaut, vor allem in Zweibrücken, doch nirgendwo habe ich so gesunde Pflanzen mit derartig makellosen Blüten gesehen wie hier. Es kann nur damit zusammenhängen, daß in dieser Höhenlage oft ein Wind geht, der die Nässe wegtrocknet, und daß auch die Sonne, wenn sie scheint, an alle Pflanzen herankommt. Gegen elf Uhr sah es wirklich so aus, als würde es nie mehr hell. Nicht einmal die gegenüberliegenden Berge, auch nicht den eigenen Leisberg konnte man sehen. Jetzt hat sich das allerschwerste Wetter verzogen. Es hängen noch Wolkenfetzen über den Rändern der Schwarzwaldberge, aber sonst wird es hell, die Sonne sorgt in wenigen Sekunden bereits dafür, daß es wärmer wird.

Eine wunderschöne Kletterrose heißt 'Bantry Bay', sie ist von McGredy, 1967. Die um einen Pylon herum und in die Höhe wachsende Rose hat große rosa Blüten, die in dichten Büscheln stehen. Die meisten Knospen sind noch grün. Man kann mit einem mehrwöchigen Blütenflor rechnen. Es ist schön, wenn sich Rosenblüten in Augenhöhe des Betrachters befinden. Ich habe mit mehreren Besuchern gesprochen, die alle der Meinung sind, daß ein großer Rosenstrauch doch am schönsten sei und die Beetrose nicht so sehr im Vordergrund der Betrachtungsweise zu stehen habe.

Weiter am Zaun, den Bogen der Pergola überwachsend, eine 'Venusta Pendula', von der niemand weiß, woher sie kommt, Kordes soll sie 1928 wieder auf den Markt gebracht haben. Es ist eine kleinblütige, gefüllte, weiße Rose mit rosa Schein. Die offenen Blüten stehen in dichten Sträußen von weiteren Knospen, die grün und rot aussehen. Das kleinblättrige Laub wirkt gesund. Diese 'Venusta Pendula' blüht nur einmal im Sommer, aber wie!

Eine Kletterrose von Mallerin, 1953, sie heißt 'Danse du Feu'. Das Rot ist tatsächlich feurig, sehr viel leuchtender als bei 'Sympathie', aber nicht so angenehm. Auch hier wieder große Blüten inmitten von Sträußen sich entwickelnder Knospen. Die Austriebe aus den Verzweigungen des letzten Jahres sind ungefähr vierzig Zentimeter lang. Bei dieser Sorte ist den Blüten übrigens die Nässe anzusehen, sie wirken blaugefroren, und an den Rändern sind sie ausgebleicht.

'May Queen', Züchter van Fleet 1898. Das ist eine Kletterrose, der man einen Höhenwuchs von vier Metern zutraut. Sie ist allerdings noch nicht erblüht, nur einzelne Knospen haben sich geöffnet. Diese Sorte hat etwas vom Charme der alten Rosen, ein helles Rosa und zentifolienhaft ineinandergedrehte Blütenblätter. Der gute Duft ist unverkennbar. Wahrscheinlich blüht sie aber nur einmal im Sommer.

'Frau Dr. Hooftman' 1935, eine Züchtung von Buisman. Eine ebenfalls am oberen Zaun entlanggezogene Kletterrose, die Seitenaustriebe dieses Jahres sind ungefähr vierzig Zentimeter lang. Auffallend sind die riesigen Blüten in Rosa, das nach innen hinein etwas gelblich wirkt. Allzu regenfest scheint die Sorte allerdings nicht zu sein, aber sie duftet.

Von den rosaroten Kletterrosen hier am oberen Zaun, die zur Zeit blühen, gefällt mir 'Karlsruhe' am besten, eine Kordesii-Hybride mit großen, dicht gefüllten, runden, Centifolien-ähnlichen Blumen, die einen leichten Duft haben.

'Rosarium Uetersen' von Kordes 1978, käme an zweiter Stelle meiner Zuneigung, das ist nun wirklich eine Centifolie, denn es lassen sich hundert Blütenblätter zählen; vielleicht gebe ich dieser Sorte noch den Vorzug vor 'Karlsruhe'.

'Morning Jewel' von Cocker 1968, ein wirkliches Juwel in dunklerem Rosa, großblütig, halbgefüllt, duftend, an schmiegsamen Zweigen blühend, zum Klettern, zum Jubeln und zum Trauern geeignet. Wie schön, daß sie auf dem Beutig im Halbrondell mit der Aphrodite steht; es ist eine weiße Skulptur aus Stein.

'Tausendschön', von Schmidt 1906, eine der ältesten und schönsten Kletterrosen überhaupt, eine Multiflora-Hybride. Die diesjährigen Austriebe sind ebenfalls ungefähr vierzig Zentimeter lang, die kleinen, gefüllten Blüten in reinem Rosa stehen in dichten Sträußen, der Flor ingesamt ist überreich.

'City of York', Tantau 1945, rahmweiß mit gelber Mitte, gefüllt, duftend, Blüten dicht in Büscheln und vom Regenwetter unbeeinträchtigt. Es ist nicht zu verstehen, weshalb eine solche Rose auf dem Markt fehlt!

Ergänzung später: Es geht aus der Beschriftung auf dem Beutig nicht hervor, daß es sich bei 'City of York' um ein Synonym von 'Direktor Benschop' handelt, und diese Sorte gibt es durchaus zu kaufen.

'Aennchen von Tharau', von Geschwind gezüchtet, aus dem Jahr 1886, ist eine wirkliche Überraschung. So etwas von Rosenstrauch! Gut und gern drei Meter hoch, buschig und voller gefüllter weißer, in der Mitte rosa Blüten, die sogar duften. Und das an einem so kühlen, regnerischen Tag. Wahrscheinlich blüht dieses Aennchen nur einmal im Sommer, aber das ist dann auch überwältigend. Ich werde mir ein Edelauge holen.

Eine altbekannte, immer wieder schöne und bewährte Kletterrose ist 'Parade', 1953 von Jackson & Perkins herausgebracht. Auch hier steht sie, ohne vom Regenwetter beschädigt worden zu sein, sehr gut.

'Flammentanz', eine bekannte Kletterrose von Kordes mit mittelgroßen, roten Blüten, die zu mehreren an den Enden der Stiele stehen. Die Austriebe dieses Jahres sind ungefähr dreißig Zentimeter lang. Die Rosen sind nicht die Spur vom Regen mitgenommen, alle stehen blank und gesund da. Die Blüten sind nicht übermäßig zahlreich und dicht, sondern weit und fein am Strauch verteilt. Das liegt daran, daß die meisten Knospen noch nicht aufgegangen sind. Ich habe die Sorte einmal im Garten gehabt, sie aber bereits nach zwei Jahren nicht mehr bändigen können. Bis zu fünf Metern in die Höhe schafft es dieser 'Flammentanz'. Die Sorte blüht aber nur einmal im Sommer.

Eine weißblühende, riesenblütige Kletterrose ist 'Schwanensee', 1968 von McGredy herausgebracht. Die Blüten stehen einzeln am Stielende, die Stiele sind etwa dreißig Zentimeter lang. Auch diesen Blüten, die in der Mitte etwas rosa sind, hat der Regen nichts zuleide getan. Ich meine einen leichten Duft feststellen zu können.

'Sommerwind', von Kordes gezüchtet, Goldmedaille, VDR-Ehrenpreis, Beet Nr. 35. Eine sogenannte Bodendeckerrose, sehr schön gewachsener, kompakter, runder Strauch, beinahe einen Meter hoch. Der Strauch hat viele Büschel voller Knospen, von denen die mittleren erblüht sind. Die Blüten in einem wunderschönen reinen Rosa sind leicht gefüllt. Der Name 'Sommerwind' scheint berechtigt. Der Regen und auch die Nässe der vorangegangenen beiden Wochen haben dieser Rose nichts getan. Sonderbar ist, daß diese Rosen unbedingt als Bodendecker verkauft werden sollen. Das ergibt doch meterdicke Teppiche, dabei erwartet der normale Mensch doch von so bezeichneten Rosen einen Wuchs, wie er ihn von *Cotoneaster humifusa* gewohnt ist.

Sorten-Notizen im Stadtpark von Lahr am 30. Juni 1987

Am Orangeriegebäude des Rosengartens in Lahr ist 'Schwanensee' bis in eine Höhe von schätzungsweise sechs Metern gewachsen, und sie steht mit ihren weißen Blüten voll im Flor.

'Burgund 81', eine Teehybride von Kordes, rot, einfach überwältigend mit ihrer Blütengröße, mit einem angenehmen Duft.

Die weiße 'Pascali', Teehybride von Lens 1963, wirkt auch als Hochstamm sehr gut.

Daneben, ebenfalls als Kronenbäumchen gezogen, die Teehybride 'Papa Meilland', unübertroffen in ihrem samtigen, dunklen, in der Mitte fast schwarzen Rot und mit einzelnen weißen, ganz dünnen Strichen auf den äußeren Blütenblättern. Sie duftet, wie dies bei keiner anderen modernen Rose der Fall ist.

'Henkell Royal', eine Teehybride von Kordes, macht einen guten Eindruck.

'Dortmund' zeigt sich auch hier wieder mit ihren einfachen, roten Blüten als eine zu empfehlende Kletter- oder Strauchrose. Ich hätte sie gestern aus der Ferne beinahe mit 'American Pillar' verwechselt.

Die Südwand des Orangeriegebäudes ist von der Kletterrose 'Albertine', 1921 von Barbier herausgebracht, fast vollkommen überwachsen. Es mag sich um eine Fläche von vier Metern in der Höhe und acht Metern in der Breite handeln. Sie ist aus einem einzigen Stock herausgewachsen. Die duftenden, großen, gefüllten Blüten sind gelblichrosa.

Im Rosengarten an der Lichtentaler Allee in Baden-Baden am 1. Juli 1987

Nach einem heißen Tag, wie ich ihn selten erlebt habe, und einem schwachen Gewitter am Abend ist es schwül wie in einem Treibhaus. Ich bin im Rosengarten der Gönneranlage, der allerdings nur zur Hälfte besichtigt werden kann, die andere Hälfte ist Baustelle für den Michaelstunnel. Auf den ersten Blick erkenne ich bereits, daß die Pflanzung in etwas größeren Beetflächen, wie sie hier vorgenommen worden ist, gut wirkt. In Lahr stehen auf kleinen Pflanzenflächen jeweils nur drei Rosen beieinander, und da wirken sie steif. Für den Hausgarten kann man eigentlich nur empfehlen, Edelrosen in Reihen zu pflanzen. Die aufgegangenen Blüten schneidet man ab und stellt sie in Wasser. Wir haben ja erst gestern wieder erlebt, daß die Blüten im Freien kaum einen einzigen Tag halten, wenn es warm ist und die Sonne scheint.

'Alchymist' ist eine Strauchrose von Kordes 1956, die vor allem in der Schweiz beliebt zu sein scheint, denn dort sieht man sie oft. Wenn ich nicht sehr irre, wird sie auch als Kletterrose gepflanzt, besser gesagt als Spalierrose. Es ist eine dichtgefüllte, dunkelgelbe, stark ins Orange gehende Sorte, die gut duftet. Die Farbe ist eigenartig, aber nicht unsympathisch.

'Mozart', Lambert 1937, blüht hier mit drei Sträuchern am Rande der Oos; es sind breit ausladende Büsche, die mit ihren kleinen roten, weißgeäugelten Blüten wie Phlox aussehen. Ein wunderschöner Blütenstrauch, wenn man Platz dafür hat.

'Andenken an Alma de l'Aigle', Kordes 1955. Der Name wirkt im Zusammenhang mit der Jahresangabe insofern befremdlich, als Alma de l'Aigle ihr Rosenbuch 1955 noch nicht fertig hatte. Wahrscheinlich ist die Rose 1955 entstanden und erst später, nachdem Alma de l'Aigle gestorben war, ist sie getauft worden. Aber ich meine mich auch zu erinnern, daß sich Alma die Rose auf den Feldern von Kordes noch selber aussuchen durfte. Die rosa Farbe leuchtet weithin, es ist ein helles, ganz reines Rosa. Die duftenden Blüten sind gefüllt, sie bleiben noch lange in sich verschlossen, wenn die äußeren Blütenblätter weit auseinandergegangen sind. Aber auch voll erblüht ist jede Blume mit dem dunkel punktierten Kranz der Staubgefäße ein schöner Anblick. Der Strauch ist mannshoch, die Blüten stehen zu sechst, zu neunt, zu zwölft in Büscheln beieinander, neue Büschelzweige mit Knospen sind auch herangewachsen, die noch ganz grün sind. Der Flor wird sich also noch einige Wochen hinziehen. Vom Gesamtbild, zumindest hier in der Gönneranlage, kann man nicht so begeistert sein, denn der Wuchs geht mehr in die Höhe als in die Breite. Das kann aber auch eine Folge der letzten beiden Winter sein.

Daneben, breit über eine Fläche von mindestens sechs Quadratmetern hingelagert, eine *Rosa centifolia* 'Muscosa', entstanden 1724. Das ist die Rose an sich, das, was man sich seit Jahrtausenden unter dieser Blume vorstellt. Die rosa, fast ein wenig lila schimmernden Blütenknospen sind wie Tennisbälle so groß, die geöffneten Knospen erfreuen mit den zahllosen Linien der dicht ineinander gedrehten Blütenblätter. Es ist nicht zu übersehen, daß viel Regen über die Rosen niedergegangen ist. Trotzdem ist der Anblick dieser schweren Moosrosen erfreulicher, als der mancher modernen Teehybriden mit ihren einfacheren leichteren Blüten. Die Bemoosung der Knospen ist apart, interessant, nicht unbedingt schön. Kräftig wachsen vom Boden her neue Triebe auf, deren Blätter olivgrün sind.

'Lyric' von De Ruiter aus dem Jahr 1951, ich kenne sie aus unserem Garten ganz genau. Nur scheint sie hier in der Gönneranlage nicht heruntergefroren zu sein, denn der Strauch ist übermannshoch, und in der Breite mag er zwei Meter messen. Daheim bemüht sich diese Rose aus den Augen, die sich im Schutze der Erde befunden haben, wieder aufzuwachsen, denn alles andere ist erfroren. Der Strauch hier ist von Blüten übersät, sie stehen fast zu dicht. Es sind leicht gefüllte rosa Blüten, denen das Regenwetter nichts ausgemacht hat.

'Queen Elizabeth' muß zurückgefroren sein, denn die ersten Blüten stehen in einer Höhe von nur siebzig Zentimetern, aber sie sind vom Wetter unbeschädigt und machen in ihrem schönen Rosa, vom Regen beperlt, einen guten Eindruck. Darüber, einen Meter hoch, ist in Knospenform bereits die nächste Blütengeneration vorhanden. Die weiße Spielart dieser Rose gibt es übrigens hier auch, ich sah sie eben zum ersten Mal.

In Speck gebratene Scholle, das wäre die beste Empfehlung. In der Nähe, kurz hinter oder gar zwischen den Deichen gelegen, gab es früher die Aalkate; ob es die noch immer gibt? Doch gebratene Schollen sind da, im Rosarium Uetersen, in dem dazugehörigen Restaurant, auch hier hat man, wie in Zweibrücken, ein Hotel gleich dazugebaut. Als Malia und ich hinkamen, klagte die freundliche Wirtin, daß wegen Platzmangels angebaut werden müsse. Es lasse sich leider nicht vermeiden, daß wir morgens um sieben von der Dampframme aus dem Schlaf geschreckt würden. Nach zehn Minuten hörte die Ramme wieder auf. Wir hätten weiterschlafen können. Aber wer fährt zur zweiten Rosenblütezeit nach Uetersen, um zu schlafen?

Der große See, um den herum die Rosenpflanzungen gruppiert sind, hat mit Schilf, Binsen, Pfeilblättern, Mummeln und Seerosen eine abwechslungsreiche Ufervegetation. Nur kann man davon nichts sehen, weil die schöne Ufervegetation unter grünen Netzen verborgen ist. Ohne diese grünen Netze würden nämlich die viel zu vielen Lietzen, Enten und anderen Wasservögel alles Grün wegfressen, und ohne grüne Blätter könnten die gelben Mummeln und die weißen Seerosen nicht blühen. Aber warum gibt es denn so viele Lietzen, Enten und andere Wasservögel? Weil sie vom Aussterben bedroht sind und unter Artenschutz stehen, man darf sie nicht mehr abschießen.

Zweifellos wird der Rosengarten gut gepflegt. Trotzdem – und das ist ein bißchen tröstlich – stellt sich hier der Sternrußtau ein. Die erste gesunde Rose, die mir auffällt, heißt 'Romanze', sie ist von Tantau aus dem Jahr 1984. Die meterhohen Blütenstände sind voller Knospen, es gibt auch bereits offene Blüten des herbstlichen Flors, sie leuchten in ihrem Rosa und sehen von weitem wie ondoliert aus. Die jungen Blätter sind rötlich, das ältere Laub ist dunkelgrün. Von Krankheiten ist nichts zu sehen. Gegenüber muß ich die Sorte 'Lavender Dream' notieren, 1985, aber was »Interplant-Kordes« heißt, das weiß ich nicht. Da steht auch, daß es sich um eine Bodendecker-Rose handelt, es ist kein schönes Wort, aber man wird es nicht mehr weg bekommen, denn es klingt nach »arbeitsparend«. Aber dafür kann die Rose nichts, die halbmeterhoch locker aufgebaut ist: mit der Fülle ihrer kleinen, einfachen Blüten in einem bläßlichen Lila wirkt sie staudenartig und graziös.

Wie gut sieht die Teehybride 'Paola' aus, sie ist von Tantau aus dem Jahr 1980. Die Blüten haben das Rot meiner 'Hidalgo', und sie duften. Es sind viele Neuaustriebe mit roten Stielen, roten Blättern und sich bildenden Knospen zu sehen, die sicher noch in diesem Herbst blühen werden.

Erst in neuer Zeit
so recht bekannt geworden ist 'Raubritter',
auch als Kletterrose verwendbar.

'Bloomfield Abundance', öfterblühende Bengalrose,
starkwüchsig, bis mannshoch.

Gut sehen die Hochstämmchen der Floribundarose 'Bonika 82' aus, eine Züchtung von Meilland. Der Flor besteht aus lila Blüten, die in kleinen Büscheln beieinander stehen. Ich will nicht gerade sagen, daß man sich 'Bonika 82' in den Garten pflanzen soll; vor allem dann, wenn es sich um einen kleinen Garten handelt, gibt es lohnendere Sorten. Aber solche Bonika-Hochstämmchen müßten in entsprechend großen Kübeln in Hotelvorgärten, an Auffahrten und ähnlichen Plätzen mit ihrem feinen, gesunden, dunkelgrünen und an den Austrieben rötlichen Laub sowie mit ihren lilarosa Blüten sehr hübsch aussehen.

Die Kletterrose 'Lawinia' von Tantau 1980, hat Sommersprossen auf den Blättern, einen leichten Befall von Sternrußtau also. Da hat selbst der Pflanzenschutz, wie er hier betrieben wird, nichts genützt. Mathias Tantau und 'Lawinia' mögen sich trösten: Es gibt auch hier in Uetersen etliche Rosensträucher, die gar keine Blätter mehr haben. Die Blüten der 'Lawinia', diese großen, gefüllten, rosa Blüten sind herrlich. Sie stehen in Sträußen beieinander. Ich zähle an einem einzigen Stiel vierzehn Blüten.

Bei allen Beurteilungen muß natürlich bedacht werden, daß man hier in Norddeutschland noch stärker unter dem Regenwetter dieses Sommers zu leiden gehabt hat. Selbst jetzt ist es an allen Tagen kühl, sehr viel kühler als in Baden-Baden. Wenn wir während unseres Aufenthaltes seit Sonntag auch keinen starken Regen gehabt haben, so sind doch die Sonnenstunden rar gewesen.

Da steht, völlig gesund, die Floribundarose 'Montana' von Tantau 1974. Die Farbe ist geraniumrot, grell, aber das scheint von der niedrigstehenden Abendsonne zu kommen. Die Neutriebe haben es bis zu etwa siebzig Zentimeter Höhe geschafft, das junge Laub ist rötlich, und die vielen Knospen versprechen einen Vollflor für den ganzen September, vielleicht sogar für den Oktober.

An der Ecke steht ein Rosenstrauch, dessen Namen ich weitersagen muß, er heißt 'Will Scarlet', sein Erscheinungsjahr ist 1953, gezüchtet von Hilling. Außerdem ist zu lesen, daß es sich um einen Sport von 'Wilhelm' handelt. Den Rosenstrauch namens 'Wilhelm' kenne ich ganz genau, denn er stand viele Jahre in unserem Garten, bis der Waldschatten und auch 'Wilhelm' selbst zu groß und mächtig wurden. Es kam selten vor, daß 'Wilhelm' zu Malias Geburtstag am 8. Dezember schon zur Winterruhe übergegangen war. Meistens sorgte er für den letzten Rosenstrauß aus dem eigenen Garten. Tatsächlich hat 'Will Scarlet' etwas von der Wilhelm-Farbe mitbekommen. Der übermannshohe, breit gewachsene Strauch hängt voller Hagebutten, und er ist zugleich übersät von gerade aufgehenden Blüten.

Eine Kletterrose will ich notieren, eine *Rosa* × *kordesii*, sie heißt 'Dortmund'. Die Rose ist zu einer Höhe von etwa vier Metern aufgewachsen, man sieht ihr überhaupt keine Anfechtungen durch die bekannten Mehltaupilze an. Die nach dem ersten Flor herangewachsenen Neutriebe, einen Meter dürften sie lang sein, sind voller Knospen, einige von ihnen sind bereits aufgeblüht, sie sind angenehm rot und haben eine weiße Mitte.

Wiederum eine Bodendeckerrose von Interplant-Kordes, sie heißt 'Rosy Cushion'. Ich muß nochmal betonen, daß zu diesen Bodendekkern dem Sinne nach auch die Rotbuche, noch besser die Blutbuche, am allermeisten gar die weitausladende Trauerform der Blutbuche gehört, denn unter allen diesen Bäumen wächst ebenfalls kein Unkraut. Es ist aber nicht zu leugnen, daß diese bald meterhohe Rose ein wunderschöner Blütenstrauch ist, der sich mit über fünfzig Knospen, von denen einige bereits geöffnet sind, zum Erblühen anschickt. Es handelt sich natürlich um den zweiten Flor dieses Jahres. Da, wo eine solche Rose hinpaßt, kann man sie unbedingt empfehlen. Es ist vielleicht jetzt im Spätsommer die schönste von allen einfachblütigen Rosen, die hier stehen. Die eigentümliche Farbe wird als thymianrosa bezeichnet.

Eine Buschrose fällt auf, die 'Ballerina' heißt, und sie hat wirklich etwas von der Leichtigkeit einer Ballerina. Als Züchter sind Bentall-Strobel angegeben, die Sorte stammt schon aus dem Jahr 1937. Man muß nicht viel von Rosen verstehen, um gleich zu sehen, daß die Sorte aus demselben Züchtungsgarten stammen muß, aus welchem die erst in neuerer Zeit in Mode gekommene Sorte 'The Fairy' stammt. Aus der Ferne erinnern die Blütenstände ein klein wenig an die bekannte Strauchrose 'Mozart', nur ist dieser Strauch hier kaum höher als einen Meter. Die Blütenstände haben eine gewisse Ähnlichkeit mit dem Staudenphlox, die Blüten sind klein, weiß, am Rande rosa gefältelt, und sie drängen sich dicht aneinander. Es sind zahlreiche Blüten da, dazwischen ebenso viele neu aufgewachsene Blütendolden, die voller kleiner Knospen sitzen, daß der Flor ganz bestimmt bis weit in den Oktober hinein anhalten wird.

Die Teehybride 'Burgund 81' von Kordes scheint ja wirklich ein Vollblut zu sein! Daumendick, vom Erdboden an mit gesunden Blättern belaubt, stehen diese mannshohen Stämme da, als gehörte ihnen die Welt. Zu dritt oder gar zu fünft stehen die mehr als daumendikken, roten Knospen mit den ersten, halboffenen, gefüllten Blumen in einem einzigen Blütenstand. Mit gutem Willen möchte ich der 'Burgund 81' einen leichten Rosenduft andichten. Aber man braucht Platz für sie. Mannshoch! Der erste Flor im Juni dürfte allerdings niedriger gewesen sein.

Gesund, blank in ihrem Laub, fällt die Kletterrose 'Raymond Chenault' auf, im Jahr 1960 von Kordes herausgegeben. Die an drei Pfählen stehende Pflanze ist etwa zweieinhalb Meter hoch, sie hat meterlange Austriebe, die teilweise Knospen haben, zum Teil voll erblüht sind. Es handelt sich um scharlachrote, leicht gefüllte, in Büscheln stehende, große Blüten, die stark duften. Schön mit der jetzt noch reichen Blüte, eine bemerkenswerte Rose!

Noch ganz neu scheint die Kletterrose 'Schneewalzer' zu sein. Sie stammt von Tantau. Die neugepflanzten Rosen haben bereits viele Triebe entwickelt, die so dick wie mein Zeigefinger sind. Am Ende dieser Triebe stehen ungefähr zwanzig Knospen, von denen jeweils die mittlere bereits aufgegangen ist. Große, weiße, ganz tief innen etwas gelbliche, gefüllte Edelrosen, die allerdings keinen Duft haben, zumindest konnte ich keinen wahrnehmen, was auch am Wetter liegen kann.

Die Teehybride 'Ingrid Bergman' von Poulsen 1983 in ihrem warmen, weichen, dunklen Rot, mit ihrem Duft und mit ihrem dunkelgrünen, blanken Laub ist ganz wunderschön.

Die Polyanthahybride 'Carefree Beauty' von Meilland 1980 ist in der Blüte etwas vom Wind zerzaust. Man muß aber bei allen Beobachtungen bedenken,wie rosen-gräßlich das Wetter in diesem Sommer war und teilweise noch immer ist. Doch diese nette Rose ist wahrlich schön, das Rosenbeet leuchtet weit in den Garten hinein. Die Pflanzen sind gesund, und der Knospennachwuchs ist voller Hoffnung, noch im Oktober lange blühen zu können.

Von den weißen Beetrosen macht 'La Paloma' von Tantau 1985 den besten Eindruck auf mich. Es ist eine Floribunda, schneeweiß mit gelblichem Schein, leider duftlos.

Daneben steht die Strauchrose 'Saarbrücken' von Kordes 1956. Die in diesem Jahr aus dem Boden aufgewachsenen Stämme dürften eine Länge von etwa eineinhalb Metern haben. Sie tragen oben ganze Sträuße von großen, halbgefüllten, scharlachroten Blüten, mit einer sehr viel helleren Mitte ausgezeichnet. Es sind auch jüngere Triebe da, deren Knospen gerade in der Bildung begriffen sind, so daß der Rosenflor, wenn die Sonne häufig scheint, noch im Oktober andauern dürfte.

Die Teehybride 'Konrad Henkell' von Kordes 1983 hat eine blutrote, weiche Farbe und eine Blüte, die besonders körperhaft wirkt. Ich vermute, daß es eine ausgezeichnete Schnittrose ist. Die Knospen ringsherum sind fast schwarz in ihrem Rot. Die Blüten stehen etwa in Meterhöhe, die dunkelgrünen, an den Jungtrieben roten Blätter sind gesund. Ein Duft ist allerdings nur mit etwas Fantasie feststellbar.

Daneben eine Floribunda mit dem Sortennamen 'Matthias Meilland', aber das kann ein Irrtum sein, denn ich kenne keinen Meilland mit diesem Vornamen. Die weiteren Angaben dürften stimmen: Meilland-Strobel 87. Ich glaube, das ist die beste Beetrose, die zur Zeit hier im Rosarium von Uetersen steht. Das grüne Laubdach ist nicht ganz einen halben Merter hoch, zwanzig Zentimeter darüber stehen die

Blüten in einem hellen, leuchtenden Rot: jeweils wenigstens zu viert in Büscheln beieinander. Ein Duft ist nicht wahrzunehmen, aber er ist vielleicht wirklich bei derartigen Rosen, die für flächige Pflanzungen gedacht sind, nicht so wichtig. Eine derart gut geschlossene Beetbepflanzung habe ich bisher in Uetersen noch nicht gesehen.

In einem großen Rondell steht die Teehybride 'Esmeralda' von Kordes 1981. Die Pflanzen sind mit ihren Blüten eineinhalb Meter hoch. Die Blüten stehen aber nicht einzeln auf langen Stielen, sondern sie bilden ganze Sträuße aus zehn, zwölf beieinanderstehenden Blumen; man beobachtet häufig, daß sich die Teehybriden mit dem zweiten Flor nicht mehr an die Vorschriften für Edelrosen halten. Die Sorte wirkt außerordentlich wüchsig, sie scheint gesund zu sein. Es sind noch genügend Knospen da, so daß sie bis in den Herbst hinein blühen kann. Die kühle Luft wirkt sich natürlich auf den Rosenduft aus. Der Atem von 'Esmeralda' soll nach Himbeeren duften, das mag wohl stimmen.

Es gibt hier ein längliches, viereckiges Beet, bepflanzt mit einer Rose, die ihr Laub bis zum Erdboden hinunter gesund gehalten hat. Die Büsche verzweigen sich in ihrem oberen Drittel außerordentlich stark, und sie haben Knospen, die fast schwarz zwischen den hellgrünen Kelchblättern wirken. Die Blüten öffnen sich zylinderförmig und gehen dann zu großen, roten Blumen auseinander, die allesamt einen wunderschönen Duft haben. Die Sorte heißt 'Erotica', sie ist von Tantau, man darf sie weiterempfehlen.

Die öfterblühende Strauchrose 'Cocktail' mit ihren ganz leichten, einfachen Blüten, kirschrot mit hellerer Mitte, wirkt erfrischend und erheiternd.

'Mildred Scheel', Tantau 1976, fast meterhoch, im oberen Drittel stark verzweigt, die dicken Knospen fast schwarz, Blüten schwärzlich im dunklen Rot und mit starkem Rosenduft. Die unteren Blütenblätter sind spitz zusammengedreht. Eine Rose, die ich mir in den Garten pflanzen möchte.

Hier, zu guter Letzt, treffe ich sie wieder, die gute alte 'Sarabande' von Meilland aus dem Jahr 1957, diese Kreuzung aus 'Hahnenschrei' und 'Roter Mühle', bei welcher der langsame Dreivierteltakt ihres Namens gar nicht zu dem erregenden Geraniumrot der schalenförmigen, zahlreichen, sogar leicht duftenden Blüten passen will. Diese Floribunda mit ihren halbmeterlangen Trieben hat sich, Mode hin und Mode her, behaupten können. Es ist eine Rose für den Blütengarten, wo sich die Gefährlichkeit ihrer grellen Farbe verliert, wenn ein kluger Gärtner sie etwa mit *Veronica* 'Shirley Blue' zusammenpflanzt.

Hiermit ist mein Skizzenbuch aus Uetersen zu Ende. Mit wenigen Worten habe ich Beobachtungen von Rosen festgehalten, die mir bei diesem Spaziergang aufgefallen sind. Es handelt sich nicht um eine objektive Bewertung des Rosengartens und seiner Sorten: Es gab viele Sorten, die mir mißfallen haben; davon wurde nichts gesagt. Weil mir die Freude an zwei- und mehrfarbigen Rosen abgeht, ist auch über sie nichts geäußert. Auch habe ich damals nicht daran gedacht, diese Skizzen in mein Buch aufzunehmen. Es ist aber doch nicht uninteressant, in diesen Sortenbeobachtungen zu blättern, gerade deshalb, weil sie so absichtslos entstanden sind. Die Frage nach Sinn und Unsinn solcher Wettbewerbe, bei denen sich die Neuheiten gegenseitig bedrängen, stellt sich von selbst.

Im Wildrosengarten von Zweibrücken am 19. September 1987

Die Enten sitzen noch schläfrig auf dem hölzernen Geländer, das um die beiden Becken herumgebaut ist; einige von ihnen watscheln bereits gähnend über den roten Kies. Jedes der viereckigen Becken mißt in Länge und Breite ungefähr vierzig Meter, jeweils in der Mitte steht ein rotgedecktes Futterhaus, das Wasser ist grünlich. Die Linden ringsum sind schon goldgelb vom frühen Herbst. Gegenüber erinnert ein Nebengebäude der Fasanerie an herrschaftliche Zeiten, es ist gut erhalten, barock, malerisch. Darin befindet sich ein Ausschank, es gibt Pfälzer Wein und Bier. Unter einer der breiten Linden vor diesem Ausschank haben wir gestern den ganzen Abend gesessen, Sigrun, Eckard Ost und ich. Es soll der wärmste Tag dieses Jahres gewesen sein.

Auf dem Hang gegenüber der Fasanerie, durch eine Straße getrennt, liegt der Wildrosengarten, ich erlebe ihn zum ersten Mal im Herbst. Da breitet sich ein zusammengesunkener Busch der *Rosa wichuraiana* über der trockenen Erde aus, sie bietet den Vögeln ihre kleinen, roten Hagebutten an. Doch die großen, dunkelroten Hagebutten der *Rosa tomentosa* werden vorgezogen; sie sehen wie lackiert aus und jede ist so groß wie eine Mirabelle. Woanders steht eine *Rosa suffulta*, die aus Amerika stammen soll; sie hat junge, eben erst herangewachsene Zweige mit gelbgerandeten Blättern, auch ein paar Blüten sind da, die unserer *Rosa canina* ähneln. Alle diese Büsche machen den Eindruck von Müdigkeit, sie scheinen zu schwach, um ihre Blätter noch lange festhalten zu können. Nur in den Hagebutten steckt ein gewisser Trotz: Seht nur, trotz Herbst haben wir doch noch allerlei zu bieten.

Dann die Centifolien mit ihren Spielarten, deren Vielfalt kaum mehr zu übersehen ist. Dasselbe gilt für die Gallicas auf der anderen Seite des Weges. Es ist überall der müde, abgelebte Sommer, der sich in den rostig-grünen Rosenbüschen versteckt.

Hier steht eine *Rosa rugosa* namens 'Schneezwerg', das fadenscheinige, kaum an Rugosa erinnernde Laub vom Sternrußtau leicht besprenkelt, vom Wind zur Seite gedrückte Zweige voll verfaulter Blüten und roter Hagebutten, und mittendrin ein junger Zweig mit grünem, frischem Laub und drei weißen, halbgefüllten, duftenden Blüten. Daneben die 'Frau Dagmar Hastrup', diese dralle, lebenstüchtige Rugosa im vollen Schmuck ihrer langsam errötenden Samenkrüge, um nicht immerzu Hagebutte schreiben zu müssen.

Ich bestaune eine Sorte, 'Nyveldts White' *(Rosa rugosa rubra* × *Rosa cinnamomea)* × *R. nitida* 'Nyveldt', 1935 bei einem Züchter entstanden, der dem Etikett zufolge Nyveldt heißt, ich habe den Namen noch nie gehört. Die Sorte ist weiß, man kann das an den abgeblühten Blumen erkennen, es sind dicke Knospenstände zu sehen, denen aber sicherlich kein Flor mehr beschieden sein wird. Das Laub ist blank, grün, und grün sind auch die Früchte noch.

Eine Damaszener zeigt mit ihren letzten drei Blüten, daß sie zartrosa ist, ihr Sortenname ist 'Madame Hardy', sie stammt aus dem Jahr 1832. Ganz reich blüht auch hier in Zweibrücken unsere 'Jacques Cartier', es ist eine Rose, die man besonders im feuchten Herbst nicht sich selbst überlassen kann. Man muß ihr helfen, die verblühten und langsam verfaulenden, matschigen Blumen loszuwerden. Es sind oft ganze Büschel von sieben, acht, neun und mehr kurzstieligen Knospen, die sich zum Blühen drängen. Das geht aber nicht auf einmal vor sich, sondern erstreckt sich über eine Zeit von einigen Tagen bis zu zwei Wochen. Wenn nun zwei gelbbraune, matschige Bündel von alten Blütenblättern in der Dolde sitzen, so hindern sie die neuen Knospen daran, sich zu entwickeln und aufzublühen.

Rätselhaft bleibt mir eine mannshohe Rose, auf deren Schild zu lesen ist, daß es sich um eine *Rosa gallica* handelt. Vom eigentlichen Sortennamen ist lediglich 'Panaché' übriggeblieben. Die älteren Blätter sind natürlich nach dem Sommer mit Spuren von Rostpilz und Sternrußtau behaftet, aber es gibt junge, offensichtlich erst in den letzten Wochen gewachsene Austriebe, die blank und grün sind und viele altmodisch wirkende Blüten tragen. Die Blüten sind hellrosa und dunkelrosa gestreift, gefüllt, aber nicht allzu dicht, daß sie der Nässe in den letzten Monaten gut widerstehen konnten. Was das wohl für eine Rose sein mag, die im September so kräftig austreibt und so schön blüht. Eine Gallica? Kaum. Nach Auskunft des Gartenamtes Zweibrücken: Muscosa-Hybride Centifolia, Robert 1850, weiß, rosalila gestreift. Von Robert gibt es eine Sorte, die 'Panachée Double' heißt.

Sonst sind überwiegend nur »Drahtverhaue« von umeinandergeschlungenen, bestachelten Stämmen zu sehen, die nie mehr Blätter bekommen und unten kahl bleiben. Es ist eben doch wichtig, Rosen, wenn sie im Garten stehen sollen, zu beschneiden. Der Anblick des gesamten Gartens bleibt weiterhin müde, rostig, grau, man möchte sagen: Komm lieber Herbst und rufe den Winter bald herbei.

An der Ecke gegenüber dem modernen Teil des Hotels der Fasanerie steht die Strauchrose 'Kordes Robusta' aus dem Jahr 1979. Die Blütenstände fangen genau über meinem Kopf an. Aus diesen blühenden Blütenständen heraus sind abermals beblätterte Blütenstiele nach oben gewachsen, die bereits wieder Knospen haben, so daß der Flor noch lange anhalten dürfte. Da oben sind die Blätter grün, satt und gesund, doch nach unten hin ist alles kahl. Die Stacheln mahnen zur Vorsicht. Die Blüten haben ein dunkles, angenehmes, etwas stumpf wirkendes Rot; richtiger gesagt: heute morgen haben sie dieses angenehme, stumpfe Rot. Es sind jeweils sechs, sieben, acht Blüten in einer Dolde. Vor dieser Pflanzung von 'Kordes Robusta' blühen viele Herbstzeitlosen. Es ist insgesamt ein erfreulicher Anblick, aber die leicht neblige Morgenstimmung erinnert an die Jahreszeit. In diesen Rosensträuchern lodert noch einmal die Leidenschaft des Lebens auf. Es scheint, als wäre die Sorte so frost-unempfindlich, daß sie im letzten Winter gar nicht zurückgefroren ist, anders wäre der Höhenwuchs gar nicht zu erklären. In diesen Raum des Wildrosengartens mit den weiten Rasenhängen und eingestreuten alten Obstbäumen paßt die Sorte natürlich gut. Für die meisten Gärten wäre sie wohl zu groß, aber man könnte sie vielleicht als Hecke pflanzen.

Ich muß zwei weitere Sorten notieren: Als erste 'Centenaire de Lourdes' mit großen, leicht gefüllten, leuchtend reinrosa Blüten, und dann 'Blossomtime', reichblütig, dunkelrosa und duftend. Das sind zwei wunderschöne, große Rosenbüsche in ihrem zweiten Jahresflor. Sie stehen vor einem Horst der noch größeren, abgeblühten Strauchrose 'Fenja'. Die Stämme und Zweige von 'Fenja' sind fast drei Meter hoch, und sie hängen übervoll mit roten, flaschenförmigen Hagebutten. Der Anblick wirkt befremdlich, obgleich das Urteil über 'Centenaire de Lourdes' und 'Blossomtime' gut ausfällt. Für die große Rose namens 'Fenja' ist der Sommer zu Ende gegangen. Die Ruhe beginnt, alles Wachstum hört auf, die roten Hagebutten ernähren nun die Vögel, sofern die nicht in den Süden ziehen. Die Stimmung in diesem Wildrosengarten ist herbstlich. Auch die gleichmäßige Struktur vom Laub der Birken, Obstbäume und Rosen paßt dazu. Man wird nicht mehr beunruhigt, nichts lenkt von den eigenen Gedanken ab. Ich bin eins mit dem Jahr, mit der Natur. Der Wildrosengarten in seiner Herbheit kann ein Genuß sein. Aber dann auf einmal diese hohen, vollblühenden Rosenbüsche, diese Illusion vom Sommer, der nicht mehr da ist, dieses Trugbild von zu erwartenden Wochen der Sorglosigkeit und der Lebensfreude. Es ist sicher falsch, in diesen Wildrosengarten die beiden modernen Rosensträucher gepflanzt zu haben, die mehrmals reich blühen: 'Kordes Robusta' will ich gerade noch hinnehmen. Sie spielt einen besonderen Part im Ensemble dieses Gartens. Sie steht auch, geschickt gepflanzt, für sich allein. Man bringt sie nicht in Beziehung zu den anderen Rosen gegenüber der Fasanerie und vergleicht sie nicht mit ihnen.

Im wiesenartigen Gelände, dicht an Nadelbaumwäldern gelegen, keimen oft Fichten auf. Im Wildrosengarten sollte man sie allerdings nicht wachsen lassen. Sonst stehen plötzlich Tannenbäume zwischen den alten Birnen und Äpfeln. Wenn schon hier und dort ein neuer Baum stehen soll, so wünschte man sich wieder Obstgehölze, Hochstämme natürlich, man könnte ja, der leichteren Pflege wegen, Kirschen einen gewissen Vorrang einräumen.

Der Starenkasten ist grün, rissig, er hat ein vorgeschobenes, flaches Dach über dem runden Gesicht. Er hängt an grauem Beton, mit dem, wahrscheinlich vor Jahren schon, ein hohler, borkenrissiger Kirschbaum ausgefüllt worden ist. In Höhe des Starenkastens hat der alte Baum, genau nach jeder Seite hin fast waagrecht ausgestreckt, einen ebenso starken Seitenast; er steht wie ein Kreuz im Rosengarten. Die aufgetragene Betonschale scheint sich aber im oberen Teil vom Baum zu lösen. Wahrscheinlich ist der Druck des schräg gestellten Baumes zu stark und der Beton zu unbeweglich, um sich mit vorzuneigen. Am liebsten würde ich den Kirschbaum mit dem gekreuzten Starenkasten umsägen, damit er endlich seinen Frieden findet. In der Zeitung »Rheinpfalz« gäbe es im Zusammenhang mit Rosen und Zweibrücken eine Schlagzeile mehr.

Schließlich ist noch eine Schlußbemerkung zu schreiben. Ich begegne einem Rosenstrauch, der sich als *Rosa centifolia* Muscosa 'William Grow' ausweist. Er ist etwas über einen Meter hoch, in der oberen Hälfte frisch grün belaubt, nur an den alten Blättern weiter unten sieht man Flecken, die nicht sein dürften. Der mehr als meterlange Auswuchs hat sicherlich in diesem Sommer stattgefunden. An den Enden sind noch immer Knospen, die bereits anfangen, Farbe zu zeigen: Man sieht drei verwelkte Rosen, außer ihnen fünf schöne Blumen, die sich gut für einen Strauß eignen würden. In der Mitte sind sie dunkler, nach außen heller, und in jenem Rosa der zahlreichen Centifolien gehalten, die Rédouté gemalt hat.

An den Rosen dieses Gartens, zumindest des Gartenteiles, in dem ich mich gerade befinde, ist in diesen Tagen viel geschnitten worden, denn überall liegen Zweige herum. Doch 'William Grow' ist offensichtlich ungeschnitten geblieben. Im unteren Teil der alten Stämme, die sich wahrscheinlich infolge der Schwere der früheren Blüten und Blätter zur Seite geneigt haben, ist in diesem Sommer nicht, zumindest nicht viel geschnitten worden, denn man sieht noch mumifizierte Blüten des ersten Flors. Es müssen viele Blüten gewesen sein. An den alten Blättern sind Spuren des Sternrußtaus nicht zu übersehen. Ganz wenige von den ersten Blüten müssen aus irgendwelchen Gründen herausgeschnitten worden sein. Was jetzt so grün und gesund dasteht, das sind Austriebe nach diesem Rückschnitt, man kann es genau sehen. Es handelt sich also um eine Centifolie, die mindestens zweimal im Jahr blüht oder blühen kann, wenn man ihr durch Rückschnitte die Veranlassung gibt, erneut auszutreiben. Davon gelesen habe ich noch nichts. Ich werde an Eckard Ost schreiben und ihn fragen, ob das Etikett richtig ist. Ich würde diesen Strauch im Wildrosengarten belassen. Er macht nicht den Eindruck der Fremdheit, wie 'Blossomtime' und 'Centenaire de Lourdes'. – Nach Auskunft von Eckard Ost handelt es sich um eine Spinosissima-Hybride.

Im Rosengarten der Stadt Zweibrücken
19. September 1987

Nirgendwo verfahre ich mich öfter als in Zweibrücken. Diesem Umstand verdanken die Hinterpfälzer einen gewissen Ruhm. Immer wieder erzähle ich nämlich, keine Stadt zu kennen, in der es so viele gemütliche Kneipen gibt. Am hintersten Ende des langgestreckten Rosengartens ist eine neue Wirtschaft entstanden, sie ist sehr fein, trotzdem gemütlich; der Einfachheit halber hat man darüber noch ein kleines Hotel gebaut. Damit die Gemütlichkeit nicht leidet, trägt das Hotel einen recht spitzen Hut aus roten Dachziegeln.

Nun will ich sehen, was am Ende des verregneten Sommers, zwei Tage vor der Tagundnachtgleiche, im Rosengarten los ist. Gleich zu Anfang begrüßt mich, fast zwei Meter hoch auf einen starken Stamm gepfropft, die 'Super Dorothy' von Karl Hetzel. Wenn das stimmt, was von dieser Neuzüchtung gesagt wird, dann wäre das eine Sensation, denn die alte 'Dorothy Perkins' ist wirklich ein Star unter den Kletterrosen. Doch blüht sie nur ein einziges Mal im Sommer, und außerdem giert sie geradezu nach Mehltau. Beides will Hetzel weggezüchtet haben: sie soll nun mehrmals im Sommer blühen und keinen Mehltau mehr bekommen. Daß sie öfter blüht, stimmt, ich habe eine Pflanze im Topf zu Hause, an der ich das beobachtet habe. Hier blüht sie gleichfalls wunderschön karminrot, und es wimmelt von Knospen, die möglicherweise, sofern hier so spät im Jahr die Sonne herscheint, noch aufblühen. Gleich daneben steht, wiederum von Karl Hetzel, die Sorte 'Hermann Schmidt'; sie ist erst in diesem Jahr getauft worden, ebenfalls auf Hochstamm veredelt und gerade in Blüte, man kann sie kaum von der 'Dorothy' unterscheiden. An der Seite blüht voll und reich 'Hilda Heinemann', eine Teehybride von Meilland in dem schönen Rot, das die guten roten Sorten einander sehr ähnlich macht.

Etwas heller im Rot ist 'Arturo Toscanini', gleichfalls von Meilland, die Blüte sieht gut aus, aber sie ist stumm. Es ist eigenartig: eine volle, schöne, rote Rose ohne Duft! Das ist genauso, als wenn man von einer Sängerin sagen würde, sie ist schön und charmant, aber sie kann nicht singen. Die Namen der roten Floribunda-Rosen merke ich mir nicht. Es sind zu viele, und jedes Jahr kommen neue dazu. Ich werde noch zu den Freunden der sogenannten alten Rosen überlaufen, weil bei denen keine neuen Namen hinzukommen können. Sehr schön, über meterhoch, die Teehybride 'Margaret Henze', Tantau 1971, großblütig und nicht zu fest, sondern locker gefüllt, leuchtend hellrot, sonst aber nicht gesprächig. 'Margaret Merrill' dagegen, halbgefüllt die Blüten mit den beinahe schwarz scheinenden Staubgefäßen in der Mitte, wirkt sehr charmant, anlehnungsfreudig, sie duftet gut. Der ganze Eingangsbereich hinter dem neuen Hotel ist gut gepflegt. Was der große Steinkübel mitten im Rasen soll, das weiß ich nicht. Von der steinernen Frau im Hintergrund sieht man aus der Ferne nur, daß ihre Haut mit Moos bewachsen ist. Dann steht da, dunkelgrün, dunkelrot und dunkellila, ein Totempfahl, der ganz oben einen weißen Fleck hat. Ich vermute, daß er ein Geschenk der Soldaten aus Kanada ist, die hier ihre Garnison haben. Seitlich des Konzertgartens, auf zwei Meter breiten Schmuckbordüren, blüht eine Rose überreich, es ist 'Ruth Leuwerik', halbgefüllt, hellrot, in dichten Dolden und mit darüber hinausgewachsenen Trieben voller Knospen. Dies am 19. September. Daneben die rosa Sorte 'Marion' von De Ruiter 1956, beide Rosen können es an Blütenpracht durchaus mit den vielen Sommerblumen aufnehmen.

Hier kann man wunderschön sehen, wie sich ein Baum des Silberahorns, *Acer saccharinum* 'Wieri', allmählich herbstlich verfärbt. Die oberen Zweige und Äste nehmen eine blaßgrüne, gelbliche und langsam errötende Farbe an, während die Blätter der unteren Kronenhälfte noch grün sind. Vielleicht hängt das mit der unterschiedlichen Belichtung zusammen. Der Silberahorn auf der anderen Seite hat noch keine rötlichen Töne in seinen Blättern. Ein derartig schmaler Garten kann, wenn bis in seine Mitte hinein Bäume stehen, leicht die Illusion der Weite verlieren. In der Blickrichtung zum Hotel fängt eine Weide zu trauern an, das wirkt nicht gut. Die Fontänen beginnen zu rauschen.

Viele Spielereien mit Wasser, die man zu sehen bekommt, taugen nichts. Nur ein einziges Wasserspiel lasse ich im Garten gelten: das Wasser dazu zu bewegen, entgegen der Schwerkraft nach oben zu steigen. Die technische Kraft des Menschen reicht aber nur bis zu einer gewissen Höhe, an der sich die Natur des Wassers wieder durchsetzt, das nunmehr nach unten fällt. In dieser Höhe entstehen kugelkopfartige Verdickungen, so daß die achtstrahlige Fontäne neben dem frühherbstlichen Silberahorn wie ein Spiel mit acht Kugeln aussieht. Die Umgebung des Cafés Dornröschen ist gar nicht engherzig auf Rosen festgelegt. Ich sehe außer den Silberahornen viele Farne, die wie Häkelarbeiten anmuten, Lampenputzergräser mit langen Grannen, an denen Wasserperlen funkeln, zwei Meter hohe Strauchhortensien mit dunkellila Blütentellern und zitronengelben Randblüten, Funkien mit malerischen Blättern, Multiflora-Begonien, gelbe Lantanen. Was sehe ich da? Das ist doch die Rose 'Westerland' als Hochstamm: Die Blüten unmittelbar vor meiner Nase, ich kann auf die bequemste Weise den Wohlgeruch einatmen, sogar der dritte Austrieb ist schon da. Er hat viele Knospen, und eine von ihnen ist bereits aufgeblüht!

Nicht zu übertreffen 'The Morning Jewel', diese trauergeeignete Kletterrose, die auch im Rosengarten von Baden-Baden steht. Der zweite Flor in frischem Rosa ist voll da, und die Knospentriebe der dritten Blütezeit sind blühbereit. Die rote, volle Sorte 'Bacchus' ist nicht besonders eindrucksvoll. Um so mehr ist es die Strauchrose 'Poëma', dem Etikett zufolge von Dr. Brada bereits 1930 herausgebracht. Langgestreckte Dolden mit halbgefüllten, fünfmarkstückgroßen Blüten, die sehr dicht beieinander stehen, befinden sich unmittelbar vor meinen Augen; sie sind dunkelrosa, fast ein wenig violett, und nach innen zu werden sie erst gelb und dann weiß. In Katalogen wird die Farbe nur als dunkelrosa beschrieben. Daneben steht die Strauchrose 'Zweibrücken', meterhoch und höher, Blüten in Dolden, rot, die Rückseiten der Blütenblätter manchmal mit einem blaßlila Schimmer. Die Blüten sind wie kleine Gesichter, die mich angucken. Die Laubblätter scheinen in ihrem dunklen Grün besonders gesund zu sein.

Da steht auf einem Hochstamm die zweite Neuzüchtung von Hetzel, nämlich 'Super Excelsa'. Hervorgegangen ist diese Neuheit aus der Kletterrose 'Excelsa', die es bereits seit 1909 gibt. Gelegentlich wird 'Excelsa' auch als 'Rote Dorothy Perkins' bezeichnet, beide blühen gleichermaßen nur einmal im Sommer, und beide sind für den Mehltau anfällig. Aus beiden Sorten hat Hetzel, indem er eine oder mehrere andere Rosen eingekreuzt hat, die beiden Neuheiten gezüchtet, die öfter im Sommer blühen und nicht mehr anfällig für den Mehltau sein sollen, er nannte sie 'Super Dorothy' und 'Super Excelsa'. Für 'Super Dorothy' hat Karl Hetzel 1988 auf dem Internationalen Rosenneuheiten Wettbewerb in Baden-Baden eine Goldmedaille bekommen, außerdem den Ehrenpreis des Vereins deutscher Rosenfreunde. Tatsächlich steht die Rose jetzt wieder in Blüte, und es sind, wenn auch nicht sehr zahlreich, Austriebe mit kleinen Knospenvorbildungen zu erkennen. Die Pflanze macht – sie ist noch jung, und es sind die ersten in der Öffentlichkeit anzutreffenden Exemplare – einen durchaus gesunden Eindruck.

Vom Café Dornröschen aus konnte man bereits, halb hinter Bäumen und Sträuchern versteckt, einen weißen Pavillon sehen. Dieses hölzerne Bauwerk im viktorianischen Stil bestimmt den zweiten großen Gartenraum. Sternförmig laufen auf den Pavillon, der sich auf einer leichten Anhöhe befindet, gepflasterte Wege und schmale, buchsbaumgefaßte Rosenbeete zu. Vom weiten Gartenraum wird die Rundung des Pavillons aufgegriffen: Alle Beete haben einen Durchmesser von zwei Metern und sind rund. Das bereitet sicher demjenigen, der für den Schnitt des Rasens zu sorgen hat, einige Mühe. Die runden Beete sind mit den unterschiedlichsten Rosensorten bepflanzt.

Ganz ausgesprochen erfreut mich die Sorte 'Baden-Baden', die mit mehreren Exemplaren auf so einem runden Beet steht. Ich glaube, die Züchtung dieser roten Teehybride stammt bereits aus dem Jahr 1951. Sie macht bis zum Erdboden hin einen gesunden Eindruck mit ihrem dunkelgrünen, im Jugendstadium rötlichen Laub. Die großen Blumen sind rot, sie haben einen schwärzlichen Schein auf den größeren Blütenblättern. Vielleicht sind es auch nur flache Ausmuldungen, die durch den Lichteinfall dunkler, schwärzlicher wirken. Diese Sorte hat einen wirklich starken, angenehmen Duft; ich weiß nicht, weshalb immer neue rote Rosen gezüchtet und so bewährte Sorten dabei vergessen werden. Keine der vier großen Rosenfirmen in Deutschland führt in ihrem Katalog von 1987/88 die Sorte 'Baden-Baden'. Sie wurde übrigens von Kordes gezüchtet.

Auf einen Halbstamm veredelt, etwa achtzig Zentimeter hoch, blüht die berühmte Rose 'Souvenir de la Malmaison', eine Bourbon-Sorte in zartem Rosa, die Blütenblätter dicht ineinandergedreht und angenehm duftend; das ist eine Rose, die sehr gut auf einen solchen Stamm paßt.

Von allen höher werdenden strauchartigen Beetrosen macht die Sorte 'Europawelle Saar' den lebendigsten Eindruck auf mich. Von weitem meint man, eine 'Queen Elizabeth' vor sich zu sehen, der sie in der Wuchsstärke ähnelt. Es ist ein richtiger Stangenwald von Rosenstämmen, die oben alle nur eine Knospe und infolgedessen auch nur eine einzige Blüte haben. Man könnte auf einem Blatt Papier viele senkrechte Striche eng nebeneinander ziehen, ein paar Blätter hineinzeichnen und jedem Strich in etwas unterschiedlichen Höhen eine Knospe oder eine Blüte aufsetzen. Die Rose macht einen unerhörten, fast schon unangenehm kraftvollen und gesunden Eindruck. Die Zärtlichkeit der lilarosa Farbe paßt nicht so recht zu ihr. So eine Blüte läßt sich schön anfassen, sie ist gar nicht wehleidig, die Blätter fallen nicht gleich ab, ich kann sie auseinanderfalten. Neben den Staubblättern sind winzige Ansätze von Blütenblattverformungen in einem dunkleren Rosa zu sehen, die Staubfäden sind über dem Gelb des Blütengrundes fast als schwarz zu bezeichnen. Ich glaube, wenn die Rose einen Gedanken fassen könnte, so wäre es ein trauriger: Könnte ich doch so gut duften, wie die Sorte 'Baden-Baden', vor welcher du so lange stehen geblieben bist, – dann würdest du mich bestimmt mitnehmen.

Auf einem der bepflanzten Bänder, die zum Pavillon hinaufführen, sehe ich eine weiße Rose. Mir fällt das gesunde Laub, der gleichmäßig hohe Wuchs und die Fülle der vom Wetter unversehrten Blüten auf. Auf dem endlich gefundenen Etikett steht 'Schneekopf' von Peter Lambert aus dem Jahr 1903. Es sind gefüllte, weiße Blüten, die eine gelbe Mitte haben. Dieser Sorte folgt, ebenfalls von Lambert, die Moschata-Hybride 'Trier'; in der Blütenfärbung genauso weiß mit gelber Mitte, ebenfalls in Dolden blühend, aber kleinblütig, halb gefüllt. Der Strauch geht mir beinahe bis ans Kinn. Etwas weiter, ebenfalls blühend, also am 19. September, weiß, großblütig, teerosenartig, die bekannte 'Frau Karl Druschki'. Schließlich die Moschata-Hybride 'Mozart'. Ich wußte gar nicht, daß diese Sorte von Lambert stammt. Erstmalig sehe ich nun auch 'Reichspräsident von Hindenburg', mehr als mannshoch mit ganz großen kirschroten und rosa Blüten, es gibt irgendwo im Jahrbuch des VDR 1983 eine Erwähnung dieser Sorte; ich meine hier feststellen zu können, daß sie einen guten, angenehmen Duft hat.

Auch auf der anderen Seite des Weges, der mit viereckigen Basaltsteinen gepflastert ist, befindet sich ein Rosenband, das offensichtlich ebenfalls mit Sorten von Lambert bepflanzt ist. Besonders erfreut mich die Kletterrose 'Ghislaine de Féligonde', 1916, in einem Farbenspiel von Weiß und etwas Gelb. Es sind ungemein reichblütige Dolden mit vermutlich duftenden Blüten. Ich traue mich nicht, näher heranzugehen, denn die Blüten wimmeln nur so von aufgeregten Bienen; die würden wohl nicht hinfliegen, wenn dort nichts Süßes zu holen wäre.

Weiter weg, zum Haupteingang des Rosengartens hin, steht ein großer Strauch der Sorte 'Alma de l'Aigle'. Ich erinnere mich genau, daß mir diese Rose schon im Sommer aufgefallen ist; es kann auch sein, daß es im vergangenen Jahr war. Nach wie vor hat der Strauch hellgrünes bis gelbgrünes Laub in völliger Gesundheit. Die Blütenfülle ist immer noch groß, der dritte Flor dieses Sommers ist bereits nachgewachsen, darunter Dolden mit achtzehn Knospen. Die Farbe der locker gefüllten, duftenden Blüten ist rosa.

Nahebei die Kordes-Rose 'Duftzauber', 1984, über einen Meter hoch, die Knospen für den Flor der nächsten Wochen und die in voller Blüte stehenden Rosen sind fast schwarzrot. Das Laub ist dunkel, rötlich zuweilen, alle Pflanzen scheinen gesund zu sein. Selbst da, wo die Blüten wie fertige Sträuße in quirlartigen Verzweigungen stehen, ist jeder Blütenstiel lang genug für eine höhere Vase.

Der Gartenraum am Haupteingang wird von dem langen und breiten Schwanenteich bestimmt. Die große Fontäne spielt nicht mit Wasserbällen, wie die beim Café Dornröschen, sondern sie steigt höher und versprüht sich fein und weit in einem schleierdünnen Regen. Links am Ufer, die große Trauerweide, nimmt die Bewegung der Fontäne auf. Dazwischen schwimmen viele Enten. In der Mitte des Wassers, vielleicht eine Zuflucht für die Tiere, steht ein weißes Holzhaus mit rotem Dach, und auf dem Dach befindet sich noch ein kleiner, weißer Aufbau, wiederum mit einem roten Dach. An der Seite, dem Ufer zu, schilfgrün angestrichen, warten ein paar Schlafstuben für Enten. Unmittelbar am Wasser sind Schüttungen von Findlingen, der Eingangsraum ist von einem Laubengang umgeben; er scheint darauf zu warten, daß der viele Waschbeton brüchig und gegen Natursteine ausgewechselt wird. Seitlich stehen die Rosen in quadratischen Beeten, jeweils von Bändern aus *Iberis* umgeben, die jetzt natürlich nicht mehr blühen, im Frühling sind sie weiß.«

Hier enden meine ausführlichen Notizen, die ich im Rosengarten von Zweibrücken gemacht habe.

14. Kapitel

Multifunktionale Rosen – kein schönes Wort, aber es stimmt

Wer im Sommer auf der Autobahn an Bad Nauheim vorbeifährt, kann die blühenden Rosenfelder nicht übersehen. Der bäuerliche Rosenanbau, neben Getreide, Kartoffeln und Rüben, hat in Steinfurth hundertjährige Tradition: Wildlinge werden gepflanzt, veredelt, geschnitten und gepflegt; die Vermarktung der Rosen erfolgt über eine Genossenschaft, die Rosen-Union. Es gibt einen Schaugarten, jedes Jahr einen bunten Katalog und alle zwei Jahre ein Rosenfest, das mehrere Tage dauert, dazu gehört auch ein Rosenkorso. Dafür werden die verrücktesten Ideen auf Pferdewagen und Lastautos montiert, die Gestaltung erfolgt mit Rosen, mit Tausenden von Rosen, mit Hunderttausenden von abgeschnittenen Blumen. Viele Menschen wissen nicht, daß die vielen Blüten jetzt, nachdem sie aufgeblüht sind, ohnehin abgeschnitten werden müssen. Denn die Kraft, die die grünen Blätter in den jungen Rosensträuchern erzeugen, soll in den Wuchs hineingehen, damit die Pflanzen, wenn sie im Herbst verkauft werden, recht stark sind. Man hat die Blüten nicht schon noch eher abgeschnitten, weil nur mit dem ersten Flor genau festzustellen ist, ob sich nicht eine falsche Sorte eingeschlichen hat. Sortenechtheit gehört zur Rosenqualität.

Zu dem mehrtägigen Rosenfest gehört auch eine Schnittrosenschau. Weil aus diesem fachlichen Anlaß die Rosengärtner von nah und fern ohnehin nach Steinfurth kommen, treffen sie sich neuerdings an einem vorher verabredeten Nachmittag zur sogenannten Rosenrunde.

Meistens hält ein Züchter, ein erfahrener Praktiker oder Wissenschaftler einen Vortrag, über den anschließend diskutiert wird. In dieser Runde tauchte im vergangenen Jahr ein neuer Begriff auf, die »multifunktionale Rose«. Das ist kein schönes Wort, aber es sagt das Richtige aus. Auch hierin ist die Rose dem Menschen ähnlich. Ich könnte zugleich Orgelspieler, Teppichknüpfer und Nachtwächter sein, der alle Stunde sein Horn bläst; es wäre mir möglich, auch noch den Kunsteislauf zu erlernen, und ich bliebe dennoch immer ein Mensch. Ähnlich die Rose.

Eine ganz neue Sippschaft von multifunktionalen Rosen habe ich 1984 in der Provence kennengelernt, auf den Feldern der Meillands in Le Luc bei Cannes. Man versuchte von Anfang an, diese vielfältig talentierten Sorten unter einen Markenbegriff zu bringen, was inzwischen, vor allem in Amerika, auch gelungen sein dürfte. Aber auch bei uns werden sie unter dem neugebildeten mehr und mehr bekannt: die Meidiland-Rosen.

In Deutschland habe ich zum ersten Mal in der Oktoberausgabe von »Mein schöner Garten« 1984 über sie berichtet:

Die Meidiland-Rosen

Es sind keine Neuheiten mit großen Blüten, wie man sie in übliche Blumenbeete pflanzt. Vorgestellt werden besonders reich und lange blühende Rosen, die als niedrige oder hohe, harmonisch aufgebaute Blütensträucher zu werten sind. Es gibt etwa drei Wuchsformen. Manche Sorte wächst mehr in die Breite und bildet lange Triebe, an denen die unzähligen Blüten wie Perlen aufgereiht sind. Man kann sie über Mauern und Böschungen herabhängen lassen. Zu dieser Gruppe gehört die schöne 'Ferdy'; sie blüht zwar nur einmal vierzehn Tage lang im frühen Sommer, macht dies aber mit einer Üppigkeit wett, die unbeschreiblich ist. Zur zweiten Gruppe gehören Sorten, die einen rundum ausgeglichenen Wuchs haben, so daß man sie wie übliche Ziergehölze überall in den Garten, zumal zwischen die Stauden, pflanzen kann. Sie haben anderen Sträuchern gegenüber den Vorteil, teilweise öfter im Sommer zu blühen, und außerdem erreichen sie in zwei Jahren ihre maximale Wuchshöhe. In diese Gruppe paßt 'Pink Meidiland' hinein; sie hat einen gedrungenen Wuchs bis Meterhöhe, die Blüten sind lachsrosa und weiß geäugelt, man könnte entfernt an die alte 'Betty Prior' denken. Schließlich gibt es die dritte Gruppe mit mehr aufrechtem, aber dennoch reich verzweigtem Wuchs, wie er für eine mittelhohe Hecke erforderlich ist. Hierfür ist die Auswahl an bewährten, hart getesteten Sorten für nördlichere Länder noch nicht sehr groß. Aber man kann wohl die von uns im letzten Jahr vorgestellte 'IGA 83 München' dazu rechnen; es ist eine Rose, die ganz und gar in unsere Zeit paßt, denn sie verträgt Salz im Boden, und wenn man nach dem ersten Flor die Hagebutten wachsen läßt, blüht sie trotzdem weiter.

Alle diese Meidiland-Neuheiten, wie sie bei uns ab Herbst in den Handel kommen, haben in folgenden Ländern ihre Härtetests bestanden: USA, und zwar an der Ostküste nahe Philadelphia, Niederlande, Dänemark, Schweden, Finnland und Schleswig-Holstein.

Zur Voraussetzung guten Gedeihens gehören sonnige, luftige Standorte und ein durchlässiger Boden. Da die welkenden Blumenblätter, wenn nicht gerade Dauerregen oder Dauernebel herrschen, von selbst abfallen, gibt es kaum etwas an diesen Rosen zu tun. Lediglich die Hecken sollte man alljährlich von oben um ein Drittel zurück-

Rosenbogen mit der Sorte 'Venusta Pendula' im Neuheitengarten auf dem Beutig, Baden-Baden.

Das ist die stark duftende
Kletterrose 'Maréchal Niel', sie braucht aber Weinbauklima
oder ein Glasdach.

schneiden, die Seiten aber unbeschnitten lassen; das geschieht am besten, wenn der Winter zu Ende geht.

Es ist aber nicht nur die Fülle der sich an allen Zweigen drängenden Blüten, nicht nur die Verschiedenheit der Wuchsformen und die sich daraus ergebende Breite der Verwendungsmöglichkeiten, die den Meidiland-Rosen eine Zukunft versprechen. Hinzu kommt eine innere Eigenschaft, die so ohne weiteres gar nicht zu sehen ist: Alle diese Rosen stehen auf eigenen Wurzeln.

Bekanntlich werden die meisten Gartenrosen von den fremden Wurzeln des sogenannten Wildlings ernährt, in den man eine Triebknospe der gewünschten Sorte hineinokuliert hat; dies geschieht meistens am Wurzelhals oder, bei Kronenbäumchen, oben am Stamm. Selbst ein Züchter erlebt bei uns nie, wie sich eine neue Rose draußen im Gartenboden verhält, wenn sie nämlich mit denjenigen Wurzeln hinausgepflanzt wird, mit denen sie im Gewächshaus im Sämlingsbeet herangewachsen ist. Denn nicht der ganze Sämling kommt ins Freie, sondern man okuliert die von ihm abgeschnittenen Triebknospen den Wildlingen ein, die auf dem Feld stehen.

Die Meillands machen das anders, indem sie nach der ersten Blüte das Gewächshaus wegrollen, und nun beobachten sie drei Jahre hindurch, wie sich die ausgewählten Züchtungen im Freien und mit ihren eigenen Wurzeln verhalten. Und dabei hat es erstaunliche Ergebnisse gegeben.

Aber auch dann, wenn eine ausgewählte Züchtung in Mengen vermehrt werden soll, geschieht dies ausschließlich durch Veredlungen. Dabei geht es mit Stecklingen, aus denen die neuen Rosen ihre eigenen Wurzeln bilden, ebensogut.

So wurde in Le Luc en Provence vor Jahren schon eine besondere, großflächige Pflanzung angelegt. Man wollte herausfinden, wie sich die Neuzüchtungen einmal als bewurzelte Stecklinge und einmal als Veredlungen auf fremden Wildlingen verhalten. Eine Besichtigung dieser Pflanzung, es sind zumeist neue Meidiland-Sorten, ist sehr interessant. So bringt die rote 'Chorus', die bei uns in Deutschland in großer Zahl angepflanzt ist, als Stecklingsrose gar nichts, doch als Veredlung ist sie prächtig in Wuchs und Blütenreichtum. Dagegen sind die Sorten 'Candy' und 'Fiona' als Stecklingsrosen größer, kräftiger, blütenreicher, als es die Veredlungen derselben Sorten auf Wildlingen sind. Das Ergebnis ist klar und deutlich: Die einzelnen Züchtungen verhalten sich unterschiedlich. Das ist einleuchtend.

Die erwähnte 'Chorus' hat vermutlich in ihrer eigenen Natur nicht die Kraft, kräftige und gut verzweigte Büsche wachsen zu lassen. Wird sie aber an ein stärkeres Wasserpumpwerk angeschlossen, wie es der Wildling darstellt, dann entwickelt sie sich prächtig. Bei 'Candy' und 'Fiona' ist es umgekehrt, bei ihnen wird die eigene, starke Kraft durch den Wildling, der schwächer ist, gebremst. Man läßt sie also besser auf eigenen Wurzeln wachsen. Diese Erfahrungen lassen sich im Prinzip auf alle Rosen anwenden. Allerdings sind die meisten Rosen, auch die hier vorgestellten, sortengeschützt und dürfen nur mit Genehmigung des Züchters vermehrt werden.

Rosen mit eigenen Wurzeln – dies gilt besonders für die heckenartig oder flächig gepflanzten Meidiland-Sorten – haben ihre Vorteile. Einmal wachsen mehr und immer sortenechte Triebe aus dem Boden nach, die Rose wird buschig, und sie verjüngt sich unentwegt selbst; lästige Wildtriebe wie bei veredelten Rosen gibt es nicht. Auch scheint es so zu sein, daß die Blüten länger halten; aber das ist noch nicht mit Sicherheit zu sagen. Niemand weiß, ob nicht irgendwann arktischer Frost die Sträucher in Mitleidenschaft ziehen kann. Aber wir wissen ja – daher auch das Anhäufeln vor dem Winter –, daß eine Rose nur bis an den Erdboden herunterfriert, nicht weiter. Aber aus den heil gebliebenen Wurzeln der Stecklingsrose wächst niemals der Trieb eines Wildlings heraus, sondern es ist immer die jeweilige Sorte, die zum Leben zurückkehrt.

Es ist also folgerichtig, daß man als Meidiland-Rosen nur diejenigen Züchtungen auswählt, bei denen sich herausgestellt hat, daß sie aus Stecklingsvermehrungen zu schöneren Sträuchern heranwachsen, als wenn man sie durch Veredlungen auf fremde Wurzel gestellt hätte.

Gewiß gibt es auch einen Nachteil, der aber den Rosenfreund in seinem Garten nicht berührt. Die ersten, glasartig spröden Wurzeln eines Stecklings brechen leicht. Man steckt sie deshalb in Torftöpfe, auf welche Weise feste Ballen aus Wurzeln und Erde entstehen, die selbstverständlich beim Verpflanzen in größere Töpfe nicht auseinandergerissen werden. Das hat für den Garten seinen Vorteil, weil die neuen Rosen – sogar im Sommer, wenn sie Laub und Blüten haben – mit einem festen Ballen eingepflanzt werden können; sie stehen dann in Töpfen mit einem Durchmesser von elf Zentimetern. Doch für den Handel könnte dies, im Gegensatz zu den leicht zu bündelnden üblichen Rosenpflanzen, gewisse Nachteile mit sich bringen.

Meidiland-Rosen in Ichenheim

Der Zufall wollte es, daß ich die neuen Rosen bald in der Praxis ausprobieren konnte, und zwar im Klima des Oberrheins. Von dem Kuhmist aus Dundenheim und der Bauerngartenerde, die man nicht Erde nennt, sondern Grund, habe ich schon erzählt. Ich hole mir immer noch Kuhmist und Grund von Hilda und Wilhelm, deren ältester Sohn einen Bauernhof im nahegelegenen Ichenheim hat. Dieser Sohn, Herbert, ist im Ältestenrat der Evangelischen Kirche. Und im

Garten beiderseits des Eingangs zu dieser Kirche sahen die Rosen so aus, als wollten sie eingehen. Mit einem sehr scharfen Rückschnitt und mit viel verrottetem Rindermist sind die Rosen letztlich gerettet worden.

Herbert geht öfter in das Gasthaus »Zum Prinzen«, das sich woanders im Dorf gegenüber der Katholischen Kirche befindet. Zu diesem Gasthaus gehört ein zweihundert Quadratmeter großen Vorgarten. Die Wirtin, Gertrud Stückler, baut Kartoffeln und Gemüse für ihre ausgezeichneten Gerichte selbst an, in einem großen Bauerngarten. Deshalb kann sie nicht auch noch den Vorgarten pflegen, bei dem es sich in gewisser Weise auch um einen Vorgarten der Kirche handelt.

Sollen wir es mit diesen Meidiland-Sorten probieren? Die müßten doch in drei Jahren so ineinander wachsen, daß kein Unkraut mehr aufkommt. Mit dem Schnitt gibt es so gut wie überhaupt keine Mühe: Ich habe in Le Luc einen Film gesehen, wie diese Rosen alle vier, fünf Jahre so weit heruntergeschnitten werden, daß nur noch Stoppeln stehenbleiben. Die abgeschnittenen Stämme und Zweige zerhäckselt die Maschine, und den Häcksel läßt sie gleich dort über die stehengebliebenen Stoppeln fallen, wo sie die Ruten vor wenigen Sekunden abgeschnitten hat.

In diesem Vorgarten zwischen Dorfkrug und Kirche reicht aber eine gewöhnliche Rosenschere. Das Kreuz tut hinterher weh, das ist wahr, aber dagegen helfen Schwarzwälder Kirschwasser und Apfelmost zum selbstgeräucherten Speck, der nicht zu mager sein darf.

»Erst einmal muß jetzt im Herbst«, habe ich zu Herbert und zu Frau Stückler gesagt, »Rindermist untergegraben werden.« Im Frühjahr setzen wir erst einmal Spätkartoffeln, deren Laub lange grün bleibt. Bekanntlich hackt man Kartoffeln zweimal, dann ist alles Unkraut weg, und wenn das Kartoffellaub dunklen Schatten über den Boden wirft, keimt kein Unkraut mehr.

Der Garten hat die Form eines in die Breite gezogenen Dreiecks, er fängt also an der einen Seite des Gasthausgiebels schmal an, und er hört an der anderen Seite sehr breit auf. Gleich an der Tür, an der schmalen Seite also, wollten wir ein paar konventionelle Rosensorten hinpflanzen, denn die Wirtin braucht viele Blumen für die Gaststube. Es sollten vor allem Rosen sein, die öfter im Sommer blühen; schöne Rosen, versteht sich; sechs Hochstämme, die anderen niedrigere Büsche. Die anschließende, weitaus größere Fläche sollte mit Meidiland-Rosen zuwachsen. Klaus Jürgen Strobel von der Firma Strobel & Co., die Meilland in Deutschland vertritt, machte die Vorschläge für Meidiland-Sorten und deren aneinandergefügte Pflanzflächen.

Diese Rosen blühen einmal zwei Wochen lang sehr stark. Sorten wie 'Pink Meidiland' und 'Fiona' sorgen zwar den ganzen Sommer über für etwas Kurzweil, aber richtig überwältigend ist es nicht mehr;

'Candy Rose' kann man ebenfalls noch dazurechnen. Aber davon abgesehen muß so ein Rosengarten auch in die Höhe wachsen, höher hinaus, als es die neuen Sträucher ohnehin schon schaffen. Im Dreieck, mit Halbmeterabständen zueinander, drei Baumpfähle fest in den Boden hineingeschlagen, das müßte doch schöne Rosensäulen ergeben! Beim Raiffeisen, wo man auf dem Lande so etwas kauft, gab es so lange Pfähle nicht. Woanders waren die selten gewordenen langen Pfähle noch zu bekommen, wir brauchten fünfzehn Stück für die Kletterrosen 'Bischofsstadt Paderborn', 'New Dawn', 'Lichtkönigin Lucia', 'Westerland' und 'Rosarium Uetersen'.

Ich muß nachtragen, daß es sich um sandigen Lehmboden handelt. Nach der Kartoffelernte wurde nochmals Mist untergegraben; es war kalter, angerotteter Pferdemist, vermischt mit reichlich Kuhfladen. Neu war für mich das Austopfen von so vielen Rosen, weil die Meidilands ja in viereckigen Containern ankamen. Aber es ging – immer ein bißchen Torf ins Pflanzloch – ganz gut.

Dann kam dieser schreckliche Winter 1984/85 mit seinen beiden strengen Frostperioden. Am Niederrhein sind sogar Eichen erfroren. Doch im »Rosenbogen« 1/85, der Anfang März geschrieben worden ist, konnte ich folgendes mitteilen: »Ich habe gemeinsam mit der Redaktion »Mein schöner Garten« und der Baumschule Strobel & Co. noch im November letzten Jahres eine Versuchspflanzung mit mehreren hundert dieser neuen Rosen angelegt. Dies erfolgte in dem Vorgarten eines Gasthauses in Ichenheim, nahe Kehl. Dieser Garten lag in der zweiten Frostperiode ohne Schneedecke in der vollen Sonne. Und gestern teilte mir meine Mitarbeiterin telefonisch mit: Sämtliche Rosen in Ichenheim treiben aus, sie sind grün und gesund.«

Natürlich kam trotz vorangegangenem Kartoffelanbau im ersten Sommer noch Unkraut auf, das gejätet werden mußte. Doch hat der Winter, was unseren Rosengarten am Gasthaus von Ichenheim betrifft, keine Schuld auf sich geladen. Man hat sich im Frühjahr 1985 überall gewundert, daß im Herbst zuvor neu gepflanzte Rosen unbeschadet durch die sibirische Jahreszeit gekommen sind. Die Erklärung dafür war und ist noch immer, daß Rosen, die man im November kauft und pflanzt, zumeist schon im September in den Baumschulen gerodet worden sind: Sie befinden sich dann schon in tiefer Winterruhe. Da ist kein Saft mehr in der Rinde, der zu Eis gefrieren, sich ausdehnen und Schäden verursachen könnte. Doch alle unsere neuen Meidiland-Rosen hatten grüne Blätter, sie standen mit ihren Wurzeln in feuchtem Boden, die beblätterten Pflanzen mit ihren feuchten Wurzelballen steckten in viereckigen Töpfen aus Kunststoff. Am 7. November, als wir sie ausgepflanzt haben, waren die Rosen noch ganz wach und lebendig. Es bleibt also allerlei ungeklärt im schönen Spiel mit der Rose.

Im Sommer 1985 rief die Wirtin des »Prinzen« aufgeregt an: »Ganz hinten, wo die 'Fiona' steht, und auch noch davor bei der 'Candy Rose' bekommen die Sträucher alle gelbe Blätter, was kann da los sein?« Ich bin gleich hingefahren, um mir das anzusehen: Es war die übliche Gelbsucht, Chlorose, und es gibt dafür die Erklärung, daß sich im Boden zu viel Kalk befindet, der das Eisen festbindet, und ohne Eisen kann kein Blattgrün entstehen. Ebenso bekannt wie die Chlorose ist das Abwehrmittel, es heißt Fetrilon. Der Raiffeisen-Markt hat das Fetrilon auch gehabt, desgleichen führte er Torf, mit welchem sich ein zu kalkreicher Boden saurer machen läßt. Merkwürdigerweise hat bei einigen Sträuchern unserer 'Candy Rose' und der 'Fiona' weder das eine noch das andere etwas genützt.

Der nächste Winter 1985/86 wurde auch sehr kalt, und die gelbsüchtigen Rosen sind allesamt erfroren: eine Fläche von ungefähr fünf Quadratmetern, ovalartig gerundet, blieb kahl. Doch kamen sie wieder, die Sträucher der 'Candy Rose' und der 'Fiona', nur etwas verspätet. Aus den Wurzeln, die der Frost unbehelligt gelassen hatte, trieben sie wieder aus. Das ist wirklich ein Vorteil aller Rosen, die vegetativ, durch Stecklinge in diesem Fall, vermehrt worden sind. Anders als bei veredelten Rosen gehört bei ihnen auch die Wurzel zur Edelsorte. Wir haben sie weiterhin mit Fetrilon und Torf behandelt. Ein paar Wochen lang schien es so, als hätten wir Glück. Doch im Winter 1986/87, obwohl er gar nicht so kalt war, fielen die Rosen auf diesen ovalförmigen fünf Quadratmetern abermals aus. Und dann kamen sie abermals wieder, man kann von »Stehaufmännchen-Rosen« sprechen.

Im Sommer 1986 ist der Garten, anders läßt er sich nicht beschreiben, ein einziges Blütenkissen gewesen. Die Kirchgänger und die Gäste des »Prinzen« trauten ihren Augen nicht: einen derartigen Rosenflor hatten sie noch nie gesehen. Weil Frau Stückler sie gut angehäufelt hatte, sind auch die Schnittrosen an der schmaleren Gartenseite gut über die beiden Winter gekommen, sie standen zur Zeit der Meidiland-Blüte ebenfalls in vollem Flor. Nur zwei Hochstämme haben die sibirischen Prüfungen nicht überstanden.

Skizzenbuch von Ichenheim am 30. Juni 1987

Nun kann man wirklich sagen, daß der Garten zugewachsen ist. Über den Sommer müssen Ameisen und verirrte Maikäfer ein Schattendasein führen. Nur mittendrin haben die Schmetterlinge noch ein paar Landebahnen direkt auf der Erde. Da sehen die Rosen wie Hühner in der Mauser aus, wenn ihnen die Federn ausfallen. Es scheint so, als dämmerte da schon wieder die Gelbsucht herauf. Sie scheinen verhext zu sein, die paar Quadratmeter vor dem Blütenturm von 'Westerland'. Man kommt an die oberen Blüten nicht mehr heran, die drei langen Baumpfähle sind nur zu ahnen. Nur gut, daß die gelbe Hexe so weit nicht gekommen ist. Der »Leuchtturm« ist satt in seinem Grün, mit dem ersten Flor ist es vorbei, aber nur gemach, die Knospen für den nächsten Flor wachsen schon.

Vor 'Westerland', vom Kirchplatz aus gesehen, was ist das denn? Ich mußte wirklich überlegen, dachte erst an die Kletterrose 'Parade', aber nein, die haben wir überhaupt nicht gepflanzt. Jetzt ist es mir eingefallen: Das ist 'Rosarium Uetersen', von der ich in Uetersen notiert hatte, daß sie mit ihren großen, dichtgefüllten, dunkelrosa Blüten wie eine Centifolie wirkte.

Es sind übrigens 'Candy Rose' und 'Fiona', die so blaß aussehen wie Kinder, die grüne Äpfel gegessen und hinterher Wasser getrunken haben. Hoffen wir, daß nicht abermals eine richtige Gelbsucht entsteht. Bei der Kletterrose dahinter, ebenfalls an drei langen Baumpfählen in die Höhe gewachsen, ist das Gelb obligatorisch, aber nur in den gefüllten Blüten, es ist 'Lichtkönigin Lucia'; vielleicht ist da der Boden nicht ganz so gut, denn gegen 'Westerland' ist die 'Lichtkönigin' nur ein Türmchen. Das macht dann weiter nach vorn, gottlob einen Meter vom Hexenfeld entfernt, die 'New Dawn' wieder wett, dieser ausgreifende Kandelaber voller Blüten, die getrost verblühen dürfen, weil ebensoviele, wenn nicht noch mehr Knospen für die nächsten Tage nachwachsen; ein rosa Höhenrausch ist das.

In dem Gartenwinkel zwischen der 'Lichtkönigin' und 'Westerland' ist eine Rose wunderschön herangewachsen, die 'IGA 83 München' heißt. Mir gefällt der Wuchs, das Wildhafte dieser Sträucher, die sich mit ihren Blüten halbkreisförmig zur Erde neigen! Sie müssen mit den Blütenbüscheln ein ziemliches Gewicht tragen: die Einzelblüten sind handtellergroß, etwas gefüllt. Wie soll ich die Farbe beschreiben? Halbreife Kirschen sehen so aus.

Vorn, also im Gartenwinkel zur Kirche hin, steht 'White Meidiland'; falsch, diese Rose steht überhaupt nicht, sie wandert, und leider ist sie nach innen hin schon in den Hexenring geraten. Sonst widerspricht die Rose dem Gerücht, daß 'White Meidiland' bei uns nicht recht gedeiht. Hier in Ichenheim gedeiht sie sehr wohl, bei mir zu Hause in Baden-Baden übrigens auch. Die niedrigen, breit hingelagerten Büsche sind prall voll weißer Blüten, die Neutriebe sind schon fast einen Meter hoch gewachsen.

Daneben, am Zaun entlang, aber in breiter Fläche, so üppig wie 'IGA 83 München' wächst eine Rose, deren Blütenfarbe an das Rosa der Sorten aus Großmutters Zeiten erinnert. Die handtellergroßen Blüten sind in der Sonne ganz weit aufgegangen, daß es so aussieht, als wären gar keine Staubgefäße da, was aber nicht stimmt. In dem grünen, gesunden Laub tummeln sich bereits neue Knospen, von denen manche schon nächste Woche aufblühen dürften. Ja, das ist 'Bonica', für derlei Anlagen außerordentlich gut geeignet!

Dann 'Pink Meidiland', von der es heißt, daß sie von allen Meidilands weltweit am häufigsten gepflanzt wird. Das alte Laub ist auffallend dunkelgrün, die nachwachsenden Blätter sind olivgrün. Wie sie wachsen, diese neuen Blätter! Ich kann es hier nicht erkennen, aber ich weiß, daß 'Pink Meidiland' nach dem ersten Flor, der jetzt vorbei ist, bis in den Herbst hinein still vor sich hin blüht.

'Ferdy', deren Blüten eng beieinander wie Perlen auf einer Schnur sitzen, ist bereits auf Abschied eingestellt. Das korallige Rosarot der Blüten verblaßt. Es scheint so, als habe 'Ferdy' beschlossen, hier in Ichenheim dichte Büsche in etwa einem Meter Höhe zu bilden.

Nicht zu übersehen hinten am Haus das kleine Feld mit 'La Sevillana', locker im Wuchs, ebenfalls meterhoch, Blüten etwas gefüllt, rot.

Im vorderen Winkel die mehrmals blühenden Rosen, besonders für die Vasen der Gaststube gedacht, stehen allesamt prächtig. Vorn am Zaun entlang drei Gevierte mit 'Schneewittchen', mannshoch gewachsen, daneben 'Lilli Marlen' in angenehmem Rot und mit so vielen Blüten, daß man von oben keine Blätter sieht. Dann, etwas plakativer im Rot, die bekannte und besonders in Deutschland beliebte 'Chorus'.

Eine gelungene Kombination muß ich mir merken: Das ist die kugelrunde Krone der kleinblumigen, rosaroten 'The Fairy', fast anderthalb Meter hoch auf einen kräftigen Stamm gerollt. Unterpflanzt ist dieser Rosenbaum von der leuchtendroten 'Käthe Duvigneau' und von 'Märchenland' in lachs. Inzwischen scheint klar zu sein, weshalb 'Candy Rose' und 'Fiona' an der einen, bestimmten Stelle dieses Vorgartens nicht recht gedeihen und gelb werden. Es gab früher in den Dörfern viele Gruben, in denen Branntkalk gelöscht wurde. Den gelöschten Kalk brauchte man zum Bauen, aber auch zum Weißeln der Ställe, wenn es Frühling wird. Und an der Stelle im Vorgarten des »Prinzen«, an welcher die Rosen dauernd gelb werden, scheint sich eine solche Grube befunden zu haben.

15. Kapitel

Leben mit Rosen und ihren Freunden

Die Rose gehört zur Familie der Rosengewächse, deren Angehörige sonst alle vernünftig, nützlich und wertvoll sind. Dazu zählen der Apfelbaum, alle Pflaumen, Kirschen, auch die Erdbeere gehört dazu. Der Wert dieser Gewächse wird dadurch erkennbar, daß die grünen Bücher sie zu den sogenannten Nutzpflanzen zählen, woraus hervorgeht, daß die Rose, weil man sie bei uns zulande nie unter den Nutzpflanzen aufführt, eigentlich unnütz ist. Die Kirschen der Rosenfamilie haben ebenfalls ein paar Bäume, die mit ihren gefüllten Blüten nur schön aussehen, aber keine Ernte bringen, weshalb sie in Büchern und Baumschulkatalogen unter den Ziergehölzen aufgeführt sind. Bei ihnen ist jedoch das Holz sehr wertvoll, wer würde nicht gern in einem Bett aus Kirschbaum schlafen? Dagegen taugt das Rosenholz gar nichts. Ich habe mal eine Tabakspfeife aus Rosenholz geschenkt bekommen; als ich sie zum fünften Mal rauchte, brannte sie schon durch. Die nützliche Verwandtschaft der Rose gehört zu einer Species, die der Gärtner als Obstbaum bezeichnet. Früher sprach man wenigstens noch von Pomologie; wer den 'Winterglockenapfel' vom 'Geheimrat Oldenburg' unterscheiden konnte, der durfte sich schon fast als Pomologe bezeichnen.

Selbst etwas so Edles und Süßes wie 'Büttners Schwarze Knorpelkirsche' hat noch nicht bewirkt, daß es einen einzigen Kirschenclub in der Welt gibt. Nicht einmal die Quitte, obwohl man deren Blüten als Magnolien des kleinen Mannes bezeichnet, hat es zusammen mit Tafelbirnen und Äpfeln zu einer Gesellschaft der Kernobstfreunde gebracht. Doch die unnütze, verwöhnte Verwandtschaft, deren Holz nicht einmal für Tabakspfeifen taugt, verfügt weltweit über einen Verband, er nennt sich World Federation of Rose Societies.

Es begann in der Zeit, als in Trier die schon mehrmals in diesem Buch erwähnte 'Kaiserin Auguste Viktoria' entstand. Wer sich mit dieser allerschönsten weißen Rose beschäftigte, konnte nicht gewöhnlicher Gärtner sein, auch nicht Kunstgärtner. Wie sich ein besserer Klavierspieler Pianist und ein Baßgeiger Bassist nannte, so bezeichnete sich der an Rosen arbeitende Mensch als Rosist. Auch pflanzte man die neuen Schönheiten nicht einfach in einen Garten. Weil die Rosen, abgehoben von der profanen Pflanzenwelt, etwas Besonderes darstellten, bekamen sie ihr eigenes, vornehmes Ambiente, das »Rosar« oder das »Rosarium«.

Bereits 1883 kam es zur Gründung des Vereins deutscher Rosenfreunde e. V. mit einer eigenen Zeitung. Nach dem Temperament der Vereinsgründer hätte die Deutsche Rosenzeitung täglich erscheinen können, aber es blieb bei sechs Ausgaben im Jahr.

Mit dem schönen Titel »Rosenbogen« gibt es die Zeitung noch immer. 1969 kam mein Freund, der damalige Vereinspräsident Walter Rieger zu mir: »Die jetzige Redakteurin kann den 'Rosenbogen' nicht weitermachen«, sagte er ganz aufgeregt. Und dann fragte er mich, ob ich ihm nicht aus der Verlegenheit helfen und einspringen könnte. Dieses »Einspringen« dauert bis heute an, es sind beinahe zwanzig Jahre! Das schönste Erlebnis in dieser langen Zeit war, zusammen mit der World Federation of Rose Societies, der Welt-Rosenkongreß 1983 in Baden-Baden. Zugleich wurde da das 100jährige Jubiläum des Vereins deutscher Rosenfreunde gefeiert. Für die Festschrift habe ich einen Rückblick auf ein Jahrhundert Rosenzeit und Rosenzeitung geschrieben. Er folgt hier in leicht überarbeiteter Form:

Jeden Tag fängt ein Jahrhundert an

Vor hundert Jahren ist Karl Marx in England gestorben, und im gleichen Jahr begann, ebenfalls in England, 'Lady Fitzwilliam' zu leben. Beide haben die Welt verändert; schöner geworden ist sie zweifellos durch die 'Lady', obwohl ihr eine gewisse Schwächlichkeit nachgesagt wird; mit 'Lady Fitzwilliam' beginnt das erste Jahrhundert des neuen Rosenzeitalters.

Im gleichen Jahr züchtete der Weinbaulehrer Müller im Thurgau aus den beiden Sorten Riesling und Silvaner die Müller-Thurgau-Rebe, schrieb Mark Twain die letzten Kapitel des Huckleberry Finn, wurde die Krankenkassenversicherungspflicht eingeführt und der Verein deutscher Rosenfreunde gegründet.

Peter Lambert in Trier und seine Freunde, von denen die Vereinsgründung betrieben wurde, schauten weit voraus. Es gab schon lange keine Kaiserin mehr in Malmaison, aber die Rosen brauchten noch immer und jetzt erst recht Schutz.

In den nächsten Jahren schrieb Tschaikowsky die 5. Sinfonie in a-Moll, Chagall und Charlie Chaplin wurden geboren, Gerhart Hauptmann vollendete den »Bahnwärter Thiel«, und in New Orleans entstand der Jazz. Druckknöpfe, Grammophon und Automobil wurden erfunden, der alte Kaiser Wilhelm starb, es gab die ersten Röntgenstrahlen, das erste Sechstagerennen in New York, die erste Internationale Fotoausstellung in Hamburg, den ersten Dieselmotor, den Eiffelturm auf der Weltausstellung in Paris, und Fridtjof Nansen wäre beinahe zum Nordpol gekommen.

Da hätte die Aufmerksamkeit für neue Rosen leicht erlahmen können. Erfinder haben, um beachtet zu werden, die Messen, Maler die Galerien, Komponisten die Konzertsäle, Dichter die Journale, und alle haben sie die Presse. Und die Rosengärtner? Ist eine neugezüchtete Rose nicht ebensogut ein Kunstwerk wie ein Gedicht, ein Lied, ein Bild? Den Worten, Tönen, Farben der Kunstwerke entsprechen die geheimnisvollen Erbanlagen, die der Züchter bewußt oder intuitiv immer wieder anders zusammensetzt, um eine neue, vielleicht noch schönere Rose zu schaffen.

Die Rose brauchte – mit einem Wort der heutigen Politik – eine Lobby. Und sie bekam auch eine, nämlich den VDR, den Verein Deutscher Rosenfreunde. Außerdem bekam unsere Blume ihre eigene Presse, nämlich die Rosenzeitung.

Die weißen Amerikaner schlossen mit den Sioux-Indianern Frieden, und die Bayern gründeten das Schlierseer Bauerntheater. Diese Nachrichten waren der Tagespresse zu entnehmen. Nur in der Rosenzeitung wurde bekanntgegeben, daß es bei einer Reihe von Rosen ganz gleich sei, ob man sie aus Veredlungen oder aus Stecklingen heranziehe, nämlich bei 'La France', 'Souvenir de la Malmaison', 'Général Jacqueminot', 'Gloire de Dijon', 'Ulrich Brunner fils', 'Magna Charta', 'Marie Baumann', 'Mrs. Bosanquet', 'Perle des Jardins', 'Papa Gontier' und 'Marie van Houtte'.

J.B. Dunlop produzierte die ersten Luftreifen, und die tägliche Arbeitszeit für Fabrikarbeiter wurde auf elf Stunden herabgesetzt. In Hamburg wütete die Cholera, und in Berlin wurde die Deutsche Friedensgesellschaft gegründet. Zur gleichen Zeit meldete die Rosenzeitung, daß mitten im Winter, am 29. Januar 1893, Tausende von Rosenstöcken blühten, und zwar in den Treibhäusern des Königlichen Gartendirektors Max Bunzel in Niederschönweide bei Berlin. Am besten bewährten sich die beiden Sorten 'Mme Caroline Testout' und 'Kaiserin Auguste Viktoria'. Für die 'Kaiserin' erhielten die Herren Lambert und Reiter in Trier die große goldene Medaille des Provinzialvereins der Mark Brandenburg. Es sei die beste deutsche Rosenzüchtung seit 1881, heißt es in der Laudatio.

Es war eine bewegte Zeit gegen Ende des 19. Jahrhunderts. Der Jugendstil kam schon auf, aber die Männer trugen noch Schnürstiefel, die Frauen dunkelfarbige Stoffe mit Quasten und Stickereien. Das Aspirin wurde erfunden, Theodor Fontane starb, und Rilke schrieb »Die Weise von Liebe und Tod des Cornets«. Währenddessen reiste eine fortan berühmte Rose im Gepäck eines Schiffsingenieurs von Japan nach England: die 'Crimson Rambler'.

Nach der Jahrhundertwende schrieb Henri Bergson sein Buch über das Lachen, und Arthur John Evans begann mit der Ausgrabung des Palastes von Knossos; er ahnte nicht, wie anhaltend das Fresko vom Blauen Vogel die Rosenforscher an der Nase herumführen sollte. Der Wandervogel kam auf, Rudolf Steiner entwickelte seine Gedanken einer Anthroposophie, Marconi funkte erstmals über den Atlantik. Die Rosenzeitung verkündete die Schönheiten von 'Frau Karl Druschki' und 'Dorothy Perkins'. Auch 'American Pillar' wurde gepriesen, eine Kletterrose, die noch heute in vielen französischen Dörfern wächst. Man könnte von weitem an roten Phlox mit weißen Augen denken.

Derweilen trugen die Frauen hemdartige Reformkleider, ohne Korsett, und begann Einsteins Relativitätstheorie die Gelehrten zu beschäftigen. Zugleich züchtete Peter Lambert die erste mehrmals in einem Sommer blühende Strauchrose; er nannte sie 'Trier'.

Die Sensation von 'Trier' war keine Nachricht, die über den Gartenzaun der Rosenzeitung hinaus publik werden konnte. Eher schon eine Meldung aus Frankreich: »In Grasse an der Riviera sind fast alle Rosen infolge der Kälte im April erfroren. Der Schaden wird auf über 400 000 Francs geschätzt. Es ist ein ungeheurer Verlust für das Land, in welchem die Blumenzucht die Haupteinnahmequelle bildet; am härtesten betroffen sind die Rosenpflanzungen von Valbonne.«

Aber Wilhelm Kordes lebt bereits! Er wird dem Frost drei Jahrzehnte später ein Schnippchen schlagen.

Auf dem 3. internationalen Kongreß für Pflanzenzüchtung in London 1906 wird für die moderne Vererbungsforschung der Name Genetik geprägt. Helene Lange gibt das Handbuch der Frauenbewegung heraus, und der Schuhmacher Voigt tritt als Hauptmann von Köpenick in die preußische Geschichte ein. Mit dem gerade erfundenen versenkbaren Kolbenfüllhalter schreibt ein sensibler Rosen-Journalist über eine neue Rose namens 'Tausendschön'. Zwei Jahre später erscheinen wiederum zwei kletternde Sorten, nämlich 'Excelsa' und 'Veilchenblau'.

Übergroße Hüte und knöchelfreie Röcke werden modern; die Röcke werden von Jahr zu Jahr etwas kürzer. Die vielgerühmte 'Crimson-Rambler'-Rose ist viel zu populär geworden, als daß sie noch als schön gelten könnte – so heißt es in der Rosenzeitung. Der Satz ist es wert, daß man länger über ihn nachdenkt. Als schönste aller Schlingrosen wird 'Dorothy Perkins' gepriesen, auch 'Erfurt' sei schön, aber hellrosa und nicht so dunkel wie die 'Dorothy'. Hermann Löns gibt den kleinen Rosengarten heraus, Richard Strauß komponiert den »Rosenkavalier«, in Paris entsteht ein nationales Abkommen zur Bekämpfung unzüchtiger Bilder, und der Jugendstil wird langsam alt.

Haber und Bosch entdecken, wie der Stickstoff, auch für den Rosengarten, aus der Luft zu gewinnen ist. In England wird die Sommerzeit eingeführt, bei Ford das Montageband. Der VDR steht nunmehr unter dem Protektorat der Kaiserin Auguste Viktoria. 1913 wird im Rosarium von Sangerhausen eine Kaiserin-Herme aufgestellt. Darüber berichtet ein vom Verschönerungsverein aufgesetztes Telegramm nach Berlin, von wo der Freiherr von Spitzenberg in allerhöchstem Auftrag zurücktelegrafiert: »Ihre Majestät lassen für die Anzeige von der Enthüllung allerhöchst ihres Denkmals im dortigen Rosarium bestens danken.«

Es kommt immer darauf an, aus welchem Blickwinkel man die Geschichte betrachtet. Was war zum Beispiel das bedeutendste Ereignis in Europa 1789? Der Leser denkt natürlich an den Beginn der Französischen Revolution und ist verblüfft, wenn er die ebenfalls richtige Antwort vernimmt: »Da hat zum ersten Mal eine Dahlie in Europa geblüht.« 1789 liegt weit zurück, da dürfen wir so leichthin plaudern. Mit dem Jahr 1916 müssen wir behutsamer umgehen. Das große und noch immer schmerzende Ereignis ist die Schlacht von Verdun, ist der Weltkrieg überhaupt. Keine Rosenzeit. Und ausgerechnet aus diesem Jahr 1916 stammt die 'Paul's Scarlet Climber'. Noch heute, nach hundert Jahren VDR, ist ein Rosensommer ohne ihren feurigroten Flor undenkbar.

Nach dem Krieg und den Anfangsnöten der Republik beginnen die – teilweise goldenen – zwanziger Jahre. 1921 wächst ein guter Wein, und 39216 Ehen werden geschieden. Die Autos donnern über die neue Avus in Berlin, und der Bubikopf kommt auf. Manche alten Frontsoldaten betätigen sich am Wochenende als Rosengärtner.

Mit dem Jahr 1923 ist es anders als mit 1789. Es gibt einerseits keine Revolution, andererseits keine erste Dahlienblüte. Der Rundfunk in Deutschland beginnt, und der Muttertag wird erfunden. Der VDR-Jahresbeitrag wird auf 300 Mark festgesetzt, für Ausländer auf 1000 Mark. Peter Lambert hält sogar einen Beitrag von 1500 Mark für nötig. Die Inflation ist also da.

Den Sieger von Tannenberg gibt es als Rosenneuheit. Irgendwo steht: »'Hindenburg' hat gesundes Laub und riecht sehr gut. Man freut sich, daß der Züchter die Rose nicht 'Generalfeldmarschall von Hindenburg' getauft hat.«

Es geschieht viel in jenen goldenen Jahren nach der Inflation. In der Landwirtschaft wird die Melkmaschine eingeführt, Chagall malt sein trinkendes grünes Schwein, und 1926 stirbt Rainer Maria Rilke; mit der Inschrift für seinen Grabstein hat er dafür gesorgt, daß den Philosophen unter den Rosengärtnern der Stoff nicht ausgeht.

»Rose, oh reiner Widerspruch, Lust,
niemandes Schlaf zu sein unter soviel
Lidern.«

Die Grüne Woche wird in Berlin gegründet, Lindbergh fliegt über den Atlantik, die Fleurop wird erfunden, und Hendrik van den Veldes Buch über die vollkommene Ehe wird vor den Kindern versteckt.

Es folgen die Dreigroschenoper, 1929 die Kursstürze an der New Yorker Börse, die Fahrt des Luftschiffes Graf Zeppelin rund um die Welt, die Micky Maus im Tonfilm, Abendkleider vorne kurz und hinten lang sowie der Herrenschnitt, wiederum eine Haarmode der Frauen.

1930 haben wir nach längerer Pause wieder ein bedeutendes Rosenjahr. Vorher geschieht noch anderes: Der Papst gestattet in der »Enzyklika Casti connubi« die Beachtung der empfängnisfreien Tage der Frau, Max Schmeling wird Box-Weltmeister – und nun kommt aus Amerika eine der großartigsten Rosen des Jahrhunderts, die 'New Dawn', nach der Beschreibung von Krüßmann: dauerblühend, zartrosa, gut gefüllt, duftend, kräftig wachsend, drei bis vier Meter hoch, überhängend, mit kleinen, tiefgrünen, glänzenden Blättern; die 'New Dawn' erhält das erste Pflanzenpatent der USA.

Bei der Betrachtung des Jahres 1933 muß dem VDR Vorrang gegeben werden, er feiert seinen fünfzigsten Geburtstag. Doch geht es am Abend nicht mehr zum Slowfox wie im Jahr zuvor. Im Programm des Rosenfestes von Sangerhausen ist vielmehr vorgesehen: »20 Uhr Deutscher Tanz«.

'Hindenburg' als Rosensorte ist nie recht bekannt geworden; ihr Namenspatron stirbt 1934. Die künstliche Synthese des Vitamin C gelingt, und die Frauen in Deutschland tragen knöchellange Kleider. Man bestaunt die neue gefüllte, dunkelrote, süß duftende 'Crimson Glory', die mit ihren leicht nickenden Büten etwas traurig wirkt. Außerdem erscheint die unverwüstliche 'Betty Prior' auf dem Plan. In Deutschland wird 1935 die allgemeine Wehrpflicht eingeführt, und 1936 ruft die olympische Glocke die Jugend der Welt zum Wettkampf nach Berlin. Auch eine Rose von Wilhelm Kordes feiert Triumphe: die 'Orange Triumph' von 1937, und in zahllosen Nachkommen triumphiert sie noch immer.

Dann kommt der Krieg, und daneben kann kein Rosen-Ereignis oder -Geschehnis berichtet werden.

Danach ist alles anders. Oder geht alles weiter, als wäre nichts geschehen? Le Corbusier baut den Wohnblock in Marseille, der New Look kommt auf, Hedwig Courths-Mahler stirbt, die Amerikaner bringen eine zweistufige Rakete in eine Höhe von 402 Kilometern, die Landung von Menschen auf dem Mond noch in diesem Jahrhundert wird denkbar. Konrad Adenauer wird 1949 erster deutscher Bundeskanzler, und 1952 kommt er zum Rosenfest nach Baden-Baden. Dort wird aus vielen neuen Rosen die schönste gewählt: Es ist die reine Unschuld in weiß, 'Virgo', die Jungfrau.

Zeit, um aufzuatmen. Hast du schon gehört, daß mitten im Krieg ein Stuttgarter, der Paul Pfitzer heißt, aus Trotz und Liebe zu einer neuen Rose gesagt hat: Du bist der Ruhm Gottes, 'Gloria Dei'? Wußtest du, daß aus der dunkelsten Zeit auch die schöne 'Käthe Duvigneau' kam? Daß am Ende, als alles in Trümmern lag, Mathias Tantau eine neue Rose bereits 'Märchenland' taufte?

Im Jahr 1952 erhält Albert Schweitzer den Friedensnobelpreis. Elisabeth II. wird Königin von England. Die jungen Leute verlangen nach Blue Jeans, von Thomas Mann erscheinen »Die Bekenntnisse des Hochstaplers Felix Krull«, in Deutschland werden 31 Millionen Schallplatten hergestellt, der Schah von Persien trennt sich von Soraya, und die Antibabypille kommt auf.

Die berühmtesten neuen Rosensorten sind: 'Schweizer Gruß', 'Olala', 'Sarabande', 'Queen Elizabeth' und 'Schneewittchen'.

Am Anfang des nächsten Jahrzehnts erscheint am Rosenhimmel ein Stern, der bis heute seinen Glanz noch nicht verloren hat, nämlich die 'Superstar'. Ihr Züchter Mathias Tantau scheint den Ruhm gepachtet zu haben, denn es folgen in den nächsten Jahren seine 'Duftwolke' und die 'Mainzer Fastnacht'. In dieser Zeit erreicht die erste Rakete den Mond, malt Picasso die liegende Frau mit Katze, kommt der Minirock auf und entsteht die amerikanische Gesellschaft zur Erforschung des Selbstmords. Die Rosen ficht das nicht an.

Je höher ein Vogel fliegt, um so größer ist seine Übersicht. 1969 geht Neil Armstrong als erster Mensch auf dem Mond spazieren. In der Television sehen wir vom Mond aus aufgenommen unsere Erde. Wie klein sind wir doch! Eigenartig, daß seit diesem Jahr die Gotteslästerung in Deutschland kein strafbarer Tatbestand mehr ist!

Da wir nun mittendrin in dieser kleinen Erdenwelt sind, läßt sie sich von uns nicht überschauen. Wir wissen, daß von den zwanzig schönsten Rosen aus der Zeit von vor hundert Jahren noch immer zehn zu kaufen sind. Welche von den neueren Züchtungen bestehen werden, das wissen wir nicht.

In den zehn Jahren, nachdem der erste Mensch auf dem Mond gelandet war, gingen in Nürnberg die letzten Gaslaternen aus, zeigte der Club of Rome die Grenzen des Wachstums auf, entstand als höchstes Gebäude der Welt der »Sears-Tower« in Chicago mit einer Höhe von 443 Metern, wurde die letzte Zylinderfabrik in Europa geschlossen. Es entstanden das erste Reagenzglas-Baby und die Antiraucherbewegung. Kaiser Haile Selassi starb, auf der Insel Fehmarn fand ein Popmusik-Festival statt, die einzige Drehorgelfabrik in Berlin machte zu. China schenkte dem Zoo in Berlin zwei Bambusbären, die Astronauten fuhren in wiederverwendbaren Raumfähren um die Erde, die letzte Dampflokomotive wurde ausrangiert, die UNO erklärte im Mondvertrag diesen Himmelskörper zum gemeinsamen Erbe der Menschheit, während man gleichzeitig ein Weltzentrum für Mumienforschung anregte und sich der Sektverbrauch in Deutschland vervierfachte.

Jedes Jahr geht ein Jahrhundert zu Ende, und ein neues fängt an. Vergeßt die Rosen nicht!

Blüten und Stacheln im »Rosenbogen«
(aus der Zeitschrift des Vereins deutscher Rosenfrende)

Die Fahnen hingen noch schlapp an den Masten, denn am Tag zuvor war es heiß gewesen, kein Wind regte sich. Hundert Frauen und Männer waren gekommen und sie waren sehr neugierig, was dieser Internationale Rosen-Neuheiten-Wettbewerb bringen würde. Der Oberbürgermeister sagte zur Begrüßung: »Ich habe ein wundervolles Gedicht von Angelus Silesius gefunden, das sich zur Begrüßung von Rosenfreunden eignet. Nur leider steckt der Zettel, auf den ich das wundervolle Gedicht von Angelus Silesius geschrieben habe, in einem anderen Anzug.« Bald darauf sprach der weißhaarige, schweizerische Rosenvater Dietrich Woessner, Präsident des Internationalen Preisgerichts: »Bewerten Sie mit Rücksicht und mit Liebe, Rosen sind ein Ebenbild des Menschen, also Lebewesen, und auch den Schwächeren unter ihnen hat unsere Beachtung zu gelten.«

Der Garten ist in drei Terrassen gegliedert, doch man braucht für die dazwischenliegenden Hänge keinen Bergstock. Der geschorene Rasen unter den Füßen fühlt sich wie ein Berberteppich an. Der obere und der mittlere Weg führen oftmals unter Rosenbögen hindurch, am üppigsten blüht die 'New Dawn'. Eine Dame der Jury trägt ein Kleid, das ist grüner als Gras. Jedesmal, wenn sie den Duft einer Rose prüft, fällt ihr beinahe der Strohhut vom Kopf. Die Regie klappt blendend. Eine grüne Decke liegt auf dem Schreibtisch unter dem Sonnenschirm, der braun und weiß gestreift ist. Die beiden jungen Frauen, weiß die eine, blau-gelb-rot geblümt die andere, geben vorbereitete Bewertungsmappen und Namensschilder aus. Ich lerne einen Professor aus Polen kennen: Stanislav Zyla. Er zeigt mir eine gelbe Rose und sagt, sie sei von ihm; vor zwei Jahren hätte hier die gleichfalls von ihm gezüchtete 'Chopin' gestanden. Aber 'Chopin' sei nur etwas für einen warmen Sommer. Es ist schön auf dem Beutig, dem »Rosenberg«. Oben entlang führt eine schattige Straße, und dahinter liegen Park und Wald. Seitlich stehen drei brave Häuser mit jeweils zwei Stockwerken im dichten Grün, die Fenster der beiden Häuser haben noch weiße Kreuze. Nach vorn geht der Blick hinunter in die Kronen der Blutbuchen, Grünbuchen und Mammutbäume. Ganz hinten über dem hellen Grün des flachen Tales von Oberbeuern sind die blauen Berge des Schwarzwaldes zu sehen.

Ich treffe Eckard Riedel, den Stadtgärtner von Lahr; seinen neuen Rosengarten wollen wir am Nachmittag besuchen. Riedel hat rotbraune Haut, schwarzes, glänzendes Haar, und alles an ihm ist immer in Bewegung. Ich frage nach kleinbleibenden Kugelbäumen, er nennt den bekannten *Acer platanoides* 'Globosum', die *Catalpa bungei*, auch vom *Cornus mas*, dem gewöhnlichen Hartriegel, ließen sich schöne Kugelbäume heranziehen.

Lahr

In Lahr gibt es Zigarrenfabriken, Frau Theresa Pfänder und einen Stadtpark. Der Park mit einem Haus (das jetzt Museum ist) gehörte früher einem reichen Kaufmann, der vor seinem Tod den Besitz der Stadt Lahr als Stiftung vermachte. So haben sie jetzt mitten in der Stadt viel Grün von alten Bäumen. Eckard Riedel hat zwischen der Orangerie und einem Wirtschaftsgebäude den neuen Rosengarten angelegt.

Als wir ankamen, tröpfelte ein leichter Regen durch die Bäume, aber es blieb sehr warm. Die mächtigen Buchen atmeten tief. Die alte Orangerie mit ihren hohen Bogenfenstern hat ein flachgiebliges Glasdach und ist blaßlila gestrichen. Hier und dort sind unter Verputz und lila Farbe noch Umrisse der Ziegelsteine zu sehen. Angebaut ist ein hohes Treibhaus mit Fenstern, wie man sie früher hatte, mit kleinen Scheiben. Es sieht neben der höheren Orangerie wie ein gläsernes Schreibpult aus. Das Schülerorchester spielte Kammermusik. In den runden Volieren, die einen flachen Hut aus dunklem Blech tragen, ließen sich weiße Tauben und bunte Tropenvögel bewundern. Wie satt in diesem Regenlicht die Farben der Rosen waren! Ich denke noch immer an die leuchtenden Blüten von 'Esther Ofarim', 'Diamant' und 'Irish Wonder'.

Um die Beete ziehen sich Bänder aus Buchsbaum herum; weil sie vor kurzem geschnitten worden sind, leuchten die Bänder frischgrün vom neuen Austrieb. Innerhalb dieser Bordüren sind die Flächen von geschorenem Feinrasen überzogen, der ein dunkleres Grün hat. Die Rosen, jeweils zu dritt oder zu viert, stehen in kreisrunden Beeten, in offener Erde. Es gibt Anfänge von Kugelbäumen aus Kirschlorbeer, Abutilon, dazu Großkübel mit Oleander. Dieser Rosengarten, wie der auf dem Beutig auch, ist mit seinen hauptsächlichen Flächen eben. Nur vom Wald herunter und nach unten in den Park hinein gibt es ein leichtes Gefälle. Die angenehme Bewegung des Bodens spürt man sehr wohl: Wenn man die Rosenblüten ein klein wenig mehr von oben betrachten kann, kommen sie besonders gut zur Geltung.

Während die Gäste umherliefen und alles bestaunten, wurden drei Reden gehalten. Nach der Kammermusik gab es Käsegebackenes und Rosenbowle. Die Rosenbowle unterschied sich von anderen Rosen-

In diesem Buch mehrmals erwähnt ist ‘Senator Burda’,
dunkelrot, großblütig, starker Duft.

Der Himmel hängt voller Rosen,
und das ist auf diesem Bild in zweifacher
Beziehung der Fall.

bowlen dadurch, daß sie gut schmeckte. Ein Gast aus Holstein meinte allerdings, man hätte den Zucker vergessen. Das Trinken konnte nur in kleinen Schlucken erfolgen, weil obenauf, in jedem Glas, ein Rosenblütenblatt schwamm. Die Bowle wurde übrigens mit großen Schöpflöffeln aus einem viereckigen gläsernen Gefäß geschöpft. Das veranlaßte den Präsidenten zu der Bemerkung: »Ein Aquarium ist gut für Fische, aber für Rosenbowle ist es noch besser.«

Die Tische waren mit roten Nelken, Schleierkraut und mit blaßrosa, rotgerandeten Rosen geschmückt. Die freundliche Frau von Reimer Kordes sagte, es handele sich bestimmt um 'La Minuette'.

Der Oberbürgermeister hatte am Abend den Zettel mit dem wunderbaren Gedicht von Angelus Silesius gefunden, es war aus dem »Cherubimischen Wandersmann«: »Die Ros ist ohne Warum; sie blühet, wie sie blühet, sie acht' nicht ihrer selbst, fragt nicht, ob man sie siehet.«

Manfred Klose erzählte mir, daß er auf seinen Reisen alle Rosen gesammelt hat, die ihm für Kronenbäumchen geeignet schienen, und so standen im Rosarium von Dortmund 70 Hochstämme mit 24 verschiedenen Sorten, die im letzten Winter leider alle erfroren sind.

Berlin

Vom Bahnhof Zoo aus fuhr uns ein Taxi zum Hotel Steigenberger, Los-Angeles-Platz 1, die Fahrt dauerte zwei Minuten, und es war morgens halb sieben. Erst habe ich mich zweimal verbrüht, aber dann war mir für den Rest des Berlinaufenthaltes klar, daß man den Kaltwasserhahn rechts herumdrehen muß, wenn kaltes Wasser kommen soll. Bis zum VDR-amtlichen Begrüßungsabend hatten wir noch 12 Stunden und 30 Minuten Zeit. Malia wollte zusammen mit Hilde Rieger die Chinesische Ausstellung im Charlottenburger Schloß ansehen, ich fuhr zur Glienicker Brücke. Die Chaussee nach Potsdam hat kein blaues Basaltpflaster mehr, sondern Asphalt. Wo früher Waldfrieden war, steht jetzt die Mauer. Auch die frühere Karlstraße mit ihren Schweizerhäusern und dem Kirchhof ist ringsum von dieser Mauer beschützt. Großmutter könnte nicht mehr sagen: »Sei artig, sonst kommt der Schwarze Mann vom Böttcherberg.« Der Park ist sehr aufgeräumt, früher war er wilder, geblinkt hat immer nur das Gold der geflügelten Löwen. Am Jagdschloß scheint das Grün noch grüner zu sein, die Havel riecht wie immer. Das große Tor aus Schmiedeeisen bewährt sich als Kletterhilfe für Efeu und Wilden Wein. Früher sah man von der damaligen Kurfürstenstraße das Tor von außen, aber man konnte nicht bis zum Schloß gehen. Heute bin ich drinnen im Schloß, aber die Kurfürstenstraße ist nicht zu sehen, weil hinter dem Tor wieder die Mauer steht. Es ist eine echte märkische Landschaft mit Schloß Babelsberg im Englischen Landhausstil, mit dem florentinisch anmutenden Schloß Glienicke, mit der Russischen Kirche von Nikolskoje und mit den Schweizerhäusern von Klein-Glienicke. Das hat alles nichts mit Rosen zu tun, der Leser möge verzeihen, aber es ist meine Heimat.

Um 19 Uhr stand ein Begrüßungsabend im Aussichtsrestaurant i-Punkt auf dem Programm. Die 19. Etage ist ganz von Glas umgeben, durch welches die Sonne hereinkommen kann, aber die Wärme kann nicht wieder hinaus. Wir gingen an die schattige Seite, wo man auf Berlin hinuntergucken kann, Malia sagte: »Was für eine gemütliche, kleine Stadt.« Sie war nämlich gerade von der VDR-Amerika-Reise zurückgekommen.

Alle hatten sich viel zu erzählen, die Zeit eilte dahin.

Allmählich dampften wir auch an der Schattenseite der 19. Etage des Aussichtsrestaurants i-Punkt, und als wir dann zum Steigenberger Hotel kamen, saßen da schon Elisabeth Tschudin und der Schweizerische Rosenvater unter einem Sonnenschirm, obwohl es Nacht war.

Am Freitag um neun Uhr fuhren wir mit Bussen zur Bundesgartenschau. Dort gingen wir durch Laubengärten, die wie Parks für Zwerge aussehen, zuerst einmal in die Ausstellungshalle. Das ist ein weiträumiger Bau mit einem flachen Satteldach, das nur in seiner nördlichen Schräge ein paar Fenster hat, so daß die Hitze erträglich blieb. Durch die Stimmen der Besucher plätscherten kleine Fontänen, die Rosensträuße standen in weißen Vasen auf weißen und dunkelgrauen Tischplatten. Denen fehlten allerdings die Beine, sie lagen nur da, manchmal auch etwas erhöht auf Mauersteinen. Bänderartige Schüttungen aus grauem Kies ließen den Rasen schön grün erscheinen, und *Nephrolepis exaltata*, der Schwertfarn, zusammen mit jungen Kokospalmen stellten das übrige Grün dar. Weil man die meisten Rosensträuße auch daheim hätte in die Stube stellen können, wirkte die Ausstellung freundlich. Neben mir erzählte Frau Hartmann die Geschichte vom Urwaldschiff, während Werner Kordes sich nicht davon abbringen ließ, daß wir bereits zwei Regenschirme von Europas größter Rosenschule hätten ...

Wo die Leute sich am meisten drängten, gab es Wein zu trinken, und zwar in einer Sonderschau über die Kulturgeschichte der Rosen, die Bernd Weigel gemacht hatte; sie gefiel mir gut. Es gab viel Mythologie, Literatur und Kunst, wie die Geburt der Venus von Botticelli, Stilleben und Frauenbildnisse mit Rosen. In der Mitte blühte ein Rosenbaum der Sorte 'The Fairy', auch die 'Kaiserin Josephine' hatte man nicht vergessen. Unter einem Glassturz, immer mit Rosen verziert, entzückten uns Puppengeschirre, aber auch große Tassen, Tabletts und Stullenbretter aus Porzellan.

Den zweiten Regenschirm, sagte Werner Kordes, hätte er irgend jemandem mitgegeben, der zu meinem Geburtstag fuhr. Während die Rosenfreunde sich viel zu erzählen hatten, nagelten zwei Zimmerleute noch Dachsparren auf eine Pergola und wurde die erste Rede gehalten. Der Redner freute sich mehrmals: erstens uns alle begrüßen zu dürfen, zweitens über die Berliner, denen die Liebe zur Rose eine Verpflichtung sei, doch die dritte Freude habe ich nur im Ansatz mitbekommen, indem plötzlich Hedwig Hampe vor mir stand. Sie wußte von meinem Berlinprogramm und war eigens aus Potsdam herübergekommen, und zwar in Begleitung eines Herrn, der während meiner Lehrzeit schon Obergärtner in Sanssouci war, Gott und die Welt kennt, er hat ein bewundernswertes Gedächtnis an alle Einzelheiten seines Lebens, von denen er gern erzählt, er ist 92 Jahre alt. Verständlich, daß Malia und ich von der Bundesgartenschau nicht allzuviel gesehen haben. Doch kann ich so viel sagen, daß mir die Landschaft dieser künstlichen Endmoräne mit ihren Sandhügeln, Seen und Teichen gut gefallen hat. Man hat dort in Britz guten Rosenboden, der fruchtbar ist, und in einigen Jahren wird man die Zuckerguß-Architektur des Seerestaurants vor lauter Bäumen vielleicht schon nicht mehr sehen.

Nachdem wir über die vegetativen Vermehrungsmöglichkeiten von kleinblumigen Knollenbegonien diskutiert hatten, ging es durch den schönen Rosengarten mit den schwarzen Figuren aus dem Garten der Lüste von Hieronymus Bosch, bis wir endlich in dem rotweiß gestreiften Schultheiß-Zelt ankamen.

Am Tage darauf trafen wir uns zur Hauptversammlung im großen Festsaal.

Die Redner bei der offiziellen Eröffnung haben sich wiederum gefreut, einer von ihnen hat sich zweimal sogar ganz besonders gefreut, und dann hat Barry McDaniel vier Lieder von Hugo Wolf gesungen, am Flügel begleitete ihn Jonathan Adler. Das waren wunderschöne Rosenlieder. Es wurde viel geklatscht, so daß sich Barry McDaniel entschloß, noch alle Strophen vom »Heideröslein« zu singen. Darauf folgte der Festvortrag von Professor Norbert Schindler, der bis vor wenigen Jahren oberster Gärtner von Berlin gewesen war. Er sagte, daß keiner Blume außer der Rose eine so hohe Zuneigung der Dichter, Maler, überhaupt aller Menschen und auch der Berliner zuteil geworden sei. Es war ein schöner Vortrag, er begann bei den Hohenzollern und endete bei der Baumschule Späth und Hugo Schlösser. Rosenfreunde sind geschichtsbewußt, nur daß sie für gewöhnlich mit Sappho und Heraklit anfangen. Das hat aber der Festredner nicht getan, und auch die Klostergärten des Mittelalters hat er ausgelassen, weil Berlin dazumal nur aus Angelkähnen und ein paar Fischerhütten bestand. Er begann mit dem Großen Kurfürsten und hörte mit Bert

Brecht und Viktor von Medem auf, der in Berlin seine Frau kennengelernt und geheiratet hat. Wir haben viel geklatscht, woraufhin der Präsident sagte: »Was wäre die Rose ohne Berlin?«

Dann flammten schon die Schweinwerfer auf, um vorn einen Strauß von gefüllten Rosen zu beleuchten. Es handelte sich um eine von Cocker in Schottland gezüchtete Grandiflorasorte mit Duft. Als die Fernsehkameras zu schnurren begannen, hat ein Berliner Mädchen die neue Rose mit Spreewasser getauft. Vor lauter Feierlichkeit war das Kind aber so aufgeregt, daß es hochdeutsch sprach. Wie Helmut Steinhauer später auf der Dampferfahrt erzählte, hatte das Mädchen sagen sollen: »Ick taufe dir 'Berliner Luft'.«

Dann gab es in der Wandelhalle und dem gegenüberliegenden Saal einen Empfang des Senats von Berlin für alle vierhundert Gäste. Essen und Trinken waren so gut, daß Klaus Brink sagte: »Schmeckt ganz vorzüglich.« Und hoffentlich würde das der Oberbürgermeister von Dortmund, wo wir nächstes Jahr sein werden, erfahren. Ein Rosenfreund namens Dammann erklärte mir, daß man matschigen Rindermist mit Stroh durchsetzen müsse, weil sich dann eine wuchernde Pilzflora einstelle, deren Gestank nicht einmal Nacktschnecken aushielten.

Zum Beginn der eigentlichen Hauptversammlung freute sich der Präsident wiederum, daß hier keine Vereinsmeier seien, wie er sagte. Aber da wir letztlich doch einem Verein angehörten, müsse man auch den Statuten Rechnung tragen. Nach den ersten Tagesordnungspunkten verwies Josef Raff auf die Kongreßmappen. »Sie haben heute nacht bestimmt den Tätigkeitsbericht des ersten Vizepräsidenten gelesen, der ist blau.« Nachdem wir alle gelacht hatten, hieß es weiter, daß der Tätigkeitsbericht des zweiten Vizepräsidenten gelb, und derjenige des Schatzmeisters voller Hoffnung sei, nämlich grün. Dann sagte der Präsident, daß die Mitglieder des VDR doch stark gewachsen wären, und in der Reihe hinter mir sagte jemand: »Fünf Zentimeter.« Für den Tätigkeitsbericht des Dortmunder Rosariums sei viel Papier erforderlich gewesen, sagte der Präsident. Aus dem Bericht der Kassenprüfer ginge hervor, daß es tatsächlich möglich sei, für die Geschäftsstelle eine Speicherschreibmaschine anzuschaffen. Die beiden Kassenprüfer, Klaus Habermehl und Frau Doktor Renate Haehling von Lanzenauer, würden dann einstimmig wiedergewählt. So konnte man recht schnell Punkt für Punkt abhaken, bis der Vorstand einstimmig entlastet wurde. Dann gab es aber doch noch Protest und eine Stimmenthaltung bei der Abstimmung zum Termin der nächstjährigen Hauptversammlung in Dortmund. Eine Frau aus Bochum begründete ihre Stimmenthaltung, indem sie sagte: »Am 22. Juni blühen ja die Rosen in Dortmund noch nicht.« Zum Punkt Verschiedenes wurde abstimmend festgestellt, daß die Rosenliebhaber auf dem Vormarsch begriffen sind, und dann haben wir alle zusammen eine Dampferpartie auf der Havel gemacht.

Es war ein wunderbarer moderner Dampfer, auf dem wir an der Pfaueninsel, an Moorlake und Sakrow vorbei zur Glienicker Brücke fuhren. Auf dem riesigen Jungfernsee befand sich ein Angler in seinem Kahn, er hatte den Fisch gerade wieder ins Wasser geworfen. Es war nicht so ein Dampfer wie früher, die Seeleute mußten vor der Glienicker Brücke nicht den dampfenden Schornstein umkippen, denn wir machten vorher kehrt, um wieder zurückzufahren; es sollte über Pichelswerder und Spandau in den See von Tegel gehen, aber auch dort mußten die Seeleute vor den vielen Havelbrücken den Schornstein nicht umkippen, weil es gar keinen Schornstein gab. Auch die altmodischen Windmäuler an Deck gab es nicht mehr, die unten in den Kabinen für frische Luft sorgten; das macht jetzt eine praktische Klimaanlage. Wo in der Dampfermitte weiter unten die Maschinen stampften, daß manchmal der ganze Dampfer zitterte, kann man sich heute sogar ganz leise was erzählen.

Mir erzählte eine junge Frau mit weicher Stimme, daß sie ein Rosenmuseum aufmachen möchte, weil Berlin bald 750 Jahre besteht. Es gibt nämlich einen Verein der Freunde der Domäne Dahlem, wo noch eine alte Backsteinkirche steht und manchmal auf der Dorfstraße ein Schwein umherläuft. Je nach Windrichtung hört man sogar Pferde wiehern. Ringsherum sind die Felder gelb, wenn der Raps blüht; zum Gutshaus gehören alte Geräte und ein angestellter Inspektor. Der verwunschene Garten am Gutshaus ist wie ein Klosterhof von Mauern umgeben, die Päonien hat der alte Kaiser Wilhelm noch gekannt, und dann der Duft von Lavendel, von Königslilien und von sage und schreibe 150 Rosenbüschen, die aus dem vergangenen Jahrhundert stammen, einige sind sogar noch älter. Da kann man doch nicht anders, als ein Rosenmuseum daraus zu machen? Stimmt das etwa nicht? Doch, es stimmt.

Am Sonntag machten wir vormittags eine Stadtrundfahrt, auf der wir auch zu den Rosen des Tiergartens kamen. Ich hatte viel Zeit, den Rosengarten anzusehen. Die regelmäßigen Beete umkriecht ein Band aus Zwergmisteln, *Cotoneaster* also, und auf den Pflanzflächen blühen viele Eisenhut, die Rudbeckie 'Goldsturm', großblumige Tagetes, auch Rosen, und ich bestaunte die großen Blätter vom Wunderbaum *(Ricinus)*.

Vorn beginnt der Rosengarten bei einer Gestalt der Flora aus Stein oder aus Metall. Hinten begrenzt den Garten ein Halbrund aus Säulen mit herabhängendem Wilden Wein. Es gibt schattige Rosenlauben, in denen niemand überrascht werden kann, weil der Kies auf den Wegen unter den Schritten knirschen würde. In der Mitte des Rosengartens liegt auf jeder Seite ein Hirsch aus Bronze. Den armen Tieren ist durch den Hals geschossen worden, auch die prächtigen Geweihe hat man ihnen abgesägt, so daß man durch die Löcher in die Hirsche hineingucken und genau sehen kann, wie hohl sie sind. Ganz in der Nähe wurde uns ein Hochhaus für Junggesellen gezeigt, und im Erdgeschoß befindet sich ein Kindergarten.

Wir sind noch zum Schloß Charlottenburg gefahren, um uns auf dem Dach die Glücksgöttin in Gestalt einer Windfahne anzusehen.

Bei Albert Kayser

Berliner Rosenfreunde luden am Sonntagnachmittag zu einem Gartenbesuch mit Kaffee und Kuchen ein. Wir waren bei Kaysers eingeladen.

Das alte Haus von Kaysers ist ganz im Grünen versteckt. Ich sah zwei Lindenbäume, viel Schatten und aufgeregte Mädchen, die mit Kissen und Decken aus dem Haus in den Garten stürzten, denn es hatte wieder aufgehört zu regnen. Da war auch Albert Kayser schon, ein hochgewachsener, schlanker Mann, Ingenieur von Beruf, weißhaarig und Pfeifenraucher. Diesmal rauchte er aber keine Pfeife, sondern eine dicke schwarze Zigarre. »Für die Pfeife bin ich viel zu aufgeregt, sie ginge dauernd aus«, sagte der Rosengärtner, und er guckte dabei treuherzig aus seinen blauen Augen.

Das Haus stammt noch von Vater Kayser, es ist in den zwanziger Jahren gebaut worden, da wuchs ringsum noch Korn. Vor dem Haus zwängten wir uns zwischen Waldreben und Rosen auf die andere Seite, wo sich eine Lichtung mit grünem Rasen öffnet, den dazugehörenden Schatten liefern zwei Großexemplare von *Gleditsia triacanthos*, fälschlich Christusdorn genannt. »Die hat mein Vater noch gepflanzt, auch die Lindenbäume und den Nußbaum. Und das da ist eine Magnolia, ja genau, *Magnolia soulangeana* 'Alexandrina', die bereits blüht, wenn die Blätter treiben. Sie erfriert nicht so leicht.« Das Gelände ist recht bewegt, daß auch die Tische schief dastanden, auf ihnen türmten sich die Kuchenberge.

»Wir könnten gleich mit der Gartenführung anfangen«, sagte Herr Kayser, aber da hatte man schon auf den Stühlen rings um das Oval der Rasenlichtung Platz genommen, und eine Dame sagte zu mir: »Ich bin zuletzt 1936 in Berlin gewesen, da war mein Onkel Vorsitzender des Kleingärtnervereins in Bohnsdorf, und was für einen schönen Rosenbogen sie über der Gartentür hatten, ich glaube, es war die Sorte 'Excelsa' . . . «

»Nein, nein, das ist eine 'Félicité et Perpétue', total runtergefroren, kommt aber wieder, sie remongtiert etwas«, sagte Albert Kayser. In Berlin wird immer noch »mongtiert« und »remongtiert«.

»Das ist eine 'Rose de Resht', und sie remongtiert ebenfalls«, erklärte Albert Kayser, während die Dame gegenüber erzählte, daß sie dem VDR in Jerusalem beigetreten sei. »Ja richtig«, rief Herr Kayser dazwischen, »das ist eine *Clematis viticella* 'Madame Julia Correvon', die da mit ihren tiefroten Blüten in den grünen Trichterfarn hineinhängt.«

»Dies ist eine besonders großblütige Sorte von *Chrysanthemum leucanthemum*, von der Margerite, die da am Haus unter der Weinrebe blüht«, sagte Herr Kayser, der für seine erste Zigarre bereits die ganze Streichholzschachtel verbraucht hatte. Die liebe Frau Kayser lächelte, als wüßte sie viel zu sagen, aber sie sagte es nicht.

Neben den Weinreben wachsen armdicke Stämme von Kletterrosen die Hauswand hinauf, der Birnbaum trägt schwer an seiner Ernte, und in dem Efeu unter den Lindenbäumen wachsen weiße Lilien. »Man könnte meinen, der Freiherr von Eichendorff sei erst gestern hier gewesen«, hörte ich eine Frau neben mir sagen, aber sehen konnte ich die Frau nicht, weil zu viel Grün zwischen uns war.

Schön sind die Blüten von 'The Fairy' und die Waldreben, doch wo eigentlich sind die vielen Rosen? »Das ist ja ein wunderbarer Mann, der Herr Kayser, man muß ihn beneiden«, sagte Hilde, die ich traf, »der sieht an Stelle einer einzigen Rose immer gleich zehn Rosen, wie wunderbar.«

In den meisten Gärten gibt es am Maschendrahtzaun entlang den Hundeweg, auf dem nichts wächst. Bei Kaysers ist der Hundeweg aber nicht für Hunde da, sondern für Rosenfreunde. Links hat man den Maschendrahtzaun zum Nachbarn, rechts befinden sich bis in zwei Meter Höhe eiserne Pfähle und dicke Drähte, an welchen Albert Kayser die Rosen festbindet: »Wenn es für kurze Zeit sein soll, mit Bast, wenn es für längere Zeit sein soll, mit Strippe, und wenn es für mehrere Jahre sein soll, mit kunststoffumsponnenem Bindedraht.« Wegen der vielen Sträucher hatte ich die Rosenwand vom Garten her nicht gesehen.

Was denn da neben der 'Gloire de Dijon' stehe? »Das ist gleichfalls eine 'Gloire de Dijon'«, sagte Albert Kayser ganz ernst und mit großen Augen, »nur sehr viel kleiner, von mir selbst veredelt, ein Reserveokulant, und hier steht der Reserveokulant von 'Long John Silver'. Ich mache nämlich immer Reserveokulanten, denn es kann ja mal eine Sorte ausfallen, oder nicht?«

Die Samen der *Rosa filipes* hatte Frau Kähler aus England mitgebracht, aus Wisley, und nun klettert sie über den Kirschbaum. Der Kompostplatz sieht wie ein Gräberfeld für Riesen aus; die *Rosa rugosa* 'Hansa' hat Herr Kayser eigens für uns zurückgeschnitten. »Aber nur zur Hälfte«, sagte er, »damit sie austreiben sollte, und sie ist ja auch wirklich ausgetrieben, einige blühen sogar schon, und die andere

Hälfte des Strauches blieb unbeschnitten, damit Sie die Hagebutten sehen können, ja, ja, und das ist meine versinksichere Leiter.«

An den vier Füßen der Trittleiter waren leere Konservendosen angedrahtet, in denen sich den Bildern zufolge vorher Ananas befunden hatte. Fragte da doch jemand: »Geht das nur mit Ananasbüchsen?«

»Und diese Rose«, rief Albert Kayser, »ist Thiessens mehltaufreie 'Excelsa'. Doch 'Minnehaha' sei schöner, ergänzte Dr. Wernt Grimm. Auch Hedi Grimm war da, lange Zeit ging es nur um Hagebutten sowie um Aussaaten von *Rosa multiflora* und die Erkenntnis: »Die eine ist anders als die andere.«

Schließlich klärte mich Herr Kayser noch über einen kleinen Tisch auf, der unter dem Kirschbaum stand, über den die *Rosa filipes* hinwegwächst. Auf ihm standen eine Thermoskanne, ein Glas, ein Aschenbecher und ein Feueranzünder. Angelehnt an den Tisch war ein leichter Stuhl mit Armlehnen. »Wo ich im Garten arbeiten will«, wurde mir erklärt, »stelle ich erstmal den Tisch und den Stuhl hin. Man muß ja mal in Ruhe überlegen, was zu tun ist. Auch ein Glas Tee ist gut, und wenn ich die Pfeife zwischen die Rosen lege, finde ich sie oft erst im nächsten Jahr wieder, doch auf dem Tisch ist sie nicht zu übersehen.«

Nein, das mit den Polsterglockenblumen wisse er auch nicht so genau, erklärte unser Spandauer Rosengärtner, »es kann sich um *Campanula portenschlagiana* oder um *Campanula porscharskyana* handeln«.

Da hinten fange die Clematis schon wieder zu schlappen an, auch die Rose 'Goldfinch', eine Multiflora übrigens, sehe durstig aus.

»Und so wird bei mir gegossen«, wurden wir aufgeklärt, »das hier ist eine gewöhnliche Brause aus Kunststoff, eine PVC-Brause, die leicht mal kaputtgeht, das kann diese aber nicht. Sehen Sie, ich habe den Brausehals außen erst voll Leim geschmiert, in den Leim dann dicht an dicht Strippe hineingepreßt und die Brause regelrecht umwickelt; nein, oben die Löcher natürlich nicht. Auf die in den Leim gedrückte Strippe kam flüssiger Kunststoff, der ist bald ganz hart geworden, so geht die Brause nie mehr kaputt. Dann erwies sich das Gießrohr als zu dünn für den Brausehals, aber das macht nichts, ich goß einfach ein zuerst flüssiges Zwei-Komponenten-Kunstharz dazwischen. Es geht gut, das Wasser regnet weich aus dieser Brause, sie bringt es pro Minute auf vierzig Liter. Für das Wässern unseres Gartens brauche ich immer vier bis fünf Stunden.«

»Muß wohl doch ein Beamter sein«, hörte ich eine Stimme aus dem Hintergrund.

Vielen Dank an Albert Kayser, seine gastfreundliche Frau, seine Töchter, seine Freunde, ich habe nie einen schöneren Nachmittag unter Rosenfreunden erlebt.

Am Montag um zehn Uhr waren wir zu Hause; das war ein besonders wohlgelungener Rosenkongreß in Berlin.

Dortmund 1986, ein tagelanges Fest

Wir fahren zur Hohensyburg, die auf einem waldigen Berg über dem Tal der Ruhr liegt. Mit der Sitzung des Kommitees beginnt es, zuerst die Abgesandten der Freundeskreise. »In diesem Kongreß ist eine gewisse gespannte Erwartung vorhanden«, sagte der Präsident. Frau Knobloch fragt etwas zu dem bevorstehenden Musikprogramm, und darauf sagt Dr. Pfordte: »Sie dürfen nicht auf Konventionelles hoffen.« Vor allem redet man über München, über den Kongreß dort im nächsten Jahr, es liegt bereits ein wunderschönes Programm vor, das viel Freude verspricht.

Dann folgt die Sitzung des Beirats. »Dieser Kongreß ist ein Kongreß des Kampfes, nämlich des Kampfes um die Zeit«, sagt der Präsident. Am 29. und 30. August treffen sich die Rosendörfer, Rosenstädte und Rosenkreise in Zweibrücken. Kann man diese umständlichen Benennungen nicht in einem einzigen Wort zusammenfassen?, fragt der Präsident. Darauf sagt Dr. Lambert: »Juristisch wäre das einfach, man könnte von Rosengebietskörperschaften sprechen.«

Von der Hohensyburg geht es direkt in Auerbachs Keller, erst mit dem Bus und dann entlang einer Spur von Blütenblättern quer über den Hof der Unionsbrauerei. »Will keiner trinken, keiner lachen? Ich will euch lehren Gesichter machen!« So beginnt die Szene im gleichnamigen Keller bei Goethe.

Der nächste Morgen ist ein Freitag. Es dampft aus dem Grün, soweit das Auge reicht. Keine Fantasie könnte sich besseres Wetter ausdenken, besseres Wetter am Morgen zumindest. Was für ein schöner Spaziergang muß das sein, unter den Bäumen hindurch in den Westfalenpark. Dort wird um 9 Uhr die Rosenschau eröffnet, eine Ausstellung von Schnittblumen, unter Dach natürlich und zwischen Eisblöcken, weil es so warm ist. Die Reden sind altgewohnt, doch neu sind die Begleitpflanzen der Rosen: Weiße Teehybriden mit rotblättrigem Kirschbaum, Glockenblumen und Frauenmantel, gelbe Rosen und blauer Eisenhut, lilarosa Sorten und weiße Levkojen, rosa Rosen und Schleierkraut. Ab und an spielt jemand Flöte, überall hört man das Plätschern von Wasser.

Der Westfalenpark, 1959 auf verwahrlostem Gelände entstanden, ist seit 1969 eine Rosenheimat. Wo früher die Beete der Baumschulschau waren, unterhalb des Fernsehturmes, stehen jetzt lauter Rosen. Auch in dem Teil, der früher der Kaiserpark war, wachsen Rosen über Rosen. Immer wieder von Bäumen angehalten, von Buschwerk abgeriegelt, bewegt sich der Park in weiten, grünen Wellen zu Tal: da unten ist die Emscher, dahinter das Hörder Hüttenwerk, es sieht aus wie eine eiserne Plastik. Riesige Rosen gibt es dazu, vor allem Schottische Zaunrosen. Die meisten Rosen stehen da, wo es amtlich »Rosarium« heißt. In einer weiten Mulde drängen sich die Besucher in den Schatten von einem Baum: da wird gleich eine neue Rose getauft. Es ist eine bernsteinfarbene Strauchrose, sie bekommt den Namen 'Westfalenpark'.

»Es gibt doch Leute, die sehr viel von Blumenbinderei verstehen oder von Züchtung oder von Begleitpflanzen für Rosen oder von »Bio«. Wenn man die doch einmal nach Herzenslust fragen könnte!« So ungefähr muß Herr Dr. Pfordte, der Vorsitzende der Dortmunder Rosenfreunde, gedacht haben, woraufhin er seine Freunde im Deutschen Rosarium anregte, sieben Arbeitskreise vorzubereiten. Alle Arbeitskreise sollen zur gleichen Zeit stattfinden, und nach einer Pause wird das Ganze wiederholt. Es kann also jeder Rosenfreund an zwei Seminaren teilnehmen. Alles klappt ganz vorzüglich. Ich gehe zuerst zum Bio-Garten, zu Marie Luise Kreuter. Sie wirkt wie ein kleines, schmales Mädchen und ist die Ruhe selbst; Bio hilft den Nerven, es kann doch sein. »Kompost ist eine beständige Auferstehung«, sagt Marie Luise. Dann zeigt sie uns einen Fernsehfilm, der mit Kompostieren anfängt und mit Gesundheit aufhört. Nach der Pause gehe ich zu den Liebhaberzüchtern. »Bis zum 5. Juli kann man noch kreuzen«, sagte Paul Abromeit aus Datteln. Hinterher reifen die Hagebutten nicht aus. Ein anderer Züchter sagt, daß er grundsätzlich fünf Vaterrosen aussortiert; zur Abwehr von Pilzkrankheiten eigne sich Chinosol am besten. Der berühmteste Liebhaber-Züchter ist Ewald Scholle aus Seppenrade. Wenn die Schafskälte kommt, sagt er, muß man auch im Gewächshaus etwas heizen, sonst fallen die Hagebutten ab.

Im Goldsaal der Westfalenhalle gibt es ein Konzert. Vier Männer und eine Frau, sie nennen sich »Carmina Antiqua« und sind aus Wuppertal, spielen Stücke aus der Renaissance. Die ältesten Stücke stammen aus dem Jahr 1480, sie heißen »Scaramella« und »El Grillo«, und aus dem Jahr 1613 stammen die »Däntze«. Die Musikanten sind so gekleidet, wie es ihre Kollegen zu jener Zeit waren, vielleicht hat man die Schnittmuster bei Albrecht Dürer abgeguckt. Weil es sich um »Gebrauchsmusik« handelt, steht zwischen den mit Baretten und Trachten gekleideten Musikern ein Tisch. Auf dem Tisch brennt eine Kerze, in deren Licht Brot, Äpfel und Rosen der Sorte 'Dous Rijkers' glänzen; De Ruiter in Holland hat sie gezüchtet, aber erst in neuerer Zeit. Die Instrumente sind alten Instrumenten nachgebaut worden: Die Wuppertaler Künstler verfügen über sechzig verschiedene Flöten, Tuben, Trommeln, Rasseln und noch andere Instrumente. Ein schmales gebogenes Horn gibt Signale wie eine Trompete, es ist ganz schwarz, weil mit Leder überzogen. Ein anderes Instrument hat das Aussehen einer riesigen Lötlampe, ist aber aus Holz. Einige Stücke wurden am Hof Heinrichs VIII. gespielt; die wenigsten Historiker wissen, daß der König ein begabter Musiker und ein bedeutender Förderer der Kunst war.

Am Sonnabend geht es früh mit Bussen nach Seppenrade, das ist ein Rosendorf in Westfalen, wo die Schweine noch auf die Weide dürfen, weshalb der Schinken so gut schmeckt. Weil es für Reben im Winter zu kalt wird, macht man dort Landwein aus Korn. Unsere neuen Freunde müssen wissen, daß Rosendörfer immer mit VDR-Präsidenten zu tun haben, die noch heute als Schutzengel tätig sind. Bei Schmittshausen handelt es sich um Oskar Scheerer, bei Seppenrade um Walter Rieger, und nur Nöggenschwiel braucht keinen Schutzengel, denn das Dorf oben im Hochschwarzwald ist ohnehin dem Himmel nahe; (auf Erden hat es einen ganz starken Schutzmann, er heißt Josef Raff). Der schöne Garten in Seppenrade, auf einer früheren Müllkippe angelegt, hat eine Erweiterung bekommen, die gut gelungen ist. Aber der Frost im Winter hat arg an den Rosen herumgekratzt, doch 'Constance Spry' hat er kein Leid getan. Allein dieses Rosenstrauches und seiner Blüten wegen, hätte es sich gelohnt, nach Seppenrade zu fahren. Wieder gibt es Musik, aber nicht eine so zarte wie gestern abend, sondern eine ländlich-lustige.

Die Dortmunder wissen, wie man so ein Tagungsprogramm macht. Auf Seppenrade folgt nun die Märchenstunde. Mit den Wasserschlössern ringsum haben sie etwas sehr Schönes zum Vorzeigen.

Ich bin im Bus, der nach Schloß Westerwinkel fährt. Das läßt sich nicht beschreiben, das Grün, das Licht, das Pflaster, das Wasser überall, das Gemäuer, das offene Fenster im Schloß und die junge Frau. Mir kommt ein Vers von Rilke in den Sinn: »Der Sommer summt, der Nachmittag macht müde/sie atmete verwirrt ihr frisches Kleid/und legte in die triftige Etüde/die Ungeduld nach einer Wirklichkeit.«

Um 15 Uhr beim Festakt gibt es ein Konzert. Auf der hell erleuchteten Bühne steht eine große Harfe. Daneben an einem einsamen Stuhl lehnt ein Cello. Dann schwebt eine schöne, junge Frau an die Harfe. Zum Cello schreitet ein schwarz gekleideter Mann. Beide spielen eine wundervolle Musik, ein Gespräch zwischen Erato und Pan, so singt ein Engel, so murmeln Bäche im Gebirge, so sprechen Schmetterlinge zueinander, so jubelt das Land am Morgen im reifen Sommer, man hätte stundenlang zuhören können! Dann folgt der Festvortrag: Marianne Beuchert spricht darüber, wie die großen Gärten der Welt entstanden sind.

Das Saxophon hat für ältere Menschen etwas mit dem unteren Mississippi zu tun, mit der fruchtbaren Erde, mit dem Raddampfer, mit den süß-wehmütigen Gesängen der Neger gegen Abend, aber es stammt aus Belgien. Das Instrument hat ein Mann erfunden, der Sax hieß.

Jetzt ist Sonntag, der letzte Tag, vielleicht wird es auch der heißeste Tag. Silberner Dunst liegt über dem Westfalenpark. Das Museum für Kunst und Kulturgeschichte befindet sich auf den fünf Etagen der ehemaligen Sparkasse, die an einen riesigen Treppenturm sozusagen angehängt ist. Unten in diesem Turm sind Stühle in Reihen gestellt, dort soll unsere Abschiedsmatinée stattfinden, wieder mit einem Konzert, doch diesmal mit Saxophonen. Das leicht heisere Horn vom unteren Mississippi ist inzwischen fein geworden, es bekommt seine eigene Musik. Zu unserer Matinée spielt das Westdeutsche Saxophonquartett mit Instrumenten in den Tonlagen Sopran, Alt, Tenor und Bariton. Die Sätze in dem Quartett von Pierre Max Dubois (geb. 1930) heißen Brillante, Doloroso, Spirituoso, Andante-Presto, aber trotz allen Temperaments ist immer etwas Wehmut in den weichen Tönen. Das ist sehr gut ausgedacht zum Abschied, wer weiß, wann man sich wiedersieht! Besonderen Reiz bekommt die Matiné durch eine Ausstellung Indianischer Kunst, deren große Bilder ringsum zu sehen sind. Sinfonien und Quartette also, Musik der Saxophone, das Hereinbrennen von roten Farben der indianischen Bilder in die Spanish Rhapsodie, die rasenden Büffel zum Allegretto von Jean Baptiste Singelee, Präriefeuer, Peyote-Mutter und das Cheyenne-Begräbnis nach dem Quartett B-Dur op. 109 von Alexander Glasunow, hinterher der Adlertanz und die Maismädchen.

Man hat dem Rosenfreund und Künstler Rudolf Pfordte aufrichtig gedankt, Otto Bünemann fand genau die richtigen Worte: »Das war sein Kongreß.«

Badische Rosenfreunde diskutieren über die Ökologie

Die badischen Rosenfreunde trafen sich, wie immer am ersten Sonntag im Monat, im Alleehotel »Bären«. Wir waren ungefähr vierzig, die Stimmung mochte bereits Sankt Nikolaus beeinflußt haben, das störrische Thema »Rose und Ökologie« schien so gar nicht zu passen. Aber man mußte wirklich darüber reden, nachdem es inzwischen schon eine Ökologische Partei und Ökologische Schönheitsfarmen gibt. Es wurde zwar kein Protokoll geführt, weil wir diese Gespräche nicht gar zu ernst nehmen wollen, aber es begann mit der Frage an einen Imker, der sich unter uns befand: »Fliegen die Bienen an Edelrosen?« »Nein«, sagte der Imker.

Halt, halt, es war anders. Aus einem gerade erschienenen Buch wurde folgender Satz zitiert: »Die Wildrose im Garten hat einen größeren ökologischen Wert als die Edelrose.« Stimmt das denn? »Ja natürlich stimmt das«, hieß es, »denn in einem stacheligen Wildrosenstrauch finden die Vögel einigermaßen sichere Nistplätze, die Bienen finden Honig in den Blüten, und die Hagebutten im Winter sind ein gutes Futter für die Federtiere.« Dann erst, nach dieser Antwort, kam die Frage an den Imker, der sich gleich korrigierte: »Ich weiß es nicht, denn bei uns werden Edelrosen in knospigem Zustand für die Vase geschnitten.«

»Nun ja«, hieß es weiter, »wenn man nur dreihundert Quadratmeter hat, wer möchte da eine Heckenrose pflanzen, die nur einmal ganz kurze Zeit blüht? Da wäre doch die Herbstdamaszener mit ihrer zweimaligen Blütezeit besser. Wenn man Platz für einen größeren Rosenstrauch hat, dann doch lieber für 'Westerland', der dreimal blüht, wunderschön große, weithin leuchtende orangefarbene Blüten hat, die sogar duften.«

Was heißt das eigentlich genau, dieses Wort, die Ökologie? Einer von uns wußte, daß der Naturforscher Ernst Haeckel, der 1919 gestorben ist, diesen Begriff schon vor hundert Jahren geprägt hat. Es ist die Wissenschaft von den Beziehungen der Lebewesen zueinander und zu ihrer Umwelt. Die Umwelt des Maulwurfs, der sich innerhalb meines Maschendrahtzaunes aufhält, ist ein Garten. Zu den Lebewesen dieses Gartens, die sich gar nicht so schnell aufzählen lassen, wenn ich nur an die Blattläuse, die Nacktschnecken und an die Sporen des Sternrußtaus denke, gehört auch meine Frau, gehöre ich selbst; wir haben das Haus, in dem wir wohnen, in diesem Garten stehen. Klar, daß der Mensch zur Ökologie des Gartens gehört, denn niemand außer Gott dem Herrn am Anfang der Welt hat jemals einen Garten gemacht. Wie der Maulwurf seine Beziehungen zu mir beurteilt, das weiß ich nicht. Ich sehe ihn mit einem lachenden und einem weinenden Auge, denn wo sich ein Maulwurf aufhält (sofern es sich nicht um einen Abenteurer handelt) gibt es Regenwürmer, und wo viele Regenwürmer sind, da kann die Erde gar nicht anders, als gut werden. Andererseits ist es ärgerlich mit dem Maulwurf, weil er seine Haufen meistens da aufwirft, wo man sie überhaupt nicht brauchen kann, vorzugsweise im Möhrenbeet, bevor die Saat aufgegangen ist und in den Erdbeeren, wenn sie gerade reif werden wollen. Eindeutig allerdings ist, daß meine Beziehungen zu den Schnecken und zum Mehltau sowie zum Sternrußtau schlecht sind.

Man kann ökologische Werte nicht mit dem Zollstock oder der Briefwaage messen. Niemand bezweifelt, daß die Wildrose jenseits des Gartenzaunes, im geräumigen Stadtpark, am Rand des Sportplatzes, nahe dem Wald und in Feldrainen ihren Wert hat. Es ist aber unsinnig, etwa zu sagen, die Wildrose im Wald, oben an der Gelben Eiche oder an der Lache, sei wertvoller als die Edelrose. Unser Förster pflanzt doch keine 'Lilli Marleen' in den Wald bei der Gelben Eiche, und er pflanzt keine 'Margaret Merril' an die Lache. Um bei dieser weißen, leicht rosa gefärbten, gefüllten und ebenso stark wie angenehm duftenden Sorte zu bleiben: Wenn sie an einem rosengünstigen Platz steht, die 'Margaret Merril', wenn zudem das Sommer- und Herbstwetter rosenmäßig ist, also mit Sonnenschein, mit Wind und mit alle Woche einem warmen Regen, dann erfreut mich diese Rose monatelang, sie regt meine Fantasie an, meine Gedanken, sie gibt mir Hoffnung und Zuversicht, daß ich also, von der 'Margaret Merril' und ihrer Schönheit inspiriert, meine Arbeit immer besser verrichte, mehr Geld einnehme und somit vielleicht eine Fuhre halb zu Erde verrotteten Kuhmist für den Garten kaufen kann.

Aber es kam noch ganz anders an jenem ersten Sonntag im »Bären«. Jemand sprach von einem Forschungsmagazin, das »Research« heißt, von Bayer herausgegeben. Was er daraus berichtete, steht in der Ausgabe 87/88 auf Seite 28. Wissenschaftler in den USA haben Tests gemacht, einer der Berichte lautet: »Die Adern an seinen Schläfen schwollen bedrohlich an, und sein Gesicht wurde puterrot vor Anstrengung. Dennoch gelang es dem Mann nicht, mit seinem Daumen einen Druck von mehr als 1000 Gramm auf das hochempfindliche Meßgerät auszuüben. Immer wieder fiel der Zeiger auf der Gewichtsskala zurück. Plötzlich aber stieg dem Mann ein angenehmer Rosenduft in die Nase – und damit stieg auch seine Leistungsfähigkeit. Fast mühelos schaffte er nun 100 Gramm mehr.« Im Grunde genommen ist es eine alte Erfahrung, daß Wohlgeruch körperliche Wirkungen haben kann. Die Könige aus dem Morgenland haben Weihrauch und Myrrhe mit nach Bethlehem genommen. Es geht durch den Rauch, per fumum, wir sprechen das Parfüm meistens französisch aus. Der süße Wohlgeruch von 'Margaret Merril', um bei diesem Beispiel zu bleiben, ist eine Nahrung, nicht nur für Seele und Geist. Zwar können uns die halbwilden Trigintipetala und Suaveolens ebenfalls nähren, aber höchstens für zwei Wochen, und die 'Margaret Merril' macht es zwei Monate lang. Kein Zweifel, daß die duftende Edelrose im Garten, dessen beherrschendes Tier der Mensch ist, einen größeren ökologischen Wert besitzt als etwa die Hundsrose, so schön sie auch ist. Wohlgemerkt, alles gilt nur für den Garten. Der Garten ist kein Werk der Natur, sondern der Kultur des Menschen. Nur der allererste Garten war weder das eine noch das andere.

16. Kapitel

Rosenfreunde auf Reisen

1981. Im Zusammenhang mit dem Bericht über eine Rosen-Reise in das südlichere Frankreich steht dieser Dank für ein bukolisches Fest

Der besondere Dank im Zusammenhang mit dieser Reise gebührt einem Mann, der namentlich nicht bekannt ist, es handelt sich um den Bürgermeister eines kleinen provenzalischen Ortes, der Seillans heißt. Dieses Seillans, nordwestlich von Fayence in hügeliger Landschaft gelegen, ist besonders reizvoll. Man meint, in dieser ganzen Gegend auf Schritt und Tritt Cézanne zu begegnen. Am Rande nun der Innenstadt von Seillans, sofern man überhaupt von Stadt sprechen kann, gibt es das weithin geschätzte Hotel de France, ein ländlich-nobles Haus. Vor diesem Hotel, ganz im Schatten alter Platanen gelegen, plätschert kühles Bergwasser in einem kunstvollen Sandsteinbrunnen. Gegenüber dem Hotel wird dieser Platz von einer mehr als fünf Meter hohen, efeuberankten Natursteinmauer begrenzt, an der eine ganz schmale Treppe in die Höhe führt. Von oben, wo im übrigen auch Autos abgestellt werden, kann man über ein Geländer hinunter auf den Brunnenplatz gucken, sofern die niedrigen Platanenzweige dies ermöglichen. Nun hatte Hans J. Lux, der Reiseleiter, im Hotel de France ein Essen bestellt, und zwar für den späten Nachmittag; es sollte für Mittag und Abend reichen. Am Abend zuvor hat dann der Bürgermeister von Seillans bei Herrn Lux angerufen: Es sei so herrliches Wetter, hat er gesagt, und auch für den kommenden Tag wären nur blanker Sonnenschein und Wärme zu erwarten. Und da könne es doch für die deutschen Freunde ein Erlebnis sein, wenn das vereinbarte Landbüfett nicht in den Räumen des Hotels serviert würde, sondern draußen auf dem Brunnenplatz, auf dem man auch den Markt abhalte. Und dieser Vorschlag verdient den Dank aller Reiseteilnehmer an den Bürgermeister. Denn was man dort im Schatten der Platanen antraf, das war, besonders von der Mauerbrüstung herab gesehen, ein lukullisches Kunstwerk.

Ich hatte an jenem Tag den Bus verpaßt. Infolgedessen fuhr ich mit meiner Frau im Auto zum Grand Canyon du Verdon, ohne daß ich jedoch die Rosenreisenden irgendwo traf. So kamen wir eine halbe Stunde früher nach Seillans und konnten die Mädchen und Kellner, Köche und Kellermeister noch bei den letzten Vorbereitungen beobachten. Die weißgedeckten langen Tische mit blitzenden Gläsern und Geschirren standen sternförmig halbseits um den plätschernden

Brunnen. In dem Brunnenwasser kühlten die Kellermeister die handlichen Fässer mit Rosé und mit Weißwein. Seitlich der Efeumauer im ganz tiefen Schatten waren die Tische mit den Speisen aufgestellt und zwar in einer Fülle, die für sehr viel mehr hungrige Rosenreisende gereicht hätte. Was immer dieses gesegnete Land mit dem davorliegenden Meer zu bieten hatte, das war auf kunstvolle Weise zubereitet und so dargestellt, als sollte es gemalt werden. Dazu Brot und Früchte in Hülle und Fülle, Erdbeertörtchen in Reih und Glied, und alles bewacht, bezupft und immer wieder in besseres Licht gerückt von freundlichen Mädchen in weißen Schürzen. Neben dem schattigen Hoteleingang probierten die Köche mit ihren weißen Mützen zusammen mit den schon ehrwürdigeren Frauen und dem Patron die Aufstellung zum Empfang. Dann kamen sie endlich, die Busreisenden, vom Grand Canyon de Verdon. Gewiß waren alle sehr hungrig, aber nichts da von Unruhe, von Drängen, kein Sichern der besten Plätze, sondern nur freundliches Lachen und Staunen: wohl noch niemand hatte so etwas gesehen. Als dann die Aufforderung zum Essen kam, mußte von den Mädchen hinter den Büfettischen geradezu die Scheu der Gäste zerstreut werden, zuzugreifen. Jeder ließ sich Zeit, es gab keine Warteschlangen, und mit dem kühlen Landwein entwickelte sich eine solche Heiterkeit, wie sie nur in der Musik von Vivaldi ausgedrückt ist. Unter den Gästen war auch Professor Josef Sieber, allen Rosenfreunden wohl bekannt. Es ist ein Mann, der üblicherweise jedes Wort dreimal im Mund hin- und herschiebt, ehe er es ausspricht. Doch Sieber war derart begeistert, daß er wie ein Jüngling auf die fünfte Stufe der Efeumauertreppe sprang und eine Dankrede hielt.

Die erste VDR-Reise nach Schottland
Impressionen von Ruth Amalia Hanisch

Die Seen in Schottland heißen Lochs und die Hotelfenster werden an Strippen hochgezogen oder herabgelassen, je nachdem, wie heftig der Wind weht oder die Mücken ihr Unwesen treiben.

Man darf von Schotten nicht sagen, daß sie Engländer sind. Elisabeth II., wenn sie in Edinburgh residiert, wird für die Zeit ihres Aufenthaltes auf Schloß Holyrood zur Königin von Schottland. Ein freundliches Lächeln huscht über das Gesicht des ohnehin freundlichen, jungen schottischen Kellners, wenn man ein schottisches Bier bestellt.

In allen Hotelzimmern hat man die Möglichkeit, sich gleich nach dem Wecken am Morgen entweder Kaffee oder Tee oder Kakao zu kochen. Das ist eine vorzügliche, weiter zu empfehlende Einrichtung. Es gibt keine Frühstücksmuffel.

Morgens begann der Tag im Bus mit einer freundlichen Begrüßung. Und dann las uns Hans Lux, jeden Tag nach dem Morgengruß, ein Gedicht von Fontane vor, der längere Zeit in Schottland gelebt hat. Fontane begleitete uns durch das ganze Land; ab und an hörten wir auf den Fahrten von Beethoven bearbeitete schottische Volkslieder. Wenn alle müde vom Tag waren, dann meldete sich nochmals die rheinische Stimme von Hans Lux mit einem Gedicht von Fontane.

Einmal ließ Lux den Bus anhalten: »Hier in der Gegend hat Archibald Douglas am Wege gekniet, um seinen König um Vergebung zu bitten.« Wir hörten die Ballade: »Ich hab' es getragen sieben Jahr, und ich kann es nicht tragen mehr. Wo immer die Welt am schönsten war, da war sie öd und leer ...« Es war still im Bus. Schottland voller Geschichte und Geschichten, voll von Tränen und von Blut.

Würdevoll die beiden Türme am Schloß Holyrood in Edinburgh. Dort lebte Maria Stuart und dort residiert heute die englische Königin, wenn sie in Edinburgh ist. Durch das Tor sah ich in den freundlich anmutenden Innenhof des Schlosses, dort steht in einem hölzernen Kübel eine mächtige, mehr als meterhohe, wehrhafte Distel mit graublauen Blättern, die Wappenblume von Schottland. Über das Einhorn, das zu diesem Wappen gehört und von den Edinburgher Festspielen als Werbesignet ausgeliehen war, mußte ich lachen: So rund und fett hatte ich es mir nicht vorgestellt. Horn und Kopf paßten gar nicht zusammen. Die Festspiele mit Konzerten und Theaterstücken werden in einem Park dargeboten, der inmitten dieser großen Stadt der sieben Hügel liegt. Schattige, alte Bäume gibt's genug, sommerbunte Blumen desgleichen, und überall grünen Rasen, aber ich habe dort keine Rosen gesehen. Dafür blühen Rosen in allen Vorgärten der grauen Stadt; grau ist sie deshalb, weil die Häuser mit ihren Erkern, Türmen und Balkons aus Granit gebaut sind. Beinahe alle Gebäude in Schottland sind aus den Naturgesteinen der jeweiligen Region erbaut, mal grau, mal braun oder rötlich. Fenster und Türen sind häufig bunt gestrichen, vorwiegend aber weiß. Überall sieht es gepflegt aus. Allerdings hatte es fünf Wochen lang nicht geregnet, so daß Rasen und Rosen einen mitgenommenen Eindruck machten. Blaue Lobelien und weiße Margeriten lieben die Schotten anscheinend sehr.

Im Botanischen Garten von Edinburgh haben sie in den Gewächshäusern hölzerne Stege durch die Baumkronen gebaut, über die wir gehen konnten. Und ach, die Stauden in Schottland! Richtige Blütentürme aus Glockenblumen! Welche Fülle an Farben und Formen auf den Rabatten, die sich breit an alten Mauern hinziehen!

Ein großes Erlebnis waren die Gärten von Lord und Lady Haddington auf Schloß Tyninghame. Der weiß-gelbe Rosengarten – und ich habe in Schottland keinen schöneren gesehen – ist von Buddleien umgeben, die gerade geblüht haben. Im Woodgarden war die gelbe, einfache Rose 'Meermaid' eine Ziegelmauer hinaufgeklettert. Sie gefiel uns so gut, daß wir uns kaum trennen konnten und Frau Vorster ein chinesisches Sprichwort zitierte: »Das Vollkommene macht Hoffnung.«

Warum kennt und sieht kaum jemand diese kunstvollen, verwunschenen Gärten, kam mir in den Sinn, als wir wieder im Bus saßen. Sie wirken wie Klostergärten, die alte Gärtnerkunst bewahren, bis sie – vielleicht – einmal wieder entdeckt wird. Es macht alles sehr nachdenklich, was wir sehen: Die Brücke über den Firth of Forth, die Burg Tantalon, der River Tweed, und auch Mr. Balfour's Arboretum.

Von Flechten und Moosen übergrünte Vergangenheit hält sich in diesem Park. Nahtlos wachsen die Anlagen in die weite Landschaft hinein. Dort stehen Hochlandrinder auf den Weiden unter breitkronigen Bäumen, die sicher viele hundert Jahre alt sind. Die Tiere sind langhaarig, und sie haben fast halbmeterlange, spitze Hörner.

Im Duthie Park von Aberdeen gibt es einen Rosenberg. Dicht an dicht und bunt nebeneinander sind dort die Rosen gepflanzt, es werden Tausende sein. Jeder bleibt verblüfft stehen und staunt. Doch gibt es nicht nur diesen Blütenberg, sondern noch viele Beete, Rosen, Rosen, meist rote Rosen, und über ihnen als Kronenbäumchen gezogen, schneeweiße Rosen, es ist die Sorte 'Schneewittchen'. Rosen wahrlich in verschwenderischem Überfluß. Wir sind nach Schottland gefahren, um etwas zu lernen. Also: Die Stadtgärtner von Aberdeen haben herausbekommen, daß es für öffentliche Grünanlagen keine billigeren Blumen gibt als Rosen. So blühen sie überall fröhlich vor sich hin: An den Straßenrändern, auf den Mittelstreifen zwischen den Fahrbahnen, auf Rondellen, und sogar auf den Kreuzungen wachsen Rosen. Die Menschen in den schmalen Häusern wollen den Gärtnern und der Stadt nicht nachstehen, und so pflanzen sie in die Vorgärten ebenfalls Rosen. Wahrlich: Aberdeen ist eine Rosenstadt!

Wir besuchen zwei Rosengärtner, die große Namen haben. Anderson hat seinen Export eingestellt, aber Einzelbestellungen an Liebhaber in Deutschland führt er aus. Die in Großbritannien erfolgreichsten Duftrosen von Anderson sind: 'My Love', 'Drambuie' und 'Bonnie Scotland'. In der Rosengärtnerei Cocker fiel uns von neuem auf, daß Farbe, Wuchs und Duft von Sorten, die wir kennen und auch in Deutschland gern pflanzen, in Schottland anders aussehen als bei uns. Klima und Licht machen doch etwas aus! Zur Bekämpfung der Roten Spinne in den Gewächshäusern werden übrigens mit Erfolg schwarze Raubmilben eingesetzt, die man dort kaufen kann.

Traurig ist die Geschichte des Gärtners Kennedy: Fünfundzwanzig Jahre lang hat der brave Mann seinem Lord gedient, der aber nicht vom Glücksspiel lassen konnte, und eines Tages war sein Vermögen verloren. Den Besitz kaufte ein Araber, vielleicht ein Ölscheich. Doch ist dieser Wüstensohn noch kein einziges Mal da gewesen, er hat die fünfhundertjährigen Maronenbäume noch nicht betrachtet, ebensowenig die Blütenwälder des Rhododendron. Jahr um Jahr schneidet Gärtner Kennedy die goldbunten Türme aus Ilex und Eibenhecken, er hält Mauern, Treppen, Balustraden und Wege in Ordnung, er schneidet den Rasen und die Rosen, sät, pflanzt und erntet. Doch nie kommt ein Mensch, der ihm sagt, wie es weitergehen soll mit dem Garten Stirling of Keir.

Fröhlich dagegen stimmt das Märchenschloß Craigievar. Es ist im Stil der Renaissance gebaut; vermutlich zur besseren Verteidigung ist es hoch und schmal. Durch die beiden Treppenhäuser kann immer nur ein Mensch hinauf und hinunter gehen, so schmal sind sie. In jedem Raum des Schlosses stehen Rosen, Blütenstauden und Sommerblumen, Sträuße von größter Schönheit.

Unvergeßlich die Abende in den gemütlichen Hotels, die fast alle wie Schlösser, Burgen oder doch feudale Landsitze anmuteten.

Kaum jemand unter uns, der nicht immer wieder von seinem Garten daheim erzählt. Ganz sicher wird jeder von uns mit der Absicht nach Hause kommen, hier und da etwas in seinem Garten zu verändern, denn Anregungen gab es viele.

Das einsame Hochland hat nur wenige Durchgangsstraßen. Man kann die Einsamkeit dieses Gebietes geradezu »anfassen«, man kann sie riechen: die schier endlosen Hügelketten, getrennt durch U-förmige Täler, überall Dunst, Nebel, Kargheit, Moor.

Einmal wurden wir im Bus von ganzen Schwärmen kleiner, stechender und saugender Insekten geplagt. Doch ungerührt dozierte Dr. Bünemann über die gefundenen und herumgereichten Kräutlein: Teufelsabbiß und Soldanella, mehrere Arten von Heidekraut, Läuseblume, Augentrost, Jacobskreuzkraut und Bärlapp.

Als letzte Großstadt besuchen wir Glasgow. Die Stadt hat viel Industrie. Den Beginn des Industriezeitalters spiegeln im Botanischen Garten die Konstruktionen von zwei Gewächshäusern wider, die aber voll mit fröhlich anmutenden, gut gepflegten Pflanzen sind.

Am letzten Reisetag bewundern wir die Kathedrale von York, die um 1250 erbaut wurde; ihre graugrünen, schlanken, hohen Fenster nennt man auch die fünf Schwestern. Hinterher gehen wir noch auf der Stadtmauer entlang, was sehr hübsch ist, denn überall kann man in verzauberte Ecken und Gärten sehen.

Schließlich legte in Hull das große Fährschiff an und verschluckte uns samt Bus in seinem dicken Bauch. Abends ging die Fahrt los, morgens tauchten wir in Rotterdam aus dem Labyrinth der Kabinen wieder auf. Trotz Whisky und Pfeifentabak, schottischen Kilts und – weiß der Himmel was – an Samen und Stecklingen, ging's glatt über die Grenze.

17. Kapitel

Rosen und Menschen – Reden und Erinnerungen

Zum 70. Geburtstag der Rosen-Malerin Lotte Günthart am 11. Mai 1984

In Regensberg, in diesem Hause, darf ich mich noch an der Poesie festhalten. Sonst wäre es schwer, den Faden durch das Gewirr freundlicher Gedanken, die mich stets im Engelfriedhaus bedrängen, nicht zu verlieren. Ich meine zwei Strophen von Rilke, die ich irgendwann in meiner Jugend gefunden, ausgeschnitten und in das »Buch der Bilder« eingeklebt habe. Wenn der Dichter in diesen Versen von Saiten spricht, so sind sie mit ai geschrieben, sie gehören zu einer Leier. Die betreffenden Strophen lauten: »Denn dann nur sind die Stimmen gut, wenn Schweigsamkeiten sie begleiten, wenn unter dem Gespräch der Saiten Geräusche bleiben wie von Blut. Und bang und sinnlos sind die Zeiten, wenn unter ihren Eitelkeiten nicht etwas waltet, welches ruht.«

Der Dichter ist sehr nachgiebig, verständig, menschlich, denn er verneint sie nicht und gesteht sie uns gewissermaßen zu, die Eitelkeiten. Dabei handelt es sich fraglos um ein Synonym für vieles, das an Überfluß, Buntheit, Geglitzer, Sinneslust und spielerischem Überschwang zu den Jahrzehnten unseres Lebens gehört. Nur eben wären sie bang und sinnlos, diese Zeiten, wenn unter ihnen nicht etwas walten würde, welches ruht.

Unter dem Leben, dessen 70. Geburtstag wir heute feiern, und unter dem Leben von Willy Günthart, der dazugehört wie das Gebirge zum Edelweiß, ruht aber eine ganz starke Kraft. Es ist die Liebe.

Ob zu einer Frau oder einem Mann, ob zum eigenen Leben und Tag für Tag zur Arbeit, zum Haus mit seiner Geschichte, seinen Geheimnissen, zum Lindenbaum vor der Tür, ob zur summenden Hummel im Rosenbusch und zum reifen Kürbis, der sich im Sand wälzt, ob zum Vaterland, zur ganzen Welt, zum Sternenhimmel der Nacht oder zur Sonne über dem hellen Tag: Die wahre Liebe erkennt und anerkennt, begehrt und verehrt das Lebendige und alle Dinge ringsum stets ganz und gar. Liebe sondert nicht aus, sie seziert nicht, sie nimmt das Gute ebenso wie das Böse, sie wertet keine Einzelheiten, denn sie weiß: Das Ganze ist immer mehr als die Summe seiner Teile.

Wenn ich dieses Haus in alle seine Steine, Balken, Dielen, Treppenstufen, Dachziegel und Fenster zerlege, um es woanders genauso wieder aufzubauen, so könnte ich dabei sogar die alten, verrosteten Nägel verwenden, und die Summe der einzelnen Teile ergäbe doch nicht die Ganzheit dieses Engelfriedhauses.

Es ist die Kraft der Liebe, das Lebendige, die Welt und die Dinge ringsum in ihrer Ganzheit zu sehen, zu fühlen, zu durchdenken und zu beleben, die wir an diesem Geburtstag zu feiern haben. Dies gilt für das Leben zu zweit, für das Leben mit den Kindern, für die jahrzehntelange tägliche Arbeit und für die vollendete und noch zu vollbringende Kunst.

Welches der vielen Bilder und Bücher ich auch betrachte, so ist doch immer der Wunsch spürbar, das Ganze zu erkennen und zu erfassen, um es lieben zu können. Das gilt auch für »bel appetit«, wo es Lotte Günthart gelang, auch die Lust zu malen, mit welcher der Betrachter in die Früchte hineinbeißen möchte. Dies gilt auch für das letztjährige Skizzenbuch von einer Reise in die Südsee. Ohne selbst dagewesen zu sein, meint man doch bei den Zeichnungen, Aquarellen und Texten, diese Inselwelt erlebt, die feuchte Abendluft gespürt und sich erholt zu haben. Vor allem aber wird diese Ganzheitssicht bei den Blumen, zumal den Rosen, offenbar.

Weithin, über alle Grenzen hinweg, gilt Lotte Günthart vor allem als die Malerin der Rosen. Flüchtig betrachtet mag diese Klassifizierung auch stimmen. Aber mir hat sie von jeher mißfallen, ohne daß ich genau sagen kann, warum.

Gewiß hat Lotte keine Blume in ihrer Ganzheit so erfaßt, wie die Rose. Es war ihr schon in ganz jungen Jahren beschieden, im Auftrag des Vaters, der seine heilenden und kräftigenden Pflanzenspritzmittel damit besser zu erklären hoffte, die von Insekten, Pilzen und Viren gepeinigte, kranke, mißgebildete und oftmals sterbende Rose zu malen. Und daraus, weil eben auch Leiden und Gefahren zur Ganzheit jeglichen Lebens gehören, erwuchs die besondere Zuneigung zu diesem Gottesgeschöpf. Ich erwähne Gott absichtlich, dessen Liebe zur Welt die Bosheit und Sünde nicht ausschließt. Aus dem Erkennen der Not, welcher alles Leben und auch die Rose ausgesetzt ist, aus dem Bewundern des Wachsens und des Widerspruchs von verletzenden Stacheln und hingebungsvoller Blütenfülle, ebenso aus der Faszination der Vollendung im Welken der Blütenblätter und dem kraftvollen Reifen der Hagebutten entstanden Zuneigung und schließlich Liebe. Daraus dann, von mir aus gesehen, entstand so etwas wie ein Wunder. Denn Lotte Günthart lernte es, Unsichtbares sichtbar zu machen, es zum Bild werden zu lassen. Dies läßt sich zweifach deuten. Man könnte sagen, daß es ihr bei vielen Bildern gelang, den Rosenduft zu malen. Das würde den internationalen Ruf der Rosenmalerin nur noch mehr rechtfertigen. Ich glaube hingegen, daß Rosen, alle Blumen, Tiere, Kinder und was alles von ihr dargestellt worden ist, nur Medien gewesen sind, etwas sichtbar zu machen, was man, wie den Duft der Rosen, nicht mit den Augen sehen kann. Lotte Günthart hat immer nur ihre Liebe gemalt.

Das Wort läßt sich weit auslegen, wie ich es andeutungsweise schon getan habe, und das bleibt gültig für alles, was hier an Bildern und Büchern entstanden ist. Dabei ist es kein Widerspruch, auch von gemalten Liebeserklärungen an den eigenen Mann zu sprechen, der seine Liebe auf eine andere Weise bekundet.

Wir werden sorgloser mit dem Alter. Denn die Jahre eines langen Lebens hängen wie goldene Ringe an einer von Geburtstag zu Geburtstag kostbareren Kette, die niemand mehr wegnehmen kann. Auch die Kraft der Liebe, wie ich sie als Erkennen und Verehren des Lebendigen und aller Dinge ringsum in ihrer Ganzheit, also mit Licht und Schatten, mit Gut und Böse angedeutet habe, wird stärker von Jahr zu Jahr.

Und so hoffen meine Freunde, meine Frau und ich, daß noch manch köstlicher Rosenduft, in Bildern sichtbar gemacht, von Regensberg aus in die Welt geht. Sie wissen nun, daß ich Rosenduft sage und etwas anderes meine. Wir feiern die Malerin der Liebe.

Aus dem Festvortrag zum 100jährigen Bestehen des VDR 1983

Ich hatte das Glück, mich mit Konrad Adenauer, dem Rosengärtner und Bundeskanzler, bei einem Spaziergang durch den Rheinpark in Köln über seine gärtnerische Liebhaberei unterhalten zu dürfen. »Merken Sie sich«, sagte er in seinem rheinischen Tonfall, »die Rose will et feucht, aber nich naß, se will et sonnig, aber nich zu heiß, se will frische Luft, aber keinen Zugwind.« Hieraus folgerte der damalige Bundeskanzler noch zwei Lehren für das Leben und die Politik, aber das gehört nicht hierher.

Konrad Adenauer symbolisiert für mich den guten Gärtner, den Bewahrenden, Pflegenden, alles, was ich unter Kultur verstehe. Er fragt nicht, was sie ihm gibt, die Rose, sondern er fragt zuerst, was er ihr zu geben hat.

Als ich in der Pressestelle der Bundesgartenschau in Köln saß, bekam ich unerwarteten Besuch einer älteren Dame. Es fällt mir schwer, diese kleine, etwas gebeugte Frau zu beschreiben. Ich erinnere mich nur an ihre hellgraue Seidenbluse, die am Hals von einer großen Brosche zusammengehalten wurde. Außerdem sehe ich noch den grauen Strohhut, den eine schwarzglänzende Schleife schmückte. Es war so, als sei in Sekundenschnelle das vergangene Jahrhundert bei mir eingetreten.

Ich erinnere mich deshalb so schwer an ihr Äußeres, weil ich nur in die großen, dunklen, fragenden und staunenden Augen geblickt habe. So war es auch bei jeder Zusammenkunft in den Jahren davor, daß ich nur die Augen sah. Wir kannten uns gut zu jener Zeit, deshalb war sie auch sicher, nicht mißverstanden zu werden, als sie fragte: »Ist 'Conrad Ferdinand Meyer' heute anzutreffen?« Sie meinte den großen Rosenstrauch dieses Namens, und ob sie ihm wohl in voller Blüte begegnen würde. Sie ahnen nun ganz gewiß von wem ich rede: der Erzieherin und Erzählerin Alma de l'Aigle, ihr berühmtes Buch »Begegnung mit Rosen« war damals gerade erschienen.

Sie hatte für das umfangreiche Buch keinen Verleger gefunden. Damals galt der Grundsatz, daß ein Gartenbuch mit den Maschen der Kochbuchliteratur gestrickt sein mußte. Wenn ein Rosenbuch die Praxis des Pflanzens und Pflegens möglichst kurz und knapp behandelte, war es gut. Mit dem Behandeln, also mit den Tätigkeiten der Hand, das sollte ihr recht sein. Das hatte Alma l'Aigle bedacht, aber im wesentlichen ging es ihr in diesem großartigen Buch doch darum, daß sie mit ihrer Überredungskunst den Menschen helfen wollte, die Rosen zu erleben. Mit dieser Erlebnishilfe wollte aber kein Verleger etwas zu tun haben. Da ließ sie es eben selber drucken.

Wie davor schon oft, ging ich an jenem Sommertag mit Alma de l'Aigle in den Rheinpark. 'Conrad Ferdinand Meyer' stand wirklich in vollem Flor, und sie freute sich, viele Blüten zu finden, die in ihrer Üppigkeit gleich zwei Wirbel in der Mitte hatten. Auf jedem Spaziergang mit dieser Frau erlebte ich die Rosen doppelt: Einmal sah ich sie in der Wirklichkeit, und zum anderen blühten sie aus Almas Worten heraus. Eigentlich kann ich es nicht leiden, bei Spaziergängen unentwegt auf Schönheiten aufmerksam gemacht zu werden, als ob ich nicht selber Augen im Kopf und keinen Sinn für Schönheit hätte. Hier ist es aber bei jeder Äußerung das Erlebnis eines schöpferischen Vorgangs gewesen, in welchem stets etwas Fragendes, Wartendes, Hoffendes war, nämlich die Hoffnung, eine sich entfaltende Rose, auch mit ihrem Duft, aus Worten formen zu können.

Alma de l'Aigle ist für mich die Malerin unter den Rosengärtnern gewesen, die Malerin mit Worten, die sie so sauber und dicht aneinandersetzte wie eine Centifolie ihre Blütenblätter. Es gibt keine vollendeteren Portraits als die Beschreibungen der vielen Sorten in ihrem Buch; manchmal gehen sie allerdings, eng gedruckt und in langen Zeilen, über eine ganze Seite und mehr. Lesen Sie nur einmal die Abschnitte über 'Niphétos', 'Crimson Glory', 'Gloria Dei' und – wie sollte es nach meiner Geschichte anders sein – 'Conrad Ferdinand Meyer'.

Ihre Sorgen um den Bildteil, für den letzten-Endes wohl Gustav Strobel und die Universal Rose Selection gesorgt haben, seien völlig unnötig gewesen, sagte ich zu Alma de l'Aigle auf diesem Spaziergang. Habe sie doch das einzige Rosenbuch geschrieben, das keiner fotografierten oder gemalten Bilder bedarf. Ich hoffe, daß dies sie erfreut hat. Ich habe Alma de l'Aigle nie wieder gesehen, sie ist bald darauf ganz plötzlich gestorben.

Einer der unermüdlichsten und gar nicht wehleidigen Rosensträucher in meinem Garten ist dicht und dünn verzweigt, fast meterhoch und mit einzelnen Blütenständen noch höher, es gibt so gut wie keine Nöte mit ihm. Bis in den späten Herbst hinein trägt dieser Strauch eine dichte Fülle von eher kleinen als großen, halbgefüllten, schneeweißen Blüten. Diese Blüten lieben es, sich hier und da rosa zu verfärben oder auch rote Streifen in das reine Weiß hineinzuziehen. Manchmal werden auch ganze Blütenblätter dunkel rosa. Die Sorte heißt 'Dagmar Späth'. Ich hatte das Glück, die schöne junge Frau, deren Namen leider nur noch ihre Rose trägt, kennenzulernen. Dagmar Späth ist Fernsehmoderatorin beim WDR in Köln gewesen, dies aber nur gelegentlich, wenn die gestellte Aufgabe ihr zusagte, sie arbeitete aus Liebe zu einer bestimmten Sache, niemals aus Routine. Die längste Zeit lebte sie mit ihrem Mann in München oder im Tessin, wo sie fleißig italienisch lernte. Die Rose entspricht der wirklichen Dagmar Späth durchaus, die ebenso unermüdlich und ebenso adrett war.

Ich erinnere mich besonders an zwei Fernsehsendungen mit Dagmar Späth, an denen ich beteiligt war. Beim ersten Mal, es ging dabei gar nicht um Rosen, sondern um ein anderes gärtnerisches Thema aus dem Tagesgeschehen, brachte ich ihr zwei Blüten der Damaszener-Rose 'Jacques Cartier' mit. Wußte ich doch, daß sie diese stark gefüllte, duftende Rose besonders gern mochte. Ich war aber nicht ganz pünktlich und Dagmar Späth saß schon und wartete auf mich vor der großen Uhr und den startbereiten Kameras im Studio. Zum Verdruß des Regisseurs und der Techniker konnte die Sendung dann erst dreißig Sekunden nach der vorgeschriebenen Zeit beginnen. Dagmar Späth war nämlich hinausgelaufen, um ein Glas Wasser zu holen, damit sie die beiden Damaszener-Rosen versorgen konnte. Die starke Scheinwerferhitze wäre ihnen nicht bekommen, sagte sie später.

Das nächste Mal waren wir in einem Garten, es lief eine Live-Sendung vor zwei fahrenden Kameras. Eine dritte Kamera nahm ihre Bilder aus einem Zeppelin auf, der über uns herumbrummte. Wir erzählten uns allerlei Wissenswertes und Erbauliches über die Sträucher und Blumen, auch über Rosen, denen wir auf unserem Spaziergang begegneten.

Als die Sendung zu Ende und die Kamera abgeschaltet war, bekam Dagmar Späth von dem Besitzer des großen Gartens einen Rosenstrauß. Sie bedankte sich dafür auf freundliche Weise, konnte es aber nicht lassen, genauso freundlich zu sagen: »Wenn Sie wieder einmal

Rosen verschenken, dann tragen Sie bitte die Blumen nicht mit den Köpfen nach unten und zur Erde gestreckt wie einen Besen. Einen Rosenstrauß trägt man im Arm, so wie ein Kind.«

Alle Menschen, aus deren Gärten ich jemals Rosen bekommen habe, schnitten die Blumen ab, hoben sie zu sich empor, sahen sie kurz an, nahmen für Sekunden ihren Wohlgeruch wahr und gaben sie mir dann mit eben dem bereits geschilderten Lächeln . . .

. . . Dieses Lächeln kann Sprache sein, es kann sagen: Sieh' einmal, wie dieser Rosenstrauch, den mir die Natur anvertraut hat, sich wohl fühlt, daß er so schöne vollendete Blüten wachsen läßt. Dieses Lächeln kann sagen: Sieh' einmal diese Blumen, die zugleich sie selbst und ihre Geschichte sind, mit der schönen Aphrodite hat sie begonnen. Dieses stille Lächeln kann aber noch etwas anderes sagen: »Jedes Lachen kommt aus der Wahrnehmung einer Inkongruenz zwischen dem Gedachten und dem Konkreten«, meint Schopenhauer, und das stimmt. Gedacht haben die Männer und die Frauen, von denen ich erzählt habe und weiterhin erzählen werde, vielleicht an ihre Sorgen, an unsere unruhige Welt, an die bedrohlich erscheinende Zukunft. Und diese Gedanken waren ganz anders als die Wirklichkeit der Rose, die sie sich nicht vorzustellen brauchten, die da war, die keines Beweises bedurfte, die sie anfassen konnten: Sich auffaltende Schönheit voller Gleichmaß und Duft.

Nun, zum Schluß, komme ich in Verlegenheit. Ich wollte eigentlich nur von Rosen und von Rosenfreunden sprechen, die nicht mehr unter uns sind. Denn unter Ihnen und Euch sind viele Freunde, die enttäuscht sein könnten, dachte ich mir, wenn die gleichfalls bemerkenswerten Begegnungen mit ihnen und ihren Rosen hier unerwähnt bleiben. Doch so wenig ich die Geburtstagsrede auf Lotte Günthart weglassen wollte, so wenig mag ich auf Mathias Tantau verzichten. Als ich noch Anfänger war, es muß 1952 gewesen sein, fuhren meine Frau und ich auf dem Motorrad nach Holstein, und wir kamen auch nach Uetersen. Mathias Tantau ist der einzige unter den großen Gärtnern gewesen, der mich, einen ihm ganz Unbekannten, gleich ernst nahm. Er ließ alles stehen und fuhr mit uns zwei Stunden lang über Land, um uns seine und andere Rosen zu zeigen. Entschuldigen Sie diese persönliche Erinnerung.

Der Grund, aus dem ich Mathias Tantau hier erwähne, ist ein anderer. Wir machten 1960 in Saarbrücken die Deutsch-Französische Gartenschau, ich hatte abermals die Presseabteilung zu betreuen. Am Eröffnungsmorgen der Schnittrosenschau, um mich so früh wie möglich mit neuesten Informationen zu versehen, ging ich in die Ausstellungshalle. Da waren Mathias Tantau und seine Frau, erschöpft zwar aber glücklich, mit ihrer Nachtarbeit gerade fertig. Sie hatten Hunderte, wenn nicht Tausende von edlen Rosen, wie ich sie in dieser

Farbe noch nie gesehen hatte, in eine riesige Schale gesteckt. Es war geradezu ein Fest an Ordnung und Schönheit. Gleich nach mir kamen die Preisrichter, die gleichfalls beim ersten Hahnenschrei aufgestanden sein mußten. Ich war dann Zeuge, wie diese Rosen den höchsten der zu vergebenden Preise erhielten. Das Rosenwunder von Saarbrükken heißt 'Superstar'.

Ich bin oft und gern bei Tantaus in Uetersen gewesen und kenne die Rosenfelder, die Gärtnerei, das Wohnhaus und den schmucken Garten dahinter. Es ist alles von dem gleichen Geist der Ordnung und Schönheit beseelt wie die Präsentation der ersten 'Superstar' in Saarbrücken. Mathias Tantau und seine Frau vertreten für mich das Schöne unter den Rosengärtnern.

Zu diesem Schönen gehört auch der Wohlgeruch, den so manche Rosensorte aus Uetersen verbreitet.

Damit komme ich zu der letzten meiner Begegnungen mit Rosen und Menschen, von denen ich hier berichten will. Das war 1967 zur Rosenzeit der Bundesgartenschau in Karlsruhe. Außer meiner Zeitschriften- und Ausstellungsarbeit machte ich Fernseh-Sendungen für den WDR in Köln. Der zuständige Redakteur kam damals auf die Idee, anläßlich der Schnittrosenschau aus dem Atriumhof der Nancy-Halle eine Sendung aufzunehmen. Man dachte an ein Rund-Gespräch zwischen Züchtern und Rosengärtnern, wobei mir die Aufgabe des Moderators zufiel: Es war ein sehr warmer Sommerabend. Die Scheinwerfer strahlten, die Rosen um uns herum schwelgten in Schönheit und Fülle, am Tisch saßen der unvergessene Gustav Strobel, Alain Meilland, Walter Rieger als damaliger Präsident des VDR und ich. Es ging alles recht gut; als mir kurz vor Sendeschluß keine gescheitere Frage einfiel, brachte ich das Gespräch auf den angeblich verloren gegangenen Rosenduft. Walter Rieger antwortete nach kurzem Nachdenken – der Satz ist immer wieder zitiert worden: »Ja, der Duft ist das Problem unserer Zeit.«

Möge der Rosenduft für alle Menschen und für den VDR in den nächsten hundert Jahren das einzige Problem bleiben.

Register

Personennamen

Abromeit, Paul 202
Adenauer, Konrad 214
Adler, Jonathan 195
Adolphus de Essendra 31f.
Aldinger 153
Alexander I. 37
Alma de l'Aigle 61, 158f., 215f.
Anderson, Rosengärtnerei 210
Apel, Johannes 144
Barbier 158
Bennett, William Francis 45f.
Bentall, J. A. 162
Beuchert, Marianne 203
Boesch, Gottfried 59
Botticelli, Sandro 33
Bougére 112
Brada 171
Bréon, M. 43
Brink, Klaus 196
Brown 42f.
Buchwald, Lilly 86
Buchwald, Reinard 86
Buisman 156
Bünemann, Otto 204, 211
Bunzel, Max 186
Burda, Franz 12
Cocker, Rosengärtnerei 210
Darwin, Charles 64
De Ruiter, Rosenschule 159, 170, 202
Desvaux, August Nicaise 103
Domitian, Kaiser 28
Ebler, Walter 75, 153
Evans, Arthur 24f.
Fischer, Karl 94
Fleet, van 155
Genders, Roy 58
Geschwind 156
Gottwald, Wolfgang 17
Grimm, Hedi 200
Grimm, Wernt 200
Günthart, Lotte 59, 212ff.
Günthart, Willy 212
Habermehl, Klaus 154, 196
Haeckel, Ernst 205
Haehling von Lanzenauer, Renate 196
Haibt, Wendelin 151
Hampe, Hedwig 195
Hegi, Gustav 76, 104, 109
Hemauer, Hans 104
Hetzel, Hildegard 54
Hetzel, Karl 21, 54f., 75, 152, 169, 171
Hilling 161
Hole, Reynolds 21
Hume, Abraham 34f.
Jackson & Perkins 156
Jacob, Anny 94
Jacob, Elsbeth 123, 136
Jänicke, Walter 37
Jensen, Ingwer 129
Joséphine 36f.
Karl der Große 28
Kayser, Albert 17, 198ff.
Kleopatra 27f.
Klose, Manfred 112, 193
Knobloch 201
Koelreuter, I. G. 42, 45
Kordes Söhne 16, 18, 43, 89, 155–159, 162–164, 172
Kordes, Reimer 51, 143, 193
Kordes, Werner 194f.
Kordes, Wilhelm 7, 51f., 76, 145, 187, 189
Kreuter, Marie Luise 202
Krüßmann, Gerd 25, 28, 30, 36, 43, 50, 59, 189
Lambert, Peter 19f., 51, 93, 158, 173, 185f., 201
Lens 157
Luther, Martin 22, 42
Lux, Hans J. 207, 209
McDaniel, Barry 195
McGredy 155, 157
Mallerin, Charles 53f., 155
Marc Anton 27
Martial 28
Mattern, Hermann 118
Meilland, Alain 218
Meilland, Antoine 14, 38–41
Meilland, Claudia 38, 39
Meilland, Francis 38, 39, 40
Meilland, Luisette 38, 39, 40
Meilland, Rosenschule 12, 119, 161, 163f., 169f., 175, 177, 179
Merker, Helmut 36
Müller, Peter 18
Napoleon Bonaparte 36, 37
Nietner, Th. 58
Noisette, Philippe 44
Ost, Eckard 165, 169
Paolino, Francesco 38
Park, John D. 35
Pfitzer, Paul 39f., 189
Pfordte, Rudolf 201f., 204
Poulsen 163
Pyle, Robert 38
Raff, Josef 16, 196, 203
Redouté, Pierre Joseph 34ff., 168
Reiter 186
Riedel, Eckard 192
Rieger, Walter 185, 203, 218
Rieke 133
Robert 166

Röhl 86, 94
Saakow, S. G. 102
Scheerer, Oskar 59f., 203
Schindler, Norbert 195
Schmidt, Rudolf 89, 91, 156
Scholle, Ewald 53, 202
Schoser, Gustav 115, 153
Schüttler, Erwin 115
Seifert, Alwin 16, 123
Sieber, Josef 208
Sigrun 165
Späth, Baumschule 195
Späth, Dagmar 216
Steinhauer, Helmut 196
Strobel, Baumschule 162f., 180
Strobel, Gustav 215, 218
Strobel, Klaus Jürgen 13, 113, 179
Stückler, Gertrud 179, 181
Tantau, Mathias 47, 156, 160f., 163f., 170, 190, 217f.
Theophrastos 30
Thibault IV. de Champagne et Brie 28f., 31
Thiessen 200
Timm, Studienrat 100
Titze, Werner 75
Tschudin, Elisabeth 194
Vogellehner, Dieter 96
Vorster 210
Weigel, Bernd 143, 194
Weisser 154
Wesselhöft, Johannes 60
Woessner, Dietrich 59, 107, 120, 133f., 148, 191, 194
Zanzinger, Gerhard 54
Zyla, Stanislav 191

Rosennamen

'Adam Messerich' 20, 44
'Aennchen von Tharau' 156
'Albertine' 158
'Alchymist' 158, Abb. gegenüber Seite 96
'Alec's Red' 14
'American Pillar' 158, 187, Abb. gegenüber Seite 32
'Andenken an Alma de l'Aigle' 158, 173
Apfelrose 50
Apothekerrose 109
'Arturo Toscanini' 170
'Auguste Cordes' 46

'Baden-Baden' 14, 172f.
'Bacchus' 171
'Ballerina' 162
'Bantry Bay' 155
'Baronne Edmond de Rothschild' Abb. gegenüber Seite 64
Bengalrosen 55
'Betty Prior' 176, 189
'Bischofsstadt Paderborn' 180
'Berliner Luft' 196
'Blanc de Vibert' 45
'Bonica' 161, 183
'Bonnie Scotland' 210
Bourbon-Rosen 44f., 172
'Brandenburg' 47
'Brown's Superb Blush' 43
'Burgund 81' 14, 83, 157, 162

'Candy' 177, 180–183
'Cardinal de Richelieu' 18
'Carefree Beauty' 163
'Centenaire de Lourdes' 167
Centifolien 17, 33, 61, 65, 165
'Champs-Elysées' 18
China-Rose 45, 55
'Chopin' 191
'Chorus' 177, 183
'Christine Wright' 154
'City of York' 156
'Claire Grammerstorf' 143
'Cocktail' 164
'Cocorico' 103
'Conrad Ferdinand Meyer' 46, 215
'Constance Spry' 203
'Coral Dawn' Abb. gegenüber Seite 48
'Crimson Glory' 12, 189
'Crimson Rambler' 186f.

'Dagmar Hastrup' 50, 56
'Dagmar Späth' 151, 216
Damascena 45
Damaszener-Rose 105
'Dame Edith Helen' 9
'Danse du Feu' 155
'Deuil de Paul Lafontaine' 17
'Diamant' 92
'Direktor Benschop' 156
'Dorothy Perkins' 169, 187
'Dortmund' 158, 161
'Dous Rijkers' 202
'Drambuie' 210
'Duchesse of Portland' 45
'Duftbella' 54
'Duftwolke' 190
'Duftzauber' 14, 173
Dünenrose 25, 110

Echte Teerose 146
'Erfurt' 187
'Erotica' 14, 164, Abb. gegenüber Seite 129
'Esmeralda' 164
'Esther Ofarim' 192
'Etoile de Hollande' 12
'Europawelle Saar' 79, 81, 139, 172
'Ewald Scholle' 153
'Excelsa' 171, 187, 198, 200, Abb. gegenüber Seite 17

'Félicité et Perpétue' 198
'Félicité Parmentier' 18
'Fenja' 167
'Ferdy' 176, 183
'Fiona' 177, 179, 181ff.

'Fisher & Holmes' 45
'Flammentanz' 157
Floribunda-Rosen 55f., 170
'Frau Dagmar Hastrup' 166
'Frau Dr. Hooftman' 156
'Frau Karl Druschki' 45, 173, 187
'Freiburg II' 9

'Gartengold' 10
Gallica 165
'Geheimrat Duisberg' 10
'Gelbe Holstein' 10
'Général Jacqueminot' 45, 186
'Ghislaine de Féligonde' 173
'Gloire de Dijon' 21, 186, 199
'Gloria Dei' 18, 40, 78, 143, 189, Abb. gegenüber Seite 128
'Goldfinch' 200
'Guinée' 54, 61

'Hahnenschrei' 164
Heckenrose 28, 91
'Helmut Schmidt' 10
'Henkell Royal' 14, 158
Herbstdamaszener 205
'Hermann Schmidt' 169
'Hidalgo' 13, 82, 121, 160
'Hilda Heinemann' 169
'Hindenburg' 46, 173, 188f.
'Hume's Blush Tea-scented China' 34, 42, 45
Hundsrose 91

'IGA 83 München' 176, 182
'Impératrice Joséphine' 17, 194
'Ingrid Bergmann' 14, 163
'Irish Wonder' 192

'Jacques Cartier' 18, 109, 152, 166, 216
'Josef Guy' 46
'Josephine Bruce' 18

'Kaiserin Auguste Viktoria' 9, 14, 46, 93–97, 184, 186
'Kardinal' 47
'Karl Heinz Hanisch' 8, 119, 135, 151f., Abb. gegenüber Seite 80
'Karl Höchst' 55
'Karlsruhe' 156, Abb. gegenüber Seite 97
'Käthe Duvigneau' 103, 183, 190
'Kiddy' 93
'Königin von Dänemark' 17
'Konrad Henkell' 163
Kordesii-Hybriden 156
'Kronprinzessin Victoria' 55
'Kordes Robusta' 167f.

'Lady Mary Fitzwilliam' 46, 185
'La France' 43, 186
'La Minuette' 193
'La Paloma' 163
'La Sevillana' 183
'Lavender Dream' 160
'Lawinia' 161
'Letkiss' 47
'Lichtkönigin Lucia' 182
'Liebesglut' 12
'Lilli Marleen' 183, 206
'Lolita' 47
'Long John Silver' 199
'Ludwigshafen am Rhein' 115
'Lyric' 148, 152, 159

'Madame Antoine Meilland' 39
'Madame Caroline Testout' 21, 46, 186
'Madame Dieudonné' 93
'Madame Edouard Herriot' 46
'Madame Hardy' 166
'Madame Jules Bouché' 9
'Madame Julia Correvon' 199
'Madame Legras de St. Germain' 17
'Mademoiselle Cécile Brunner' 17
'Magna Charta' 186
'Mainzer Fastnacht' 190
'Märchenland' 183, 190
'Maréchal Niel' 10, 18, 35, 44f., 48f., 148, Abb. gegenüber Seite 177
'Margaret Henze' 170
'Margaret Merril' 9, 120, 170, 206
'Maria Callas' Abb. gegenüber Seite 145
'Marie Baumann' 186
'Marie van Houtte' 186
'Marion' 170
'Max Graf' 51f.
'May Quenn' 155
'Meermaid' 210
Meidiland-Rosen 176–179
'Michéle Meilland' Abb. gegenüber Seite 17
'Mildred Scheel' 14, 164
'Minnehaha' 200, Abb. gegenüber Seite 81
'Montana' 161
'Monte Cassino' 50
Moosrose 159
'Morning Jewel' 156
Moschusrose 44
'Mozart' 158, 162, 173
'Mrs. Bosanquet' 186
'Mrs. F. W. Flight' Abb. gegenüber Seite 33
'Mrs. John Laing' 58
'Mrs. Pierre S. du Pont' 53
Multiflora-Hybride 156
'Muttertag' 47
'My Love' 210

'New Dawn' 50, 78, 180, 182, 189, 191
'Niphétos' 35, 45, 67, 83, 111–114
Noisette-Rosen 44f.
'Nova Zembla' 46
'Nyveldts White' 166

'Olala' 47, 190
'Opa Pötschke' 47f.
'Orange Triumph' 189

'Panachée Double' 166
'Paola' 14, 160
'Papa Gontier' 186
'Papa Meilland' 13, 141, 157
'Paprika' 47
'Parade' 156, 182
'Parfum de L'Hay' 50
'Park's Yellow Tea-scented China' 35
'Parson's Pink China' 44
'Pascali' 157
'Paul's Scarlet Climber' 188, Abb. gegenüber Seite 33 und 49
'Peace' 39
'Perle des Jardins' 186
'Persian Yellow' Abb. gegenüber Seite 65
'Pink Lady' 46
'Pink Meidiland' 176, 179, 183
'Pink Peace' 18
'Poëma' 171
Polyantha-Hybriden 56
Portland-Rosen 45
'Prima Ballerina' 18
'Princesse de Lamballe' 18
'Princesse Marie' Abb. gegenüber Seite 16
Provence-Rosen 29
Provins-Rosen 29, 105

'Queen Elizabeth' 15f., 79, 81, 139, 148, 159, 172, 190

'Raubritter' 152, Abb. gegenüber Seite 160
'Raymond Chenault' 162
'Rebell' 47
'Reichspräsident von Hindenburg' siehe 'Hindenburg'
'Rembrandt' 45
Remontant-Rosen 45
'Repens Meidiland' 56
'Robin Hood' 47
'Romanze' 160
Rosa alba 7, 16, 152f.
Rosa banksiae 10, 35, 76f., 144
Rosa canina 12, 76, 91–94, 96f., 99–105, 165
Rosa centifolia 58
Rosa centifolia 'Muscosa' 18, 159
Rosa filipes 199f.
Rosa gallica 25f., 109f.
Rosa indica var. *fragrans* 34
Rosa indica sulphurea 35
Rosa kordesii 51
Rosa multiflora 56, 105f.
Rosa odorata 143, 145
Rosa pimpinellifolia 110
Rosa richardii 25
Rosa rugosa 16, 50f.
Rosa rugosa 'Hansa' 199
Rosa sancta 25f., 47
Rosa spinosissima 25
Rosa stylosa 103
Rosa suffulta 165
Rosa tomentosa 110, 165
Rosa virginiana 110
Rosa viridiflora 14
Rosa wichuraiana 50f., 165
'Rosa Stern' 47
'Rosarium Uetersen' 156, 180, 182
'Rose de Resht' 12, 152, 199
'Rose Edwards' 44
'Rosy Cushion' 162
'Rote Dorothy Perkins' 171
'Rote Mühle' 164
'Roter Stern' 47
'Rouge Meilland' 121, 133, 146, 149f.
'Ruth Leuwerik' 170

'Saarbrücken' 163
'Sarabande' 164, 190
'Scharlachglut' 43
'Schneekopf' 173
'Schneewalzer' 163
'Schneewittchen' 9, 47, 152, 183, 190, 210
'Schneezwerg' 166
'Schwanensee' 157
'Schwarzwaldmädel' 14, 21, 55f., 121, 133f., 139, 146, 149f., Abb. gegenüber Seite 112
'Schweizer Gruß' 190
'Senator Burda' 12f., 121, 132, Abb. gegenüber Seite 192
'Signora Piero Puricelli' 21
'Sommerwind' 56, 157
'Souvenir de la Malmaison' 37, 44, 172, 186
'Spek's Yellow' 143
'Suaveolens' 16, 72f., 82, 148, 206
'Super Dorothy' 152, 169, 171
'Super Excelsa' 152, 171
'Superstar' 190, 218
'Sylvia' Abb. gegenüber Seite 144
'Sympathie' 52, 61, 74f., 153ff.

'Tausendschön' 46, 156, 187
Teehybriden 20, 56
Teerose 45, 77
'The Fairy' 115, 162, 183, 194, 199
'The Morning Jewel' 171
'Trier' 173, 187
Trigintipetala 153, 206

'Ulrich Brunner Fils' 45, 186
'Uwe Seeler' 47

'Vatertag' 47
'Veilchenblau' 61, 187
'Venusta Pendula' 155, Abb. gegenüber Seite 176
'Vierlanden' 46
'Virginische Rose' 110
'Virgo' 47, 82, 104f., 189

'Walter Rieger' 75

'Westerland' 10, 142f., 145ff., 171, 180, 182, 205
'Westfalenpark' 202
'White Meidiland' 182
'Wilhelm' 161
'Will Scarlet' 161
'William Francis Bennett' 46
'William Grow' 168

'Zweibrücken' 171

Bildquellen

Johannes Apel, Baden-Baden: Abbildungen gegenüber Seite 48, 49, 81, 97, 129, 176
Burda/Mein Schöner Garten: Abbildungen gegenüber Seite 64, 65, 113, 128, 144, 145, 160, 161, 192
Karl Hetzel, Oberderdingen: Abbildung gegenüber Seite 112
Charlotte Ottens, Eggolsheim: Abbildung gegenüber Seite 177
Strobel + Co., Pinneberg: Abbildung gegenüber Seite 80
Bernd Weigel, Baden-Baden: Abbildungen gegenüber Seite 16, 17, 32, 33, 96, 193 und Titelbild.